新工科建设·人工智能与智能科学系列教材

模式识别与机器学习

李 映 编著

電子工業出版社
Publishing House of Electronics Industry
北京·BEIJING

内 容 简 介

模式识别是指对表征事物或现象的各种形式的信息进行处理和分析，以对事物或现象进行描述、辨认、分类和解释的过程；机器学习是指机器通过统计学算法，对大量历史数据进行学习，进而利用生成的经验模型指导业务的过程。本书介绍模式识别和机器学习技术的主要方面，包括贝叶斯统计决策、概率密度函数的估计、线性分类与回归模型、其他分类方法、无监督学习和聚类、核方法和支持向量机、神经网络和深度学习、特征选择与提取等。本书既重视基础理论和经典方法的介绍，又兼顾前沿知识和最新模型的融入，力图反映该领域的核心知识体系和新发展趋势；每章的内容尽可能做到丰富完整，并附有习题或上机实践题，便于读者巩固所学的知识。

本书可作为计算机科学领域机器学习和模式识别专业方向高年级本科生和研究生的教材，也可供相关技术人员参考。

图书在版编目（CIP）数据

模式识别与机器学习/李映编著. —北京：电子工业出版社，2023.6

ISBN 978-7-121-45710-4

Ⅰ. ①模…　Ⅱ. ①李…　Ⅲ. ①模式识别②机器学习　Ⅳ. ①TP391.4②TP181

中国国家版本馆 CIP 数据核字（2023）第 098602 号

责任编辑：谭海平
印　　刷：三河市鑫金马印装有限公司
装　　订：三河市鑫金马印装有限公司
出版发行：电子工业出版社
　　　　　北京市海淀区万寿路 173 信箱　　邮编：100036
开　　本：787×1 092　1/16　　印张：15　　字数：336 千字
版　　次：2023 年 6 月第 1 版
印　　次：2023 年 6 月第 1 次印刷
定　　价：69.00 元

凡所购买电子工业出版社图书有缺损问题，请向购买书店调换。若书店售缺，请与本社发行部联系，联系及邮购电话：（010）88254888，88258888。

质量投诉请发邮件至 zlts@phei.com.cn，盗版侵权举报请发邮件至 dbqq@phei.com.cn。

本书咨询联系方式：（010）88254552，tan02@phei.com.cn。

前　言

模式识别是从工程角度发展起来的，机器学习是从计算机科学的角度发展起来的。然而，近年来，作为人工智能领域的核心技术和理论，它们之间的渗透越来越明显。前些年，模式识别和机器学习基本上是作为两门独立的课程为高年级本科生和研究生开设的，所用的教材也是独立的。近年来，随着教学课程体系改革，有些高校整合了这两门课程，新设了“模式识别和机器学习”课程，但国内将这两门课程合并的配套教材相对较少。编者从2014年开始讲授本科生的“模式识别与机器学习”课程，从那时起，就编写了配套的讲义作为辅助教材，并且陆续进行了修改和补充，最终将讲义整理成书得以出版。

本书主要介绍模式识别与机器学习的基础理论、典型模型与算法，兼顾了近年来该领域的最新理论成果，如流行学习、深度学习等。全书共9章，第1章**绪论**介绍模式识别的基本概念和模式识别系统、机器学习的主要方法以及随机变量及分布，使读者全面了解模式识别与机器学习的相关知识。第2章**贝叶斯统计决策**分析最小错误率判别规则、最小风险判别规则、最大似然比判别规则、Neyman-Pearson判别规则、最小最大判别规则等经典统计决策理论，以及分类器设计、正态分布时的贝叶斯分类方法。第3章**概率密度函数的估计**介绍最大似然估计、贝叶斯估计、EM估计等参数估计方法，以及Parzen窗和k_N近邻估计等非参数估计方法。第4章**线性分类与回归模型**介绍线性判别函数和决策面、广义线性判别函数、最小均方误差判别等经典线性分类方法，以及线性回归模型和正则化方法。第5章**其他分类方法**讲述近邻法、逻辑斯蒂回归、决策树与随机森林。第6章**无监督学习和聚类**介绍无监督混合模型估计，以及动态聚类、层次聚类、谱聚类、模糊聚类、相似性传播聚类等无监督聚类方法。第7章**核方法和支持向量机**介绍核学习机的基本思想，以及线性和非线性支持向量分类机与回归机。第8章**神经网络和深度学习**讨论感知器、多层神经网络、自组织映射神经网络等经典神经网络模型，简要介绍包括堆栈式自编码网络、深度置信网络、卷积神经网络、循环神经网络、生成对抗网络、扩散模型和Transformer模型等深度学习模型。第9章**特征选择与提取**介绍特征选择的一般流程和过滤式、封装式、嵌入式、集成式等典型特征选择方法，线性判别分析、主成分分析等线性特征提取方法，以及核的线性判别分析、核的主成分分析、流行学习等非线性特征提取方法。

由于编著者的理论水平和经验有限，书中难免存在不足之处，敬请读者提出宝贵意见和建议，以便后续有机会再版时加以改进。

目 录

第 1 章　绪　论

1.1　引言

寻找数据中的模式是一个历史悠久的基本问题。例如，16 世纪丹麦天文学家第谷·布拉赫（Tycho Brahe，1546—1601）进行的大量天文观测为开普勒发现行星运动的经验规则奠定了基础，也为古典力学的发展提供了跳板。同样，原子光谱规律的发现在 20 世纪早期量子物理的发展和验证阶段扮演了关键角色。在模式识别领域中，常常依据经验规则利用计算机算法去发现数据中的规律，譬如分类不同类中的数据。

考虑识别手写数字的例子，如图 1.1 所示。每个数字都相当于一幅 28×28 像素的图像，因此可将数字图像表示成由 784（即 28×28）个数字组成的向量 $\boldsymbol{x}$。我们的目标是建立一台机器，用这样一个向量 $\boldsymbol{x}$ 作为其输入，而用识别得到的数字 $0,\cdots,9$ 作为其输出。由于手写风格变化很大，让计算机识别手写数字并不简单。我们可以使用基于笔画形状的手工处理规则或启发式方法来区分数字，但这种方法会导致规则扩散和规则不适用等情况，并且总是给出不理想的识别结果。

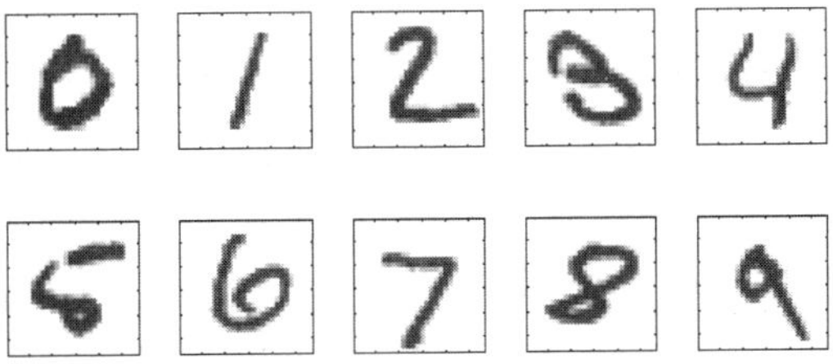

图 1.1　识别手写数字

较好的识别结果可由机器学习方法得到。我们可以使用由 N 个数字组成的集合 $\{x_1,x_2,\cdots,x_N\}$［称为**训练样本**（Training Samples）］来自适应地调整模型的参数。这些训练集中的数字分类结果被认为是预先知道的，可以逐个检查它们所属的类并且手工标定它们。我们可以使用目标向量 $\boldsymbol{t}$ 来表示分类，这种表示表达了与相关数字的同一性。利用适当的向量来表示类的方法将在后面讨论。注意，这里的目标向量 $\boldsymbol{t}$ 对应一幅数字图像 $\boldsymbol{x}$。

运行机器学习算法的结果可视为一个函数 $f(\boldsymbol{x})$，该函数用一幅新数字图像 $\boldsymbol{x}$ 作为输入，用一个输出向量 $\boldsymbol{y}$ 作为输出。函数 $f(\boldsymbol{x})$ 的精确形式由**训练**（Training）**阶段**或**学习**（Learning）**阶段**决定，这个阶段在训练数据的基础之上进行学习或训练。模型训练一旦完成，就可用来辨别新图像，而这些新图像则称为**测试集**（Testing Data）。正确分类新图像（测试集）的能力称为**泛化**（Generation）**能力**。在实际应用中，训练数据可能仅由所有可能的输入向量中的一小部分组成，因此模型良好的泛化能力是模式识别的中心目标之一。

在大部分实际应用中，为了使模式识别问题更容易解决。原始输入变量通常要经过**预处理**（Preprocessing）而转换到新变量空间中。例如，在手写数字识别问题中，这些数字的图像都被转换和放缩到了固定尺寸。因为所有数字的位置和尺寸都是相同的，所以大大降低了每个数字类中的变异性，使得它们更易被随后的模式识别算法区分。这种预处理有时也称**特征提取**。注意，与训练数据一样，预处理新测试数据必须采用相同的步骤。

预处理也可用来加速计算。具体地说，如果目标是在高分辨率视频流中进行人脸检测，那么计算机每秒必须处理大量像素点，而在复杂的模式识别算法中进行这些操作计算上几乎不可能。因此，这时的目标应该是寻找能够快速计算的、保留了辨识度的有用特征，以便区分人脸区域和非人脸区域，并将这些特征作为模式识别程序的输入。例如，一幅图像在一个矩形子区域上的灰度平均值可以被高效地计算，并且可以证明这类特征在快速人脸检测中的性能是高效的。由于特征点的数量小于原始像素点的数量，这种预处理过程也可视为**降维**（Dimensionality Reduction）过程。在预处理过程中必须小心谨慎，因为在该过程中经常要丢弃信息，若丢弃的信息对问题来说很重要，则解决方案的整体精度将受到影响。

在训练数据中，输入向量具有相应目标向量的例子称为**监督学习**（Supervised Learning）问题，如手写数字识别的例子。若问题的目的是将每个输入向量分配给有限数量的离散值，则这类问题称为**分类**（Classification）问题。若需要的输出中包含一个或多个连续变量，则该任务称为**回归**（Regression）问题。回归问题的一个例子是预测化学过程的产出，这时的输入包括反应物的浓度、温度和压力。

在另一类模式识别问题中，训练数据的输入向量是没有任何相应目标值的一组输入向量 $\boldsymbol{x}$，因此称为**无监督学习**（Unsupervised Learning）。无监督学习的目标可能是发现一组数据中的相似组分——称为**聚类**（Clustering），或者可能是确定分布空间内部的数据分布形式——称为**密度估计**（Density Estimation），或者可能是建立数据的**可视化**（Visualization），以从高维空间降至二维空间或三维空间。

最后，**强化学习**（Reinforcement Learning）是指在给定情况下，以最大化回报为目标而采取合适的行动。与监督学习不同，这里的学习算法不是给定例子的最优输出，而是不断地试验以发现它们。有代表性的是，一系列学习算法会通过状态和行为与其所在的环境进行交互。在许多环境中，当前行为不仅影响直接反馈，而且对随后所有时间内的反馈都有影响。例如，使用适当的强化学习技术，一个神经网络能够学习玩西洋双陆棋游戏。这里的网络连同掷骰子的结果一起作为输入，产生一个有利的移动方式作为输出。这样，神经网络就可以和自己的一个副本进行百万次对战，进而完成训练过程。这时，主要的挑战之一是西洋双陆棋游戏可能有出现几十种移动方式，并且比赛结束后才有反馈（胜利或失败）。有些移动方式的效果较好，而有些移动方式的效果一般，这就导致反馈结果必须恰当地归结到产生这一结果的所有移动操作。强化学习的普遍特点之一是在探测（Exploration）阶段和探索（Exploitation）阶段之间进行折中：在探测阶段，系统尝试新的行为并测试其有效性；在探索阶段，系统则利用产生较好结果的已知行为。过于偏向探测阶段或探索阶段，都会产生不好的结果。

强化学习依然是机器学习研究的一个活跃领域，本书只对其做简要介绍。

1.2　模式识别的基本概念

1.2.1　模式和模式识别

在人们的日常生活中，模式识别是普遍存在和经常进行的过程。首先，我们来看一个简单的例子——鱼的品种分类问题。一家鱼类加工厂希望能够自动执行传送带上的鱼的品种的分类过程，这时要如何做呢？首先，要拍摄若干**样本**（鲑鱼和鲈鱼）的图像，从图像上看，两种鱼确实存在一些差异，譬如长度、光泽度、宽度和嘴的位置等的差异。

我们将以上差异性要素称为**特征**。得到一些鱼类样本的图像后，就需要选择一些可用的特征进行分类。如果有人告诉我们“鲈鱼一般比鲑鱼长”，就有一种可以进行尝试的分类特征——长度。我们可以只看一条鱼的长度 l 是否超过临界值 l^* 来判别这条鱼的种类。为了确定恰当的 l^*，首先要得到不同种类的鱼的若干样本（称为**设计样本**或者**训练样本**），以进行长度测量并检验结果。假设我们已经完成上述工作，并且两种鱼的长度特征直方图如图 1.2 所示。

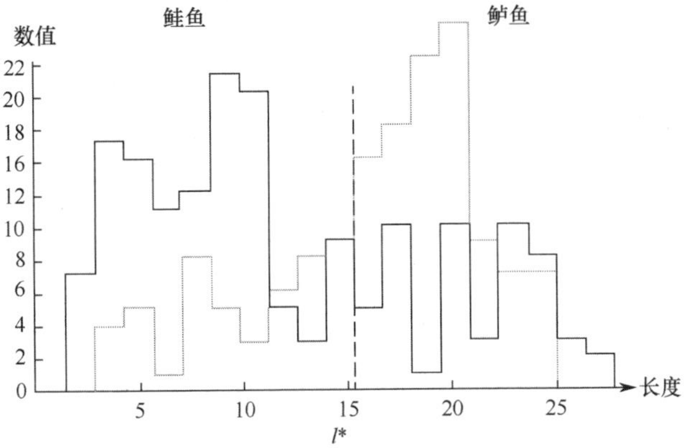

图 1.2　两种鱼的长度特征直方图

图 1.2 在平均意义上验证了鲈鱼比鲑鱼要长的结论。然而，使用单个特征还不足以对鱼进行分类。也就是说，无论怎样确定临界值 l^*，都无法仅凭长度就将两种鱼分开。

为此，我们发现两种鱼的光泽度也存在很大的差异。消除光照的影响后，最终得到如图 1.3 所示的两种鱼的光泽度特征直方图。这个结果令人满意，因为这时两种鱼的可分性更好。

此外，当我们寻找其他用于分类的特征时，发现鲈鱼通常要比鲑鱼宽。这样，我们就有了两个特征——光泽度和宽度。于是，我们选择光泽度 x_1 和宽度 x_2 作为两个用于分类的特征，它们组成一个二维特征向量或者二维特征空间中的一个点 $\boldsymbol{x}=\begin{pmatrix}x_1\\x_2\end{pmatrix}$。

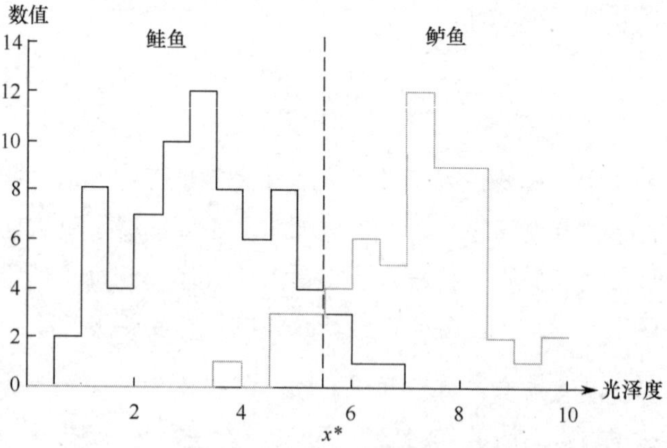

图 1.3 两种鱼的光泽度特征直方图（不存在将两种鱼完全分开的单个阈值）

现在，我们需要将特征空间分为两个区域，以使落在其中一个区域内的数据点（鱼）分类为鲈鱼，而落在另一个区域中的数据点分类为鲑鱼。假设我们已经对样本特征向量做了测量，并且绘制了两种鱼的光泽度特征和宽度特征散布图，如图 1.4 所示。这幅图表明，我们可以根据如下规则来区分两种鱼：如果特征向量落在**判别边界**（Decision Boundary）的上方（右方），则是鲈鱼，否则是鲑鱼。显然，这时的总体误差要比图 1.3 中的小，但是仍然存在一些错误。

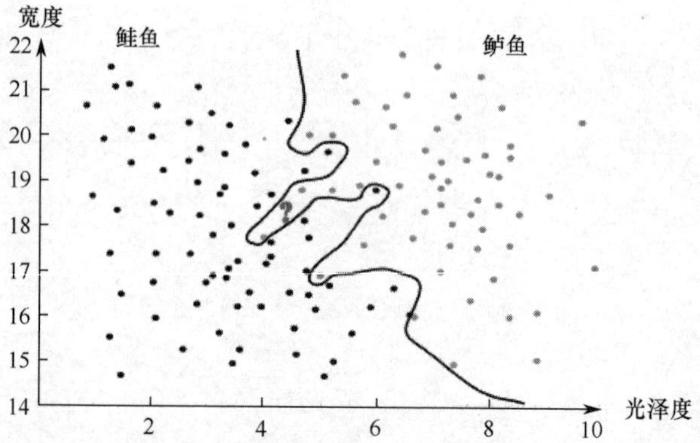

图 1.4 两种鱼的光泽度特征和宽度特征散布图

如果分类的判别模型非常复杂，判别边界也非常复杂而不再是一条直线，那么所有训练样本就都能够完美且正确地分类。然而，这样的结果依然不令人满意，因为设计分类器的主要目标是能对新样本（训练过程中未知的某条鱼）做出正确的反应。图 1.4 中过于复杂的判别边界“调谐”到了某些特定的训练样本上，而不是类的共同特征，或者说不是待分类的全部鲈鱼（或鲑鱼）的总体模型。

这时，我们宁可去寻找某种“简化”分类器的方案，即分类器所需的模型或者判别边界不需要像图 1.4 中那样复杂。图 1.5 中的判别曲线是对训练样本分类性能和判别曲线复杂度的最优折中，它对新模式的分类性能也较好。

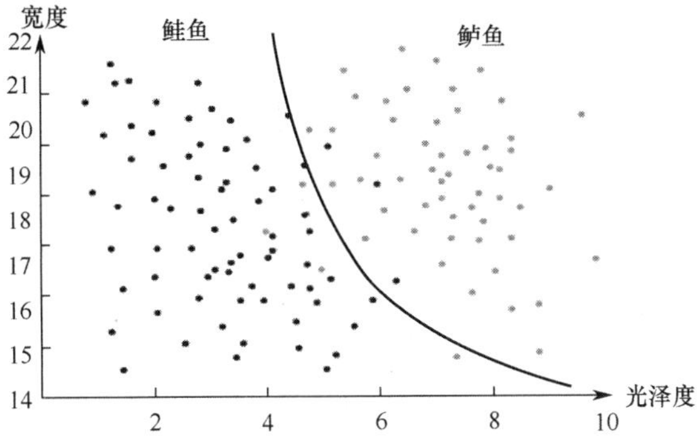

图 1.5　折中的判别曲线

以上给出了对不同品种的鱼进行分类的问题。此外，我们可以根据飞机的飞行高度、速度、形状、结构来判断飞机的类型，根据人的身高、面容和体形来判断是张三还是李四……上述判断过程都是模式识别的具体过程。

因此，我们可以得出结论：**模式**是取自世界有限部分的单一样本的被测量值的综合。**模式识别**试图确定一个样本的类的属性，即将某个样本赋给多个类中的某个类。

模式识别的主要研究内容是机器的自动识别，也就是说，将人的知识和经验交给机器，为机器制定一些规则和方法，使之具有综合分析、自动分类的判断能力，进而让机器完成自动识别的任务。

模式识别技术已广泛用于人工智能、计算机工程、机器人、神经生物学、医学、侦探学、高能物理、考古、地质勘探、宇航、武器等领域。

1.2.2　模式空间、特征空间和类空间

一般来说，模式识别必须经历从模式空间到特征空间再到类空间的过程。为了说明这些概念，首先解释“物理上可察觉的世界”。在客观世界中存在一些物体和事件，它们都可以被合适的和足够多的函数描述，也就是说，它们在物理上是可以被测量的，它们的可测数据的集合称为物理上可察觉的世界。显然，这些可测数据，或者说这个世界的维数是无限多的。

在物理上可察觉的世界中，所选的某些物体和事件称为**样本**。对样本进行观测得到观测数据，每个样本观测数据的综合都构成模式，所有样本的观测数据则构成**模式空间**。模式空间的维数既与选择的样本和测量方法有关，又与特定的应用有关。维数虽然很大，但是一个有限的值。在模式空间中，每个模式样本都是一个点，点的位置由该模式在各个维度上的测量值确定。从物理上可察觉的世界到模式空间所经历的过程，称为**模式采集**。

模式空间的维数虽然是有限的，但是仍然非常多，且其中的一些维数并不反映样本的实质。机器在做出判断之前，要对模式空间中的各个坐标元素进行综合分析，以便获得最能揭示样本属性的观测量作为主要特征，这些主要特征则构成**特征空间**。显然，特征空间的维数已被大大压缩，远小于模式空间的维数。特征空间中的每个坐标都是样本的主要特征，简称**特征**。每个样本在特征空间中也是一个点，点的位置则由样本的各个特征值确定。从模式空间到特征空间所需的综合分析，往往包含适当的变换和选择，这个过程称为**特征提取**和**特征选择**。

根据某些知识和经验可以确定分类准则，这些准则称为**判别规则**。使用适当的判别规则，可将特征空间中的样本区分为不同的类，进而将特征空间塑造成**类空间**。

不同类之间的分界面称为**决策面**。类空间的维数与类的数量相等，一般小于特征空间的维数。从特征空间到类空间所需的操作就是分类判别。

从物理上可察觉的世界到模式空间、特征空间，再到类空间，经历了模式采集、特征提取/选择以及分类决策等过程，这是一个完整的模式识别过程。要完成上述过程，还需要对机器进行训练，使机器具有识别能力。模式识别过程的图形表示如图 1.6 所示。

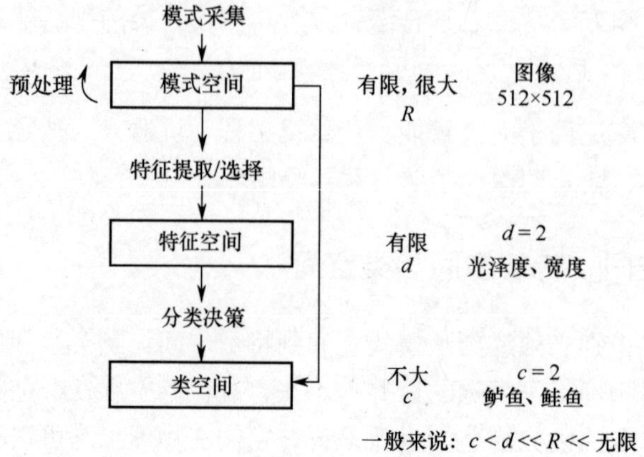

图 1.6 模式识别过程的图形表示

1.2.3 预处理

在模式空间中，针对具体的研究对象，往往需要进行适当的预处理。预处理的作用如下：消除或者减少模式采集中的噪声和其他干扰，提高信噪比；消除或者减少数据图像的模糊和几何失真，提高清晰度；转换模式的结构（譬如将非线性模式转换为线性模式）以便于后续处理。

预处理方法包括滤波、变换、编码、标准化等。为了方便计算机处理，往往需要将模拟量转换为数字量，也就是进行模数（A/D）转换。在模数转换过程中，必须考虑两个问题，即采样间隔与量化等级。采样间隔（采样频率）表示单位时间内要有多少个采样值，量化等级表示每个采样值要有多少个级别才能满足要求。

预处理的内容很多，这里不做详细论述，有关内容可在关于数字信号处理、数字图像处理的相关文献中找到。

1.2.4 特征提取/选择

本节简要介绍特征提取/选择的必要性和原则。

一般来说，当人们对客观世界中的具体物体或事件进行模式采集时，总会尽可能多地采集测量数据，导致样本在模式空间中的维数很大。当模式的维数很大时，带来的问题是处理困难、处理时间长、处理费用高，甚至有时不能直接用于分类，这就是所谓的“维数灾难”。另外，在过多的数据坐标中，有些坐标对表征事物的本质贡献不大，甚至很小。因此，特征提取/选择十分必要。

特征提取/选择的目的是压缩模式的维数，使之便于处理，减少消耗。特征提取往往以分类时使用的某种判别规则为准则，而提取的特征则会使某种准则下的分类错误最小。为此，必须考虑特征之间的统计关系，选用适当的正交变换，才能提取最有效的特征。在这个准则下，要选择对分类贡献较大的特征，删除贡献甚微的特征。

1.2.5 分类

分类的目标如下：将特征空间划分成类空间，将未知类属性的样本赋给类空间中的某个类，以及在给定条件下否定样本属于某个类。分类的难易程度取决于如下两个因素：一是来自同一类的不同个体之间的特征值波动，二是属于不同类的样本的特征值之间的差异。

在实际的分类过程中，对于预先给定的条件，分类出现错误是不可避免的。因此，分类过程只能以某种错误率完成。显然，错误率越小越好。然而，分类错误率又受很多条件制约，如分类方法、分类器设计、选用的样本和提取的特征等。因此，分类错误率不能任意小。此外，分类错误率的分析、计算很困难，只在较简单的情况下才有解析解。总之，分类错误率是分类过程中的重要问题。

1.3 模式识别系统

模式识别系统的功能包括模式采集、特征提取/选择、分类等。模式识别系统的框图如图 1.7 所示。

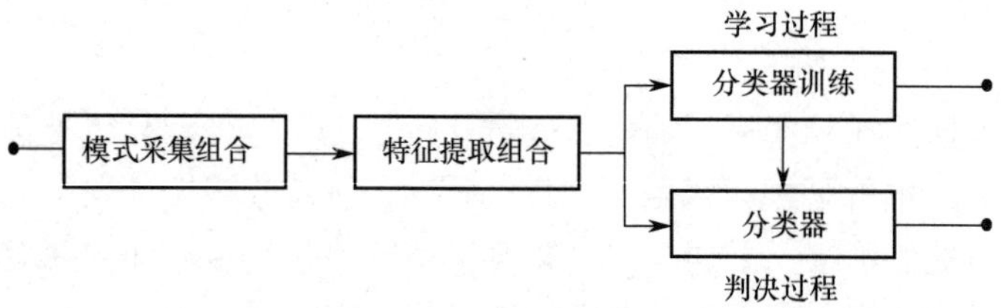

图 1.7 模式识别系统的框图

1．模式采集组合

模式采集组合完成模式的采集。根据处理对象的不同，可以选用不同的传感器、测量装置、图像录取输入装置等。采集后，还要进行滤波、消除模糊、减少噪声、纠正几何失真等预处理操作。

2．特征提取组合

特征提取组合实现从模式空间到特征空间的转换，有效压缩维数。一般来说，特征提取组合是在一定分类准则下的最佳或次佳变换器，或者是实现某个特征选择算法的装置。

3．分类器

分类器实现对未知类属性样本的分类判别。为了设计分类器，首先要确定对分类错误率的要求，以便选用适当的判别规则。但是，为了使分类器有效地进行分类判别，还要对它进行训练，也就是说，分类器首先要进行学习。

4．分类器训练

分类器训练/学习也是模式识别中的一个重要概念。因为我们研究的是分类器的自动识别，所以对分类器进行训练，使其具有自动识别能力就显得尤为重要。例如，小孩认字是一个反复学习的过程，机器要掌握某种判别规则，学习过程同样必不可少。在医生诊病的例子中，要让机器代替医生给患者进行诊断，就要将医生的知识和经验教给机器，并且输入一些病例，对机器进行训练。这个训练过程就是机器学习的过程，往往需要反复多次，不断纠正错误，使机器自动诊断的错误率不超过给定的值。

经过特征提取/选择进入学习过程的样本常被称为**训练样本**，其属性预先知道或者不知道。分类判别规则常常是样本的各个特征的函数，训练过程则是一个输入、修正、再输入、再修正的反复过程，直到分类错误率不大于给定值。分类器完成训练后，就可根据确定的判别规则对未知类属性的样本进行分类。此时，分类器就具有自动识别的能力。

因此，模式识别就是对模式进行正确的分类。分类器训练/学习的目的是确定判别规则，使之具有自动分类的识别能力。在统计模式识别中，特征空间中的“类条件概率密度函数”是各种分类方法的基础，这时，分类器训练/学习的目的是完全确定类条件概率密度函数（类概率密度）。类概率密度的估计方法有两种，即参数估计法和非参数估计法。

1）参数估计法

已知类概率密度函数或者能由样本估计出类概率密度函数的形式，但存在未知参数的时候，训练的目的就是得到未知参数的值。例如，已知正态分布时，如果均值、协方差未知，那么通过训练就可以求出这些值，进而得到概率密度函数。参数估计法主要有两种，即贝叶斯估计法和最大似然估计法。

2）非参数估计

如果预先不知道类概率密度函数的形式，就不能使用参数估计法，而只能使用非参数估计法。非参数估计法有多种，它们随着研究工作的推进而不断发展。目前，常用的非参数估计法有 Parzen 窗法、k_N 近邻法、正交函数逼近法等。

1.4 机器学习的主要方法

机器学习是最近 20 多年兴起的一门交叉学科，涉及概率论、统计学、逼近论、凸分析、算法复杂度理论等多门学科。机器学习理论主要设计和分析一些让计算机可以“自动学习”的算法。机器学习算法是一类根据数据进行自动分析、获得规律，并且利用规律对未知数据进行预测的算法。学习算法涉及大量统计学理论，因此机器学习与推断统计学的联系非常密切。于是，机器学习理论也称**统计学习理论**。在算法设计方面，机器学习理论关注的是那些可以实现且行之有效的学习算法。很多推论问题的难度无程序可循，因此，部分机器学习的目的是开发容易处理的近似算法。

机器学习有如下几种定义：机器学习是一门人工智能的科学，其主要研究对象是人工智能，特别是如何在经验学习中改善具体算法的性能；机器学习是对能通过经验自动改进的计算机算法的研究；机器学习是用数据或以往的经验来优化计算机程序的性能标准；机器学习是从有限的观测数据中学习（或“猜测”）出一般性规律，并利用这些规律对未知数据进行预测的方法。

机器学习已有十分广泛的应用，如数据挖掘、计算机视觉、自然语言处理、生物特征识别、搜索引擎、医学诊断、信用卡欺诈检测、证券市场分析、DNA 序列测序、语音和手写识别、战略游戏和机器人运用。机器学习分为如下几类：监督学习、无监督学习、半监督学习、集成学习和强化学习。

1.4.1 监督学习

监督学习根据给定的训练数据集学习出一个函数，当新数据到来时，可以根据这个函数预测结果。监督学习的训练集要求包括输入和输出，也就是特征和目标。训练集中的目标是由人标注的。常见的监督学习算法包括回归分析和统计分类。

监督学习（Supervised Learning）是指由训练资料学到或者建立一种**学习模式**（Learning Model），并且根据该模式推测新的实例。训练资料由输入（通常是向量）和预期输出组成。函数输出是一个连续值（称为**回归分析**），或者是一个分类标签（称为**分类**）。

监督学习者的任务是在观测一些训练范例（输入和预期输出）后，预测函数对任何可能出现的输入值的输出。为此，学习者要以“合理”的方式从现有资料中归纳出未观测到的情形。在人类和动物感知中，这个归纳过程通常称为**概念学习**（Concept Learning）。

监督学习存在两种形态的模型：一种是一般模型，即监督学习产生一个全域模型，将输入对应到预期输出；另一种是区域模型（如案例推论和最近邻法）。为了解决一个给定的监督学习问题（如手写辨识），需要考虑如下步骤。

（1）决定训练资料的范例的形态。首先，工程师要决定使用哪种资料作为范例。譬如，资料可能是一个手写字符，或者是整个手写词汇，或者是一行手写文字。

（2）收集训练资料。训练资料要具有真实世界的特征，可以是由人类专家或机器测量得到的输入和对应的输出。

（3）决定学习函数的输入特征的表示法。学习函数的准确度与输入是如何表示的紧密相关。一般来说，输入会被转换为一个特征向量，其中包含了许多描述输入的特征。因为维数灾难，特征的数量不宜过多，但要多到足以准确地预测输出。

（4）决定要学习的函数和对应学习算法所用的数据结构。譬如，工程师可能选择人工神经网络和决策树。

（5）完成设计。工程师在收集的资料上运行学习算法。可以对资料的子集（称为**验证集**）运行学习算法，以便调整学习算法的参数。调整参数后，算法就可以运行在不同于训练集的测试集上。

对监督学习使用的词汇则是“分类”。现有的各个分类器都有自己的优缺点。分类器的表现很大程度上与待分类的资料特性有关。因为不存在对所有问题都表现良好的分类器，所以人们会使用各种经验规则来比较分类器的表现。

目前，得到广泛应用的分类器是人工神经网络、支持向量机、最近邻法、高斯混合模型、朴素贝叶斯方法、决策树和径向基函数。

1.4.2 无监督学习

与监督学习相比，无监督学习的训练集中不存在人为标注的结果。常见的无监督学习算法是聚类，如 k 均值算法。

无监督学习对原始资料进行分类，以便了解资料的内部结构，具有聚类、密度估计、可视化三种形式。无监督学习在学习的时候既不知道其分类结果是否正确，又不知道何种学习是正确的。无监督学习的特点是只提供输入样本，并且自动地从这些样本中找出潜在的类规则。学习完毕并且经过测试后，也可将类规则应用于新的案例。

1.4.3　半监督学习

半监督学习介于监督学习与无监督学习之间。

在机器学习领域中，传统学习方法有两种，即监督学习和无监督学习。**半监督学习**（Semi-supervised Learning）是模式识别和机器学习领域研究的重点问题，是监督学习和无监督学习相结合的一种学习方法，主要考虑如何用少量标注样本和大量未标注样本进行训练与分类。半监督学习对于降低标注代价、提高机器性能具有重大的实际意义。

半监督学习的主要算法分为 5 类：基于概率的算法；在现有监督算法基础上进行修改的方法；直接依赖于聚类假设的方法；基于多视图的方法；基于图的方法。

1.4.4　集成学习

集成学习（Ensemble Learning）的思路是在对新实例进行分类时，集成若干分类器，通过对多个分类器的分类结果进行组合来决定最终的分类，进而取得比单个分类器更好的性能。若将单个分类器比作一名决策者，则集成学习方法相当于多名决策者共同进行决策。

图 1.8 所示为人工神经网络集成示意图，其中包括 N 个网络，对于相同的输入，N 个网络分别给出自己的输出 $(O_1,O_2,\cdots,O_N)$，然后由这些输出得到集成网络的输出，作为最终的分类结果。

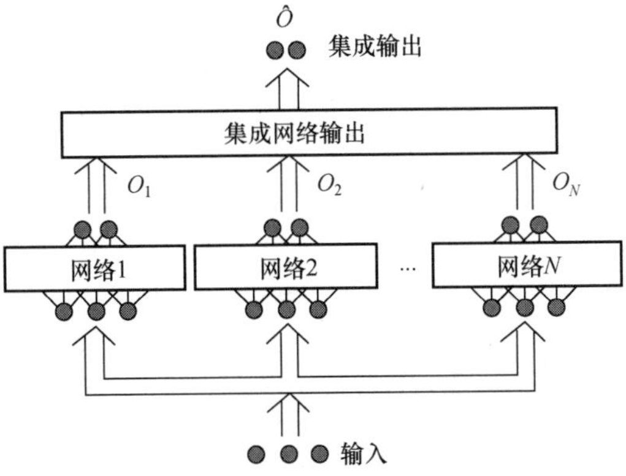

图 1.8　人工神经网络集成示意图

Thomas G. Dietterich 指出，集成学习的有效性可归为统计、计算和表示三方面的原因。

（1）统计原因。对于一般的学习任务，要搜索的假设空间往往十分巨大，但能够用于训练分类器的训练集中的实例数不足以用来精确地学习到目标假设，学习的结果可能是一系列满足训练集的假设，而学习算法能够选择这些假设之一作为学习到的分类器进行输出。然而，通过机器学习的过拟合问题可以看到，能够满足训练集的假设在实际应用中不一定有同样好的表现，于是学习算法选择哪个假设进行输出就面临一定的风险，而将多个假设集成起来可以降低这种风险（即通过集成使得各个假设和目标假设之间的误差得到一定程度的抵消）。

（2）计算原因。业已证明，在人工神经网络学习和决策树学习中，学习得到最好的人工神经网络或者决策树是一个 NP 困难问题，其他分类器模型也面临着类似的计算复杂度问题。这使得我们只能用某些启发式方法来降低寻找目标假设的复杂度，而这样做的结果是找到的假设不一定是最优的。通过将多个假设集成起来，可以使最终结果更加接近实际的目标函数值。

（3）表示原因。假设空间是人为规定的，在大多数机器学习的应用场合中，实际目标假设并不在假设空间中，如果假设空间在某种集成运算下是不封闭的，将假设空间中的一系列假设集成起来，就有可能表示不在假设空间中的目标假设。

1.4.5 强化学习

强化学习通过观察来学习如何做出动作。每个动作都对环境造成影响，学习对象则根据观察到的周围环境的反馈来做出判断。

强化学习（Q-Learning）要解决的问题是，一个能感知环境的自治智能体（Agent）怎样通过学习选择达到其目标的最优动作。这个具有普遍性的问题应用于学习控制移动机器人，在工厂中学习最优操作工序及学习棋类对弈等。当智能体在其所处的环境下做出每个动作时，施教者将提供奖励或惩罚信息，以表示结果状态的正确与否。例如，在训练智能体进行棋类对弈时，施教者可在游戏胜利时给出正回报，在游戏失败时给出负回报，而在其他时候给出零回报。智能体的任务就是从这个非直接的、有延迟的回报中学习，以便后续动作产生最大的累积效应。

1.5 概率分布

随机事件（简称**事件**）是指一个被赋予概率的事物集合，即样本空间中的一个子集。**概率**（Probability）表示一个随机事件发生的可能性，是 0 和 1 之间的实数。例如，概率 0.5 表示一个事件发生的可能性为 50%。

对机会均等的抛硬币动作来说，样本空间为“正面”或“反面”。我们可以定义各个随机事件并计算其概率，譬如：

（1）{正面}，其概率为 0.5。

（2）{反面}，其概率为 0.5。

（3）空集 $\varnothing$，不是正面也不是反面，其概率为 0。

（4）{正面|反面}，不是正面就是反面，其概率为 1。

1.5.1　随机变量及分布

在随机试验中，试验的结果可用一个数 X 来表示，数 X 是随试验结果的不同而变化的，是样本点的一个函数。我们将这种数称为**随机变量**（Random Variable）。例如，随机掷一个骰子，得到的点数可视为一个随机变量 X，X 的取值为 $\{1, 2, 3, 4, 5, 6\}$。

如果随机掷两个骰子，整个事件空间 Ω 就由 36 个元素组成：

$$\Omega = \left\{(i, j) | i = 1, \cdots, 6; j = 1, \cdots, 6\right\} \tag{1.1}$$

一个随机事件也可定义多个随机变量。例如，在掷两个骰子的随机事件中，可以定义随机变量 X 为获得的两个骰子的点数之和，也可以定义随机变量 Y 为获得的两个骰子的点数之差。随机变量 X 有 11 个整数值，而随机变量 Y 只有 6 个整数值：

$$X(i, j) := i + j,\ \ x = 2, 3, \cdots, 12 \tag{1.2}$$

$$Y(i, j) := |i - j|,\ \ y = 0, 1, 2, 3, 4, 5 \tag{1.3}$$

式中，i, j 分别为两个骰子的点数。

1．离散随机变量

如果**随机变量** X 可能的取值是有限可列举的，有 N 个有限的取值

$$\{x_1, \cdots, x_N\}$$

那么称 X 为**离散随机变量**。

要了解 X 的统计规律，就要知道它取每个可能值 x_n 的概率，即

$$P(X = x_n) = p(x_n),\ \ \forall n \in \{1, \cdots, N\} \tag{1.4}$$

式中，$p(x_1), \cdots, p(x_N)$ 称为离散随机变量 X 的**概率分布**（Probability Distribution）或**分布**，它满足

$$\sum_{n=1}^{N} p(x_n) = 1 \tag{1.5}$$

$$p(x_n) \geqslant 0,\ \ \forall n \in \{1, \cdots, N\} \tag{1.6}$$

离散随机变量的常见概率分布有如下几种。

伯努利分布　在一次试验中，事件 A 出现的概率为 μ，不出现的概率为 $1-\mu$。若用变量 X 表示事件 A 出现的次数，则 X 的取值为 0 和 1，相应的分布为

$$p(x)=\mu^x(1-\mu)^{(1-x)} \tag{1.7}$$

这个分布称为**伯努利分布**（Bernoulli Distribution），又称两点分布或0-1分布。

二项分布 在N次伯努利试验中，若用变量X表示事件A出现的次数，则X的取值为$\{0,\cdots,N\}$，相应的分布称为**二项分布**（Binomial Distribution）：

$$P(X=k)=\binom{N}{k}\mu^k(1-\mu)^{N-k},\ k=0,\cdots,N \tag{1.8}$$

式中，$\binom{N}{k}$是二项式系数，表示从 N 个元素中取出 k 个元素时，不考虑其顺序的组合的总数。

泊松分布 若随机变量X可取一切非负整数值，且

$$P(X=k)=\frac{\lambda^k}{k!}\mathrm{e}^{-\lambda},k=0,1,2,\cdots \tag{1.9}$$

式中$\lambda>0$，则称X服从泊松分布，记为$X\sim p(\lambda)$。图1.9给出了λ分别取1, 4, 10时，泊松分布的概率密度函数图。

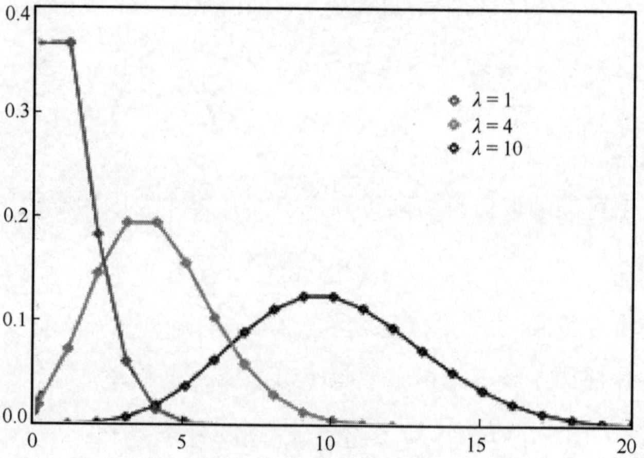

图1.9 泊松分布的概率密度函数图

2. 连续随机变量

与离散随机变量不同，一些随机变量X的取值是不可列举的，而由全部实数或者由一部分区间组成，例如

$$X=\{x\mid a\leqslant x\leqslant b\},-\infty<a<b<\infty$$

则称X为连续随机变量。连续随机变量的值是不可数的和无穷尽的。

对于连续随机变量 X，它取某个具体值x_i的概率为 0，这与离散随机变量截然不同。

因此，列举连续随机变量取某个值的概率来描述这个随机变量不但做不到，而且毫无意义。

连续随机变量 X 的概率分布一般用**概率密度函数**（Probability Density Function，PDF）$p(x)$描述。$p(x)$是可积函数，且满足

$$\int_{-\infty}^{+\infty} p(x)\,\mathrm{d}x = 1 \tag{1.10}$$

$$p(x) \geqslant 0 \tag{1.11}$$

给定概率密度函数 $p(x)$，便可算出随机变量落入某个区域的概率。令$\mathcal{R}$表示 x 的非常小的邻域，$|\mathcal{R}|$ 表示$\mathcal{R}$的大小，则 $p(x)|\mathcal{R}|$ 反映随机变量落入区域$\mathcal{R}$中的概率大小。

连续随机变量的常见概率分布有如下几种。

均匀分布　若 a, b 为有限数，则$[a, b]$上的**均匀分布**（Uniform Distribution）的概率密度函数定义为

$$P(x) = \begin{cases} \dfrac{1}{b-a}, & a \leqslant x \leqslant b \\ 0, & x < a \text{ 或 } x > b \end{cases} \tag{1.12}$$

正态分布　正态分布（Normal Distribution）又称**高斯分布**（Gaussian Distribution），是自然界中最常见的一种分布，具有很多良好的性质，在很多领域中都有非常重要的影响力。正态分布的概率密度函数为

$$p(x) = \frac{1}{\sqrt{2\pi}\sigma} \exp\left(-\frac{(x-\mu)^2}{2\sigma^2}\right) \tag{1.13}$$

式中$\sigma > 0$，μ 和 σ 均为常数。若随机变量 X 服从一个参数为 μ 和 σ 的概率分布，简记为

$$X \sim N(\mu, \sigma^2) \tag{1.14}$$

当$\mu = 0, \sigma = 1$时，称为**标准正态分布**（Standard Normal Distribution）。

图 1.10(a)和(b)分别显示了均匀分布和正态分布的概率密度函数。

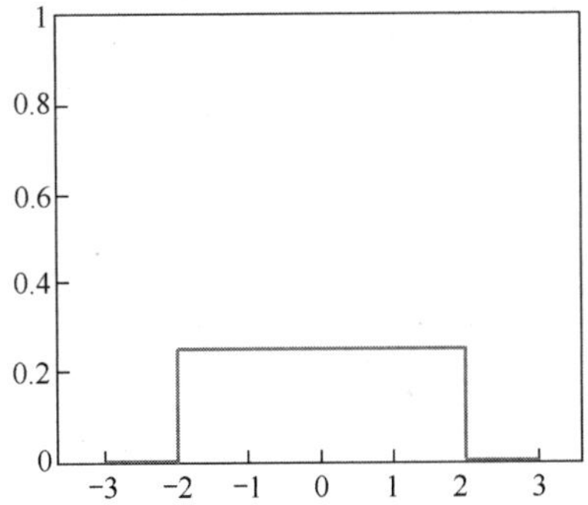

(a) 均匀分布

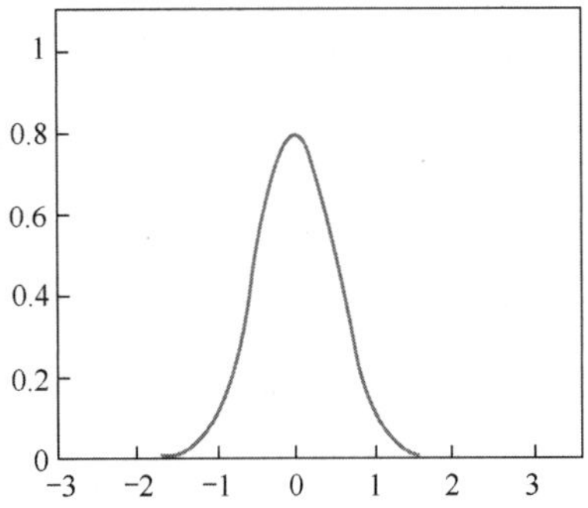

(b) 正态分布

图 1.10　连续随机变量的概率密度函数

3．累积分布函数

随机变量 X 的**累积分布函数**（Cumulative Distribution Function，CDF）是随机变量 X 的值小于或等于 x 的概率，即

$$\operatorname{cdf}(x) = P(X \leqslant x) \tag{1.15}$$

例如，对于连续随机变量 X，累积分布函数定义为

$$\operatorname{cdf}(x) = \int_{-\infty}^{x} p(t)\,\mathrm{d}t \tag{1.16}$$

式中，$p(x)$为概率密度函数。图 1.11 显示了标准正态分布的概率密度函数和累积分布函数。

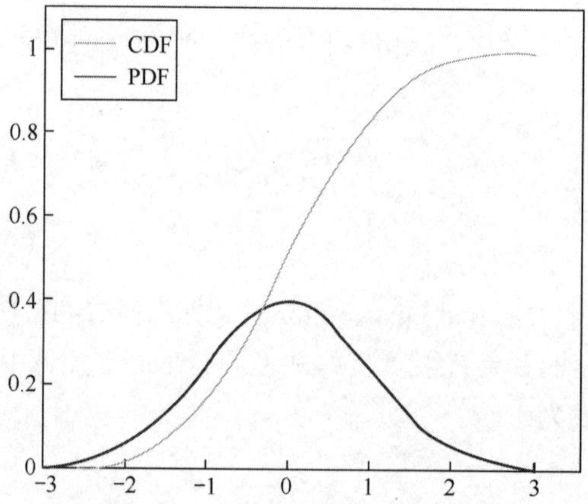

图 1.11 标准正态分布的概率密度函数和累积分布函数

1.5.2 随机向量及分布

随机向量是指由一组随机变量构成的向量。如果 $X_1,\cdots,X_K$ 为 K 个随机变量，那么称 $\boldsymbol{X}=[X_1,\cdots,X_K]$ 为一个 K 维随机向量。随机向量分为**离散随机向量**和**连续随机向量**。

1．离散随机向量

离散随机向量的**联合概率分布**（Joint Probability Distribution）为

$$P(X_1 = x_1, X_2 = x_2, \cdots, X_K = x_K) = p(x_1, x_2, \cdots, x_K)$$

式中，$x_k \in \Omega_k$ 为变量 X_k 的取值，Ω_k 为变量 X_k 的样本空间。

类似于离散随机变量，离散随机向量的概率分布满足

$$p(x_1, x_2, \cdots, x_K) \geqslant 0, \forall x_1 \in \Omega_1, x_2 \in \Omega_2, \cdots, x_K \in \Omega_K \tag{1.17}$$

$$\sum_{x_1 \in \Omega_1} \sum_{x_2 \in \Omega_2} \cdots \sum_{x_K \in \Omega_K} p(x_1, x_2, \cdots, x_K) = 1 \tag{1.18}$$

多项分布 最常见的离散向量概率分布是**多项分布**（Multinomial Distribution）。多项

分布是二项分布的推广。假设一个袋子中装了很多球，这些球共有 K 种不同的颜色。从袋子中取出 N 个球。每次取出一个球，就向袋子中放入一个同样颜色的球，以保证同一颜色的球在不同试验中被取出的概率相等。令 $\boldsymbol{X}$ 是一个 K 维随机向量，元素 $X_k(k=1,\cdots,K)$ 是取出的 N 个球中颜色为 k 的球的数量，则 X 服从多项分布，其概率分布为

$$p(x_1,\cdots,x_K|\boldsymbol{\mu})=\frac{N!}{x_1!\cdots x_K!}\mu_1^{x_1}\cdots\mu_K^{x_K} \tag{1.19}$$

式中，$\boldsymbol{\mu}=[\mu_1,\cdots,\mu_K]^{\mathrm{T}}$ 分别是每次被取出的球的颜色为 $1,\cdots,K$ 的概率；$x_1,\cdots,x_K$ 是非负整数，并且满足 $\sum_{k=1}^{K}x_k=N$。

多项分布的概率分布也可用伽马函数表示：

$$p(x_1,\cdots,x_K|\boldsymbol{\mu})=\frac{\Gamma\left(\sum_k x_k+1\right)}{\prod_k\Gamma(x_k+1)}\prod_{k=1}^{K}\mu_k^{x_k} \tag{1.20}$$

式中，$\Gamma(z)=\int_0^{\infty}\frac{t^{z-1}}{\mathrm{e}^t}\mathrm{d}t$ 为伽马函数。这种表示形式和狄利克雷分布类似，而狄利克雷分布可以作为多项分布的共轭先验。

2. 连续随机向量

一个 K 维连续随机向量 $\boldsymbol{X}$ 的**联合概率密度函数**（Joint Probability Density）满足

$$p(\boldsymbol{x})=p(x_1,\cdots,x_K)\geqslant 0 \tag{1.21}$$

$$\int_{-\infty}^{+\infty}\cdots\int_{-\infty}^{+\infty}p(x_1,\cdots,x_K)\,\mathrm{d}x_1\cdots\mathrm{d}x_K=1 \tag{1.22}$$

多元正态分布 使用得最广泛的连续随机向量分布是**多元正态分布**（Multivariate Normal Distribution），也称**多元高斯分布**（Multivariate Gaussian Distribution）。若 K 维随机向量 $\boldsymbol{X}=[X_1,\cdots,X_K]^{\mathrm{T}}$ 服从 K 元正态分布，则其密度函数为

$$p(\boldsymbol{x})=\frac{1}{2\pi^{K/2}|\boldsymbol{\Sigma}|^{1/2}}\exp\left(-\frac{1}{2}(\boldsymbol{x}-\boldsymbol{\mu})^{\mathrm{T}}\boldsymbol{\Sigma}^{-1}(\boldsymbol{x}-\boldsymbol{\mu})\right) \tag{1.23}$$

式中，$\boldsymbol{\mu}\in\mathbb{R}^K$ 为多元正态分布的均值向量，$\boldsymbol{\Sigma}\in\mathbb{R}^{K\times K}$ 为多元正态分布的协方差矩阵，$|\boldsymbol{\Sigma}|$ 为 $\boldsymbol{\Sigma}$ 的行列式。

各向同性高斯分布 如果一个多元高斯分布的协方差矩阵简化为 $\boldsymbol{\Sigma}=\sigma^2\boldsymbol{I}$，即每个维度的随机变量都是独立的且方差相同，那么该多元高斯分布称为**各向同性高斯分布**（Isotropic Gaussian Distribution）。

狄利克雷分布 如果一个 K 维随机向量 $\boldsymbol{X}$ 服从狄利克雷分布（Dirichlet Distribution），那么其密度函数为

$$p(\boldsymbol{x}|\boldsymbol{\alpha})=\frac{\Gamma(\alpha_0)}{\Gamma(\alpha_0)\cdots\Gamma(\alpha_K)}\prod_{k=1}^{K}x_k^{\alpha_k-1} \tag{1.24}$$

式中，$\boldsymbol{\alpha}=[\alpha_1,\cdots,\alpha_K]^{\mathrm{T}}$ 为狄利克雷分布的参数。

1.5.3 边际分布

对于二维离散随机向量(X, Y)，假设 X 的取值空间为Ω_x，Y 的取值空间为Ω_y，则其联合概率分布满足

$$p(x,y)\geqslant 0,\quad \sum_{y\in\Omega_x}\sum_{y\in\Omega_y}p(x,y)=1 \tag{1.25}$$

对于联合概率分布 $p(x, y)$，我们可以分别对 x 和 y 进行求和。

（1）对于固定的 x，有

$$\sum_{y\in\Omega_y}p(x,y)=p(x) \tag{1.26}$$

（2）对于固定的 y，有

$$\sum_{y\in\Omega_x}p(x,y)=p(y) \tag{1.27}$$

由离散随机向量(X, Y)的联合概率分布，对 Y 的所有取值求和得到 X 的概率分布，而对 X 的所有取值求和得到 Y 的概率分布。这里的 $p(x)$和 $p(y)$称为 $p(x, y)$的**边际分布**（Marginal Distribution）。

二维连续随机向量(X, Y)的边际分布为

$$p(x)=\int_{-\infty}^{+\infty}p(x,y)\,\mathrm{d}\,y \tag{1.28}$$

$$p(y)=\int_{-\infty}^{+\infty}p(x,y)\,\mathrm{d}\,x \tag{1.29}$$

一个二元正态分布的边际分布仍为正态分布。

1.5.4 条件概率分布

对于离散随机向量(X, Y)，若已知 $X = x$，则随机变量 $Y = y$ 的条件概率（Conditional Probability）为

$$p(y|x)\triangleq P(Y=y|X=x)=\frac{p(x,y)}{p(x)} \tag{1.30}$$

这个公式定义了随机变量 Y 关于随机变量 X 的**条件概率分布**（Conditional Probability Distribution），简称**条件分布**。

对于二维连续随机向量(X, Y)，若已知$X = x$，则随机变量$Y = y$的**条件概率密度函数**（Conditional Probability Density Function）为

$$p(y|x) = \frac{p(x,y)}{p(x)} \tag{1.31}$$

同理，若已知$Y = y$，则随机变量$X = x$的条件概率密度函数为

$$p(x|y) = \frac{p(x,y)}{p(y)} \tag{1.32}$$

1.6　习题

1. 举例说明模式和模式识别的概念。

2. 论述完整模式识别过程的主要阶段和操作（从在客观世界中采集模式样本到将模式样本区分为不同的类）。

3. 为了完成一次肝病分析研究，对100名肝病患者化验肝功得到了10个原始数据。之后，经过分析综合，对每名患者得到了碘反应和转胺酶等5个主要数据，最后根据其中的3个数据将患者区分为甲肝和乙肝各50名。对于该过程，什么是模式样本？共抽取了几个样本？这些样本被区分成了几个类？每个类含几个样本？模式空间、特征空间和类空间的维数各是多少？

4. 说明模式识别系统的组成，以及训练过程和判别过程的作用与关系。

5. 结合实例谈谈你对机器学习的认识，给出几种机器学习的主要方法及其特点。

6. 写出正态分布中的类概率密度函数表达式，并给出其边缘概率密度函数；假设随机向量的各个分量彼此无关，给出类概率密度函数及其边缘密度函数之间的关系（类数量为c）。

7. 证明正态随机向量的线性变换$\boldsymbol{y} = \boldsymbol{A}\boldsymbol{x}$仍是正态分布的，其中$\boldsymbol{A}$是非奇异线性变换矩阵；给出$\boldsymbol{y}$的均值向量和协方差矩阵与$\boldsymbol{x}$的均值向量和协方差矩阵之间的关系。

8. 假设变量x和z彼此无关，证明它们的和的均值和方差满足

$$E[x+z] = E[x] + E[z] \quad 和 \quad \mathrm{var}[x+z] = \mathrm{var}[x] + \mathrm{var}[z]$$

第 2 章　贝叶斯统计决策

贝叶斯统计决策方法基于贝叶斯决策理论，往往以某种概率的形式给出。本章首先介绍贝叶斯分类方法中的一般性判别规则，然后抽象出随机模式的判别函数和决策面方程，给出两种分类器结构。

2.1　引言

在可以察觉的客观世界中，存在大量的物体和事件，当基本条件不变时，它们具有某种不确定性，即每次观测的结果没有重复性，这种模式就是随机模式。虽然随机模式样本的测量值具有不确定性，但同类抽样试验的大量样本的观测值具有某种统计特性，这种统计特性是建立各种分类方法的基本依据。下面介绍确定性模式判别函数的问题。

理想的概率分布如图 2.1 所示。

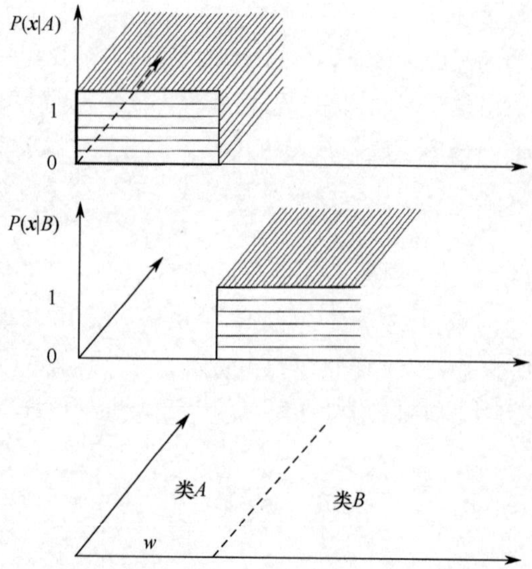

图 2.1　理想的概率分布

通过判别函数，特征空间被区分界面划分成两类区域 A 和 B。由于模式样本的观测值是确定的，因此常被正确地分配给区域 A 和 B。若用概率的形式来表达，则有：在类 A 的条件下观测模式样本 $\boldsymbol{x}$ 时，$\boldsymbol{x}$ 位于区域 A 中的概率为 1，而位于区域 B 中的概率为 0。同样，在类 B 的条件下观测模式样本 $\boldsymbol{x}$ 时，情况正好相反，即 $\boldsymbol{x}$ 位于区域 A 中的概率为 0，而位

于区域 B 中的概率为 1。这实际上对确定模式引入了概率方法，对大多数实际情况来说，这是非常理想的概率分布。

对于许多实际情况，在类 A 的条件下，模式样本 $\boldsymbol{x}$ 位于区域 A 中的概率往往小于 1，而位于区域 B 中的概率不为 0。在类 B 的条件下，情形同样如此。这种交错分布的样本使得分类发生错误，是模式随机性的一种表现。此时，分类方法就从确定模式转换到随机模式。

如何使分类错误率尽可能小，是研究各种分类方法的中心议题。

贝叶斯决策理论是随机模式分类方法最重要的基础。下面给出几个重要的概念。

1．先验概率

先验概率是预先已知的或者可以估计的模式识别系统位于某个类中的概率。

如果仍以两个类 A 和 B 为例，那么可用 $P(A)$ 和 $P(B)$ 表示各自的先验概率，此时有

$$P(A)+P(B)=1 \tag{2.1}$$

推广到 c 个类的问题中，用 $\omega_1,\omega_2,\cdots,\omega_c$ 表示类，那么各自的先验概率为 $P(\omega_1)$, $P(\omega_2),\cdots,P(\omega_c)$，且满足

$$P(\omega_1)+P(\omega_2)+\cdots+P(\omega_c)=1 \tag{2.2}$$

其实，当处理实际问题时，有时不得不以先验概率的大小作为判别的依据。例如，假设有一批木材，其中桦木占 70%，松木占 30%，A 表示桦木，B 表示松木，则 $P(A)=0.7$，$P(B)=0.3$，若从中任取一块木材，并且用先验概率做出判别，则就将其判别为桦木。

一般来说，先验概率不能作为判别的唯一依据，但是当先验概率相当大时，可以作为判别的唯一依据。

2．类（条件）概率密度

类（条件密度）是指系统属于某个类时，模式样本 $\boldsymbol{x}$ 出现的概率密度分布函数，常用 $\rho(\boldsymbol{x}\,|\,A)$, $\rho(\boldsymbol{x}\,|\,B)$ 和 $\rho(\boldsymbol{x}\,|\,\omega_i)(i\in 1,2,\cdots,c)$ 表示。

先验概率密度在分类方法中起至关重要的作用，其函数形式和主要参数或者是已知的，或者是可通过大量抽样试验估计出来的。

3．后验概率

后验概率是指系统在某个具体模式样本 $\boldsymbol{x}$ 的条件下，属于某个类的概率，常用 $P(A\,|\,\boldsymbol{x})$, $P(B\,|\,\boldsymbol{x})$ 和 $P(\omega_i\,|\,\boldsymbol{x})(i\in 1,2,\cdots,c)$ 表示。

后验概率可以根据贝叶斯公式计算出来，且可以直接用作分类判别的依据。

例如，假设有一个两类问题：ω_1 表示诊断为非癌症，ω_2 表示诊断为癌症。$P(\omega_1)$ 表示某地区的人诊断为非癌症的概率，$P(\omega_2)$ 表示某地区的人被诊断为癌症的概率，$\boldsymbol{x}$ 表示“试

验反应呈阳性”。于是，$P(\boldsymbol{x}|\omega_1)$表示诊断非癌症且试验反应呈阳性，$P(\omega_1|\boldsymbol{x})$表示试验呈阳性且诊断非癌症。$\omega_2$的类概率密度和后验概率同样如此。

2.2 最小错误率判别规则

最小错误率判别规则的目标是尽可能地减少错误分类的情况。为此，我们需要一个确定测得的变量属于哪个类的规则。这个规则将输入空间划分为几个决策区域R_k，每个区域对应一个类，如果变量落在R_k中，就判别它属于类C_k。一个决策区域没有必要是连通的，而可以由几个区域联合组成。为了探究最优判别规则，下面分析一个两类问题。

在两类问题中，若出现错误，即本该属于类C_1的变量被判别为属于类C_2，或者本该属于类C_2的变量被判别为属于类C_1，则该错误的概率表示为

$$P(\text{错误}) = P(\boldsymbol{x} \in R_1, C_2) + P(\boldsymbol{x} \in R_2, C_1) \tag{2.3}$$

上式可以改写为

$$P(\text{错误}) = \int_{R_1} p(\boldsymbol{x}, C_2)\,\mathrm{d}x + \int_{R_2} p(\boldsymbol{x}, C_1)\,\mathrm{d}x \tag{2.4}$$

要使$P(\text{错误})$最小，$\boldsymbol{x}$应判别为属于可使上述积分达到较小值的类。由此，我们推出一个规则：若$p(\boldsymbol{x},C_1) > p(\boldsymbol{x},C_2)$，则判别变量$\boldsymbol{x}$属于类$C_1$。于是，在区域$R_1$中，$p(\boldsymbol{x},C_2)$的值较小，上式等号右侧的第一部分达到最小，第二部分同样如此。从概率论的知识可知$p(\boldsymbol{x},C_k) = p(C_k|\boldsymbol{x})p(\boldsymbol{x})$，因此规则可以写为：若$p(C_1|\boldsymbol{x}) > p(C_2|\boldsymbol{x})$［根据全概率公式，$p(\boldsymbol{x})$都是一样的］，则判别$\boldsymbol{x}$属于类$C_1$，否则判别$\boldsymbol{x}$属于类$C_2$。

前面使用ω_1和ω_2表示两个不同的类，如ω_1表示诊断非癌症，ω_2表示诊断为癌症。

使用$P(\omega_1)$和$P(\omega_2)$分别表示先验概率。例如，$P(\omega_1)$表示诊断结果非癌症的概率，$P(\omega_2)$表示诊断结果为癌症的概率。

使用$p(\boldsymbol{x}|\omega_1)$和$p(\boldsymbol{x}|\omega_2)$表示两个类概率密度。

若用样本$\boldsymbol{x}$表示“试验反应呈阳性”，则$p(\boldsymbol{x}|\omega_1)$表示诊断非癌症且试验反应呈阳性，$P(\omega_1|\boldsymbol{x})$表示试验反应呈阳性且诊断非癌症。

根据全概率公式，模式样本$\boldsymbol{x}$出现的全概率密度为

$$p(\boldsymbol{x}) = p(\boldsymbol{x}|\omega_1)\cdot P(\omega_1) + p(\boldsymbol{x}|\omega_2)\cdot P(\omega_2) \tag{2.5}$$

根据贝叶斯公式，在模式样本$\boldsymbol{x}$出现的条件下，两个类的后验概率分别为

$$P(\omega_1|\boldsymbol{x}) = \frac{p(\boldsymbol{x}|\omega_1)\cdot P(\omega_1)}{p(\boldsymbol{x})},\quad P(\omega_2|\boldsymbol{x}) = \frac{p(\boldsymbol{x}|\omega_2)\cdot P(\omega_2)}{p(\boldsymbol{x})} \tag{2.6}$$

此时，样本属于“后验概率较高”的那个类，即

$$\begin{cases} 若P(\omega_1 \mid \boldsymbol{x}) > P(\omega_2 \mid \boldsymbol{x})，则\boldsymbol{x} \in \omega_1 \\ 若P(\omega_1 \mid \boldsymbol{x}) < P(\omega_2 \mid \boldsymbol{x})，则\boldsymbol{x} \in \omega_2 \\ 若P(\omega_1 \mid \boldsymbol{x}) = P(\omega_2 \mid \boldsymbol{x})，则偶然决定\boldsymbol{x} \in \omega_1或\boldsymbol{x} \in \omega_2 \end{cases} \tag{2.7}$$

根据式（2.6），上述判别规则等价于

$$\begin{cases} 若p(\boldsymbol{x} \mid \omega_1) \cdot P(\omega_1) > p(\boldsymbol{x} \mid \omega_2) \cdot P(\omega_2)，则\boldsymbol{x} \in \omega_1 \\ 若p(\boldsymbol{x} \mid \omega_1) \cdot P(\omega_1) < p(\boldsymbol{x} \mid \omega_2) \cdot P(\omega_2)，则\boldsymbol{x} \in \omega_2 \\ 若p(\boldsymbol{x} \mid \omega_1) \cdot P(\omega_1) = p(\boldsymbol{x} \mid \omega_2) \cdot P(\omega_2)，则偶然决定\boldsymbol{x} \in \omega_1或\boldsymbol{x} \in \omega_2 \end{cases} \tag{2.8}$$

下面用图形来说明该规则的最优性。

如图 2.2 所示，选定两个判别门限。第一个判别门限是 $x = \hat{x}$，它将空间划分为两类区域 R_1 和 R_2，根据计算错误概率的公式即式（2.4）可知，误判区域由 3 个区域组成。当我们选择第二个判别门限 $x = x_0$ 时，区域 R_1 的右边界左移，这时 R_1 以 x_0 为右边界，R_2 以 x_0 为左边界，误判区域由区域①和区域③组成，相比前面少了区域②，即误判率减小了。第一个门限 $x = \hat{x}$ 是随意确定的门限，第二个门限 $x = x_0$ 是按照最小错误率判别规则选定的门限，因此图 2.2 说明最小错误率判别规则确实使误差率达到了最小。

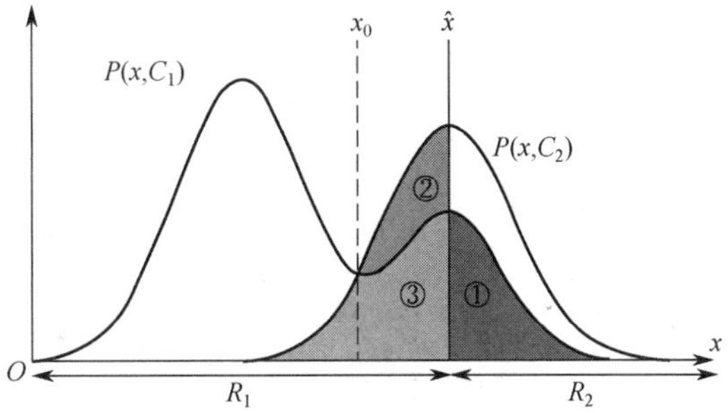

图 2.2　最佳门限

由两类问题导出的最小错误率判别规则推广到 c 类问题中后，表达为

$$若\ P(\omega_i \mid \boldsymbol{x}) = \max_{j=1,\cdots,c} \{P(\omega_j \mid \boldsymbol{x})\}，则\ \boldsymbol{x} \in w_i$$

它等价于

$$若\ p(\boldsymbol{x} \mid \omega_i) \cdot P(\omega_i) = \max_{j=1,\cdots,c} \{p(\boldsymbol{x} \mid \omega_j) \cdot P(\omega_j)\}，则\ \boldsymbol{x} \in \omega_i$$

下面论证该规则可以使错误率达到最小。对于这类判别问题，判断结果只有两个：一个是判断正确，另一个是判断错误。这两种情况对应的概率是正确率 P(正确) 和误判率 P(错误)，二者之间的关系为

$$P(正确) + P(错误) = 1$$

正确率的最大化自然代表着误判率的最小化。

c 类问题中的误判率表达式很复杂，但正确率可以简单地写为

$$P(\text{正确}) = \sum_{k=1}^{c} P(\boldsymbol{x} \in R_k, C_k) = \sum_{k=1}^{c} \int_{R_k} p(\boldsymbol{x}, C_k)\,\mathrm{d}\boldsymbol{x} \tag{2.9}$$

不难看出，按照我们的判别规则，为每个区域 R_k 选择的被积函数 $p(\boldsymbol{x}, C_k)$ 都是最大的，因此最后的正确率达到最大值，而误判率达到最小值。

【例 2.1】 为了对癌症进行诊断，某医院对一批人进行了一次普查，即对每人打试验针并且观察反应，然后进行统计。得到的规律如下：

（1）在这批人中，每 1000 人中有 5 人是癌症病人。

（2）在这批人中，每 100 名非癌症病人中有 1 名试验呈阳性反应。

（3）在这批人中，每 100 名癌症病人中有 95 名试验呈阳性反应。

若某人（甲）试验呈阳性反应，其是否是非癌症病人？

解：假设 $\boldsymbol{x}$ 表示试验呈阳性反应。

（1）人分为两类：ω_1 表示非癌症病人，ω_2 表示癌症病人，$P(\omega_1) + P(\omega_2) = 1$。

（2）由已知条件计算概率值。先验概率为 $P(\omega_1) = 0.995$，$P(\omega_2) = 0.005$。

类条件概率密度为 $p(\boldsymbol{x} \mid \omega_1) = 0.01$，$p(\boldsymbol{x} \mid \omega_2) = 0.95$。

（3）决策过程如下：

$$\begin{aligned} p(\omega_2 \mid \boldsymbol{x}) &= \frac{p(\boldsymbol{x} \mid \omega_2) \cdot P(\omega_2)}{p(\boldsymbol{x} \mid \omega_1) \cdot P(\omega_1) + p(\boldsymbol{x} \mid \omega_2) \cdot P(\omega_2)} \\ &= \frac{0.95 \times 0.005}{0.01 \times 0.995 + 0.95 \times 0.005} \\ &= 0.323 \end{aligned}$$

$$p(\boldsymbol{x} \mid \omega_1) \cdot P(\omega_1) = 0.00995$$

$$P(\omega_1 \mid \boldsymbol{x}) = 1 - P(\omega_2 \mid \boldsymbol{x}) = 1 - 0.323 = 0.677$$

$$p(\boldsymbol{x} \mid \omega_2) \cdot P(\omega_2) = 0.00475$$

$$P(\omega_1 \mid \boldsymbol{x}) > P(\omega_2 \mid \boldsymbol{x})$$

$$p(\boldsymbol{x} \mid \omega_1) \cdot P(\omega_1) > p(\boldsymbol{x} \mid \omega_2) \cdot P(\omega_2)$$

由最小错误判别规则可知该人即甲 $\in \omega_1$。

由于 $P(\omega_1)$ 比 $P(\omega_2)$ 大很多，所以先验概率起了较大的作用。

2.3 最小风险判别规则

最小风险判别规则也是一种贝叶斯分类方法。最小错误率判别规则未考虑错误判别带

来的“风险”，或者说未考虑某种判别带来的损失。

在同一个问题中，某种判别总有一定的损失，特别是错误判别会带来风险。不同的错误判别会带来不同的风险，例如，判别细胞是否为癌细胞可能有两种错误判别：①正常细胞被错判为癌细胞；②癌细胞被错判为正常细胞。两种错误判别带来的风险是不同的，①会给健康人带来不必要的精神负担，②会使患者失去进一步检查、治疗的机会，造成严重后果。显然，②的风险大于①。

判别风险也可理解为判别损失，即使是在正确判别的情况下，通常也会付出某种代价。由于存在判别风险，最小错误率判别就不够用了，必须引入最小风险判别规则。

对于 c 个类的问题，我们用 $\omega_j(j=1,2,\cdots,c)$ 表示类，用 $\alpha_i(i=1,2,\cdots,a)$ 表示可能做出的判别。在实际应用中，判别数 a 和类数 c 可能是相等的，即 $a=c$；也可能是不等的，即允许除了 c 个类的 c 个决策，可以采用其他决策，如“拒绝”决策，此时 $a=c+1$。

对于给定的模式样本 $\boldsymbol{x}$，令 $L(\alpha_i \mid \omega_j)$ 表示 $\boldsymbol{x}\in\omega_j$ 而做出判别 α_i 带来的风险。若判别 α_i 一定，对 c 个不同的类 ω_j，有 c 个不同的 $L(\alpha_i \mid \omega_j)$。

$L(\alpha_i \mid \omega_j)$ 的 c 个离散值随类的性质变化，具有很大的随机性，可视为随机变量。

另外，由于判别数为 a，对不同的判别和不同类就有一个 $a\times c$ 维风险矩阵。表 2.1 中列出了一般风险矩阵。

表 2.1　一般风险矩阵

判别 \ 类	ω_1	ω_2	…	ω_c
α_1	$L(\alpha_1 \mid \omega_1)$	$L(\alpha_1 \mid \omega_2)$	…	$L(\alpha_1 \mid \omega_c)$
α_2	$L(\alpha_2 \mid \omega_1)$	$L(\alpha_2 \mid \omega_2)$	…	$L(\alpha_2 \mid \omega_c)$
$\vdots$	$\vdots$	$\vdots$	$\ddots$	$\vdots$
α_a	$L(\alpha_a \mid \omega_1)$	$L(\alpha_a \mid \omega_2)$	…	$L(\alpha_a \mid \omega_c)$

假设某个样本 $\boldsymbol{x}$ 的后验概率 $P(\omega_j \mid \boldsymbol{x})$ 已经确定，则有

$$P(\omega_1 \mid \boldsymbol{x})+P(\omega_2 \mid \boldsymbol{x})+\cdots+P(\omega_c \mid \boldsymbol{x})=1，\quad 且\ P(\omega_j \mid \boldsymbol{x})\geqslant 0，\ j=1,2,\cdots,c$$

对于每种判别 α_i，可求出随机变量 $L(\alpha_i \mid \omega_i)$ 的条件平均风险，也称条件平均损失：

$$R(\alpha_i \mid \boldsymbol{x})=E[L(\alpha_i \mid \omega_j)]=\sum_{j=1}^{c}L(\alpha_i \mid \omega_j)\cdot P(\omega_j \mid \boldsymbol{x}),\quad i=1,2,\cdots,a \tag{2.10}$$

最小风险判别就是将样本 $\boldsymbol{x}$ 划分给“条件平均风险最小”的类。也就是说，$R(\alpha_i \mid \boldsymbol{x})$ 中的 i 的功能是，可让 $R(\alpha_i \mid \boldsymbol{x})$ 满足如下等式：

$$若\ R(\alpha_i \mid \boldsymbol{x})=\min_{k=1,2,\cdots,a}\{R(\alpha_k \mid \boldsymbol{x})\}，\ 则\ \boldsymbol{x}\in\omega_i \tag{2.11}$$

执行最小风险判别规则的步骤如下：

（1）在给定样本 $\boldsymbol{x}$ 的条件下，计算各个类的后验概率 $P(\omega_j \mid \boldsymbol{x})$, $j=1,2,\cdots,c$ 。

（2）按照式（2.10）求各种判别的条件平均风险 $R(\alpha_i \mid \boldsymbol{x})$, $i=1,2,\cdots,a$ 。为此，需要知道风险矩阵。

（3）按照式（2.11）比较各种判别的条件平均风险，将样本 $\boldsymbol{x}$ 划分给条件平均风险最小的类。

【例 2.2】 在例 2.1 的癌症诊断问题中，所有化验结果分为两类：ω_1 表示非癌症病人，ω_2 表示癌症病人。得到的判别也有两种，即 α_1 和 α_2 。表 2.2 中显示了风险矩阵，试着进行分类。

表 2.2　风险矩阵

类 / 判别	ω_1	ω_2
α_1	0.5	6
α_2	2	0.5

解： 由风险矩阵得 $L(\alpha_1 \mid \omega_1)=0.5$ ，$L(\alpha_1 \mid \omega_2)=6$ ，$L(\alpha_2 \mid \omega_1)=2$ ，$L(\alpha_2 \mid \omega_2)=0.5$ 。

将例 2.1 中算得的后验概率 $P(\omega_1 \mid \boldsymbol{x})=0.677$ 和 $P(\omega_2 \mid \boldsymbol{x})=0.323$ 代入式（2.10）得

$$R(\alpha_1=\omega_1 \mid \boldsymbol{x})=\sum_{j=1}^{2} L(\alpha_1 \mid \omega_j)\cdot P(\omega_j \mid \boldsymbol{x})=0.5\times 0.677+6\times 0.323=2.2765$$

$$R(\alpha_2=\omega_2 \mid \boldsymbol{x})=\sum_{j=1}^{2} L(\alpha_2 \mid \omega_j)\cdot P(\omega_j \mid \boldsymbol{x})=2\times 0.671+0.5\times 0.323=1.5155$$

$$R(\alpha_2=\omega_2 \mid \boldsymbol{x})<R(\alpha_1=\omega_1 \mid \boldsymbol{x})$$

根据最小风险判别规则，有 $\boldsymbol{x}\in\omega_2$ ，即试验呈阳性反应者属于癌症病人，与例 2.1 中的结论相反。

注意： 在实际工作中，列出合适的风险矩阵很不容易，要根据研究的具体问题分析错误决策造成的损失的严重程度，并与有关专家共同商讨决定。

上面分析了两种决策规则，下面讨论它们之间的关系。

判别风险又称**判别损失**，而 $L(\alpha_i \mid \omega_i)$ 又称**损失函数**。现在假设正确判别的损失为 0，错误判别的损失为 1，且判别数与类数相等。也就是说，有如下 0-1 损失函数：

$$L(\alpha_i \mid \omega_j)=\begin{cases}0, & i=j \\ 1, & i\neq j\end{cases} \tag{2.12}$$

令 $L(\alpha_i \mid \omega_j)=1-\delta_{ij}$ ，其中 $\delta_{ij}=\begin{cases}1, & i=j \\ 0, & i\neq j\end{cases}$ ，代入式（2.10）得

$$
\begin{aligned}
R\left(\alpha_i \mid \omega_j\right) &= \sum_{i=1}^{c} L(\alpha_i \mid \omega_j) \cdot P(\omega_j \mid \boldsymbol{x}) \\
&= \sum_{i=1}^{c} (1-\delta_{ij}) \cdot P(\omega_j \mid \boldsymbol{x}) \\
&= \sum_{i=1}^{c} P(\omega_j \mid \boldsymbol{x}) - \sum_{j=1}^{c} \delta_{ij} \cdot \rho(\omega_j \mid \boldsymbol{x}) \\
&= 1-\rho(\omega_i \mid \boldsymbol{x})
\end{aligned}
$$

代入式（2.11）得

$$
若\ P(\omega_i \mid \boldsymbol{x}) = \max_{k=1,2,\cdots,c} \{P(\omega_k \mid \boldsymbol{x})\}，\ 则\ \boldsymbol{x} \in \omega_i
$$

这就是最小错误率判别规则。

结论：在 0-1 损失函数的情况下，最小风险判别规则退化为最小错误率判别规则。也就是说，最小错误率判别规则是最小风险判别规则的一个特例。

2.4 最大似然比判别规则

类概率密度 $\rho(\boldsymbol{x} \mid \omega_i)$ 又称**似然函数**，两个类概率密度之比称为**似然比函数**。最大似然比判别规则也是一种贝叶斯分类方法，其描述如下：

如果类 ω_i 与其他类 $\omega_j (j=1,2,\cdots,c, j \neq i)$ 的似然比均大于相应的门限值，而其他类 ω_j 与 ω_i 的似然比均小于相应的门限值，那么样本 $\boldsymbol{x} \in \omega_i$。

1）由最小错误率判别规则引出最大似然比判别规则

当 $\boldsymbol{x} \in \omega_1$ 时，最小错误率判别规则为

$$
p(\boldsymbol{x} \mid \omega_1) \cdot P(\omega_1) > p(\boldsymbol{x} \mid \omega_2) \cdot P(\omega_2) \tag{2.13}
$$

两边同时除以 $p(\boldsymbol{x} \mid \omega_2) \cdot P(\omega_1)$ 得

$$
\frac{p(\boldsymbol{x} \mid \omega_1)}{p(\boldsymbol{x} \mid \omega_2)} > \frac{P(\omega_2)}{P(\omega_1)} \tag{2.14}
$$

定义类 ω_1 与 ω_2 的似然比为

$$
l_{12}(\boldsymbol{x}) = \frac{p(\boldsymbol{x} \mid \omega_1)}{p(\boldsymbol{x} \mid \omega_2)} \tag{2.15}
$$

则判别门限为

$$
\theta_{12} = \frac{P(\omega_2)}{P(\omega_1)} \tag{2.16}
$$

一般来说，若先验概率已知，θ_{12} 也就已知。于是，“最小错误率判别规则”变为

$$\begin{cases} 若 l_{12}(\boldsymbol{x}) > \theta_{12}, 则 \boldsymbol{x} \in \omega_1 \\ 若 l_{12}(\boldsymbol{x}) < \theta_{12}, 则 \boldsymbol{x} \in \omega_2 \\ 若 l_{12}(\boldsymbol{x}) = \theta_{12}, 则偶然决定 \boldsymbol{x} \in \omega_1 或 \boldsymbol{x} \in \omega_2 \end{cases} \tag{2.17}$$

2）由最小风险判别规则引出最大似然比判别规则

若 $\boldsymbol{x} \in \omega_1$，则有

$$R(\alpha_1 = \omega_1 \mid \boldsymbol{x}) < R(\alpha_2 = \omega_2 \mid \boldsymbol{x})$$

将其代入 $R(\alpha_i = \omega_i \mid \boldsymbol{x}) = \sum_{j=1}^{2} L(\alpha_i \mid \omega_j) \cdot P(\omega_j \mid \boldsymbol{x})$ 得

$$[L(\alpha_2 \mid \omega_1) - L(\alpha_1 \mid \omega_1)]P(\omega_1 \mid \boldsymbol{x}) > [L(\alpha_1 \mid \omega_2) - L(\alpha_2 \mid \omega_2)]P(\omega_2 \mid \boldsymbol{x})$$

即

$$\frac{P(\omega_1 \mid \boldsymbol{x})}{P(\omega_2 \mid \boldsymbol{x})} > \frac{L(\alpha_1 \mid \omega_2) - L(\alpha_2 \mid \omega_2)}{L(\alpha_2 \mid \omega_1) - L(\alpha_1 \mid \omega_1)}$$

将贝叶斯公式 $\frac{P(\omega_1 \mid \boldsymbol{x})}{P(\omega_2 \mid \boldsymbol{x})} = \frac{p(\boldsymbol{x} \mid \omega_1) \cdot P(\omega_1)}{p(\boldsymbol{x} \mid \omega_2) \cdot P(\omega_2)}$ 代入上式得

$$\frac{p(\boldsymbol{x} \mid \omega_1)}{p(\boldsymbol{x} \mid \omega_2)} > \frac{L(\alpha_1 \mid \omega_2) - L(\alpha_2 \mid \omega_2)}{L(\alpha_2 \mid \omega_1) - L(\alpha_1 \mid \omega_1)} \cdot \frac{P(\omega_2)}{P(\omega_1)} \tag{2.18}$$

即 $l_{12}(\boldsymbol{x}) > \theta_{12}$，其中

$$\theta_{12} = \frac{L(\alpha_1 \mid \omega_2) - L(\alpha_2 \mid \omega_2)}{L(\alpha_2 \mid \omega_1) - L(\alpha_1 \mid \omega_1)} \cdot \frac{P(\omega_2)}{P(\omega_1)} \tag{2.19}$$

为判别门限。

总结：最小风险判别引出的最大似然比判别公式与最小错误率判别引出的最大似然比判别公式相同，只是判别门限 θ_{12} 的计算公式不同。

同样，在式（2.19）中取 0–1 损失函数，即

$$L(\alpha_1 \mid \omega_1) = 0, \quad L(\alpha_1 \mid \omega_2) = 1, \quad L(\alpha_2 \mid \omega_1) = 1, \quad L(\alpha_2 \mid \omega_2) = 0$$

式（2.19）就退化为式（2.17）。也就是说，在 0–1 损失函数情况下，最小风险判别退化为最小错误率判别。

将上述讨论进一步推广，假设有 c 个类，分别用 $\omega_1, \omega_2, \cdots, \omega_c$ 表示，定义

$$l_{ij}(\boldsymbol{x}) = \frac{p(\boldsymbol{x} \mid \omega_i)}{p(\boldsymbol{x} \mid \omega_j)}, \quad i, j = 1, 2, \cdots, c \text{ 且 } i \neq j \tag{2.20}$$

由最小错误率判别规则可以推出：若对任意 $j(j = 1, 2, \cdots, c 且 j \neq i)$ 有 $l_{ij}(\boldsymbol{x}) > \theta_{ij}$，则

$$\boldsymbol{x} \in \omega_i, \quad \theta_{ij} = \frac{P(\omega_j)}{P(\omega_i)} \tag{2.21}$$

由最小风险判别规则可以推出 θ_{ij} 的定义为

$$\theta_{ij} = \frac{[L(\alpha_i \mid \omega_j) - L(\alpha_j \mid \omega_j)] \cdot P(\omega_j)}{[L(\alpha_j \mid \omega_i) - L(\alpha_i \mid \omega_i)] \cdot P(\omega_i)} \tag{2.22}$$

在 0-1 损失函数的情况下，式（2.22）同样退化为式（2.21）。

由似然函数的性质有 $l_{ij}(\boldsymbol{x}) = 1/l_{ji}(\boldsymbol{x})$。因此，在 c 类问题中，若有一个 ω_i 满足式（2.21），则不可能再有其他的类 $\omega_j (i \neq j)$ 满足式（2.21）。

【例 2.3】 采用最大似然比判别规则求前面的例 2.1 和例 2.2。

解：1. 对例 2.1 用最大似然比判别规则求解。

试验反应呈阳性的人分为两类：ω_1 表示非癌症病人，ω_2 表示癌症病人。于是有

$$P(\omega_1) + P(\omega_2) = 1$$

根据例 2.1 的解答过程，可以收集到如下信息。

（1）先验概率：$P(\omega_1) = 0.995$，$P(\omega_2) = 0.005$。

（2）类条件概率密度：$p(\boldsymbol{x} \mid \omega_1) = 0.01$，$p(\boldsymbol{x} \mid \omega_2) = 0.95$。

决策过程如下：

$$l_{12}(\boldsymbol{x}) = \frac{p(\boldsymbol{x} \mid \omega_1)}{p(\boldsymbol{x} \mid \omega_2)} = \frac{0.01}{0.95} = 0.0105$$

$$\theta_{12} = \frac{P(\omega_2)}{P(\omega_1)} = \frac{0.005}{0.995} = 0.005$$

$l_{12}(\boldsymbol{x}) > \theta_{12}$，根据最大似然比判别规则可知甲 $\in \omega_1$，与例 2.1 中的结果一致。

2. 对例 2.2 用最大似然比判别规则的方法求解。

所有化验结果分为两类：ω_1 表示非癌症病人，ω_2 表示癌症病人。判别也有两种，即 α_1 和 α_2。根据例 2.2 的解答过程，可以采集到的信息如表 2.3 所示。

表 2.3　风险矩阵

判别 \ 类	ω_1	ω_2
α_1	0.5	6
α_2	2	0.5

（1）风险：$L(\alpha_1|\omega_1)=0.5$，$L(\alpha_1|\omega_2)=6$，$L(\alpha_2|\omega_1)=2$，$L(\alpha_2|\omega_2)=0.5$。

（2）先验概率：$P(\omega_1)=0.995$，$P(\omega_2)=0.005$。

（3）类条件概率密度：$p(\boldsymbol{x}|\omega_1)=0.01$，$p(\boldsymbol{x}|\omega_2)=0.95$。

决策过程如下：

$$l_{12}(\boldsymbol{x})=\frac{p(\boldsymbol{x}|\omega_1)}{p(\boldsymbol{x}|\omega_2)}=\frac{0.01}{0.95}=0.0105$$

$$\begin{aligned}\theta_{12}&=\frac{L(\alpha_1|\omega_2)-L(\alpha_2|\omega_2)}{L(\alpha_2|\omega_1)-L(\alpha_1|\omega_1)}\cdot\frac{P(\omega_2)}{P(\omega_1)}\\&=\frac{6-0.5}{2-0.5}\times\frac{0.005}{0.995}\\&=0.0184\end{aligned}$$

$l_{12}(x)<\theta_{12}$，根据最大似然比判别规则可知甲$\in\omega_2$，与例 2.2 中的结果一致。

结论：最大似然比判别规则是最小错误率判别规则和最小风险判别规则的变体，它们的基本理论是一样的。

2.5 Neyman-Pearson 判别规则

在两类决策问题中，存在犯两种错误分类的可能性：一种是在采用决策 ω_1 时，其实际自然状态为 ω_2；另一种是在采用决策 ω_2 时，其实际自然状态为 ω_1。两种错误的概率分别为 $P(\omega_2)\cdot P_2(e)$ 和 $P(\omega_1)\cdot P_1(e)$，最小错误率贝叶斯决策使这两种错误的概率之和 $P(e)$ 最小：

$$P(e)=P(\omega_2)\cdot P_2(e)+P(\omega_1)\cdot P_1(e)$$

式中，

$$P_1(e)=\int_{R_2}p(\boldsymbol{x}|\omega_1)\,\mathrm{d}\boldsymbol{x}$$

$$P_2(e)=\int_{R_1}p(\boldsymbol{x}|\omega_2)\,\mathrm{d}\boldsymbol{x}$$

在实际应用中，有时不知道先验概率，而只知道类概率密度，这时如何确定判别门限？假设在处理过程中先验概率保持不变，这时可以使用 Neyman-Pearson（N-P）判别规则。

在两类问题中，N-P 判别示意图如图 2.3 所示。假设判别门限选为 t，可能发生的两类分类错误与阴影区域的面积 ε_1 和 ε_2 成正比。

N-P 判别规则的基本思想是，在一种错误率不变的条件下，使另一种错误率最小。

这是具有实际意义的。例如，在细胞的化验中，因为将异常细胞错判为正常细胞的风险较大，所以可以要求这种错判的错误率不大于某个指定的常数，使正常细胞错判为异常细胞的错误率尽可能小，进而以此为原则来选择判别门限 t。

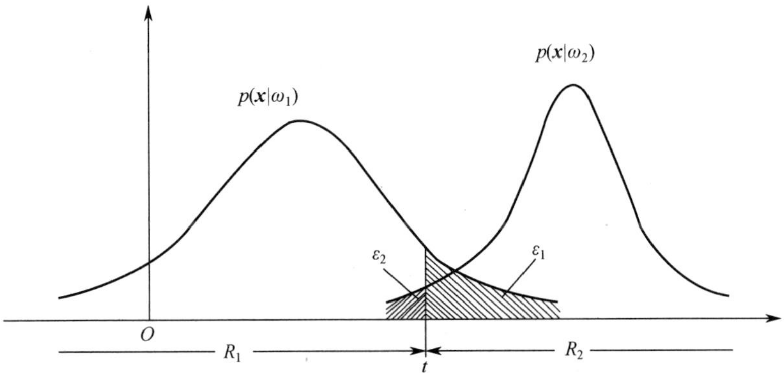

图 2.3　N-P 判别示意图

从图 2.3 可以看出

$$\varepsilon_1 = \int_{R_2} p(\boldsymbol{x} \mid \omega_1)\,\mathrm{d}\boldsymbol{x} \tag{2.23}$$

$$\varepsilon_2 = \int_{R_1} p(\boldsymbol{x} \mid \omega_2)\,\mathrm{d}\boldsymbol{x} \tag{2.24}$$

假设 ε_2 是某个给定的正数，令

$$\varepsilon = \varepsilon_1 + \mu\varepsilon_2 \tag{2.25}$$

为了使 ε_1 最小，需要适当地选择某个正数 μ 使 ε 最小：

$$\varepsilon_1 = 1 - \int_{R_1} p(\boldsymbol{x} \mid \omega_1)\,\mathrm{d}\boldsymbol{x} \tag{2.26}$$

$$\varepsilon_2 = 1 - \int_{R_2} p(\boldsymbol{x} \mid \omega_2)\,\mathrm{d}\boldsymbol{x} \tag{2.27}$$

将式（2.26）和式（2.24）代入式（2.25）得

$$\varepsilon = 1 + \int_{R_1} [\mu p(\boldsymbol{x} \mid \omega_2) - p(\boldsymbol{x} \mid \omega_1)]\,\mathrm{d}\boldsymbol{x} \tag{2.28}$$

将式（2.27）和式（2.23）代入式（2.25）得

$$\varepsilon = \mu + \int_{R_2} [p(\boldsymbol{x} \mid \omega_1) - \mu p(\boldsymbol{x} \mid \omega_2)]\,\mathrm{d}\boldsymbol{x} \tag{2.29}$$

为了使 ε 最小，以上两式中的被积函数最好为负数，得到 N-P 判别规则为

$$\begin{cases} 若\dfrac{p(\boldsymbol{x} \mid \omega_1)}{p(\boldsymbol{x} \mid \omega_2)} > \mu，则 \boldsymbol{x} \in \omega_1 \\ 若\dfrac{p(\boldsymbol{x} \mid \omega_1)}{p(\boldsymbol{x} \mid \omega_2)} < \mu，则 \boldsymbol{x} \in \omega_2 \end{cases} \tag{2.30}$$

显然，正数 μ 是 $\boldsymbol{x}$ 的函数。根据上式，要求 $\mu(\boldsymbol{x})$ 为

$$\mu(\boldsymbol{x})=\frac{p(\boldsymbol{x}\mid\omega_1)}{p(\boldsymbol{x}\mid\omega_2)} \tag{2.31}$$

为了最后确定各特征坐标上的门限值，还要利用给定的正数ε_2。参考图 2.3 得

$$\varepsilon_2=\int_{-\infty}^{\mu^{-1}(x)}p(\boldsymbol{x}\mid\omega_2)\,\mathrm{d}\,\boldsymbol{x} \tag{2.32}$$

式中，$\mu^{-1}(\boldsymbol{x})$表示函数$\mu(\boldsymbol{x})$的逆函数。

【例 2.4】 两个类的概率密度函数是正态的，均值向量分别为$\boldsymbol{\mu}_1=(-1,0)^{\mathrm{T}}$和$\boldsymbol{\mu}_2=(0,1)^{\mathrm{T}}$，协方差矩阵相等且为单位矩阵。给定$\varepsilon_2=0.046$，确定 N-P 判别门限$t$。

解：根据给定条件容易写出两个类的类概率密度函数，即

$$p(\boldsymbol{x}\mid\omega_1)\sim N(\boldsymbol{\mu}_1,\boldsymbol{\Sigma}) \quad 和 \quad p(\boldsymbol{x}\mid\omega_2)\sim N(\boldsymbol{\mu}_2,\boldsymbol{\Sigma}),$$

式中，$\boldsymbol{\Sigma}=E[(\boldsymbol{x}-\boldsymbol{\mu})(\boldsymbol{x}-\boldsymbol{\mu})^{\mathrm{T}}]$。由$\boldsymbol{\mu}_1=(-1,0)^{\mathrm{T}}$，$\boldsymbol{\mu}_2=(1,0)^{\mathrm{T}}$和$\boldsymbol{\Sigma}=\boldsymbol{I}$得

$$\begin{aligned}p(\boldsymbol{x}\mid\omega_1)&=\frac{1}{(2\pi)^{d/2}|\boldsymbol{\Sigma}|^{1/2}}\exp\left[-\frac{1}{2}(\boldsymbol{x}-\boldsymbol{\mu}_1)^{\mathrm{T}}\cdot\boldsymbol{\Sigma}^{-1}(\boldsymbol{x}-\boldsymbol{\mu}_1)\right]\\&=\frac{1}{2\pi}\exp\left(-\frac{1}{2}\left[(x_1+1)^2+x_2^2\right]\right)\\&=\frac{1}{2\pi}\exp\left(-\frac{1}{2}(x_1^2+2x_1+1+x_2^2)\right)\end{aligned}$$

$$\begin{aligned}p(\boldsymbol{x}\mid\omega_2)&=\frac{1}{2\pi}\exp\left(-\frac{1}{2}\left[(x_1-1)^2+x_2^2\right]\right)\\&=\frac{1}{2\pi}\exp\left(-\frac{1}{2}[(x_1^2-2x_1+x_2^2)\right)\end{aligned}$$

$$\frac{p(\boldsymbol{x}\mid\omega_1)}{p(\boldsymbol{x}\mid\omega_2)}=\exp(-2x_1)$$

所以$\mu(\boldsymbol{x})=\exp(-2x_1)$，$\mu$只是$x_1$的函数，而与$x_2$无关，有$x_1=-\frac{1}{2}\ln\mu$。

又因为$p(\boldsymbol{x}\mid\omega_2)$的边缘密度为$p(x_1\mid\omega_2)$，

$$\begin{aligned}p(x_1\mid\omega_2)&=\int_{-\infty}^{\infty}p(\boldsymbol{x}\mid\omega_2)\,\mathrm{d}\,x_2\\&=\int\frac{1}{2\pi}\exp\left[-\frac{1}{2}(x_1^2-2x_1+1+x_2^2)\right]\mathrm{d}\,x_2\\&=\frac{1}{2\pi}\exp\left[-\frac{1}{2}(x_1^2-2x_1+1)\right]\cdot\int_{-\infty}^{\infty}\exp\left(-\frac{1}{2}x_2^2\right)\mathrm{d}\,x_2\\&=\frac{1}{\sqrt{2\pi}}\exp\left[-\frac{1}{2}(x_1-1)^2\right]\end{aligned}$$

所以给定的正数 ε_2 可由下式计算：

$$\varepsilon_2 = \int_{-\infty}^{-\frac{1}{2}\ln\mu}\int_{-\infty}^{\infty}\frac{1}{\sqrt{2\pi}}\exp\left[-\frac{(x_1-1)^2}{2}\right]\mathrm{d}\,x_1$$
$$= \int_{-\infty}^{-\frac{1}{2}\ln\mu-1}\frac{1}{\sqrt{2\pi}}\exp\left(-\frac{y^2}{2}\right)\mathrm{d}\,y$$

显然，y 是服从标准正态分布的随机变量，令 $y_1 = -\frac{1}{2}\ln\mu - 1$，则有 $\varepsilon_2 = \Phi(y_1)$。

ε_2 与 y_1 具有一一对应的关系，有表可查。当 $\varepsilon_2 = 0.046$ 时，$y_1 = -1.693$，$\mu = 4$，$x_1 = -0.693$，因此判别门限 $t = x_1 = -0.693$，如图 2.4 所示。区分界线是直线 $x_1 = -0.693$，对于样本 $\boldsymbol{x} = (x_1, x_2)^{\mathrm{T}}$ 的分类判别，只需考察特征 x_1，判别规则为：若 $x_1 < -0.693$，则 $\boldsymbol{x} \in \omega_1$，否则 $\boldsymbol{x} \in \omega_2$。

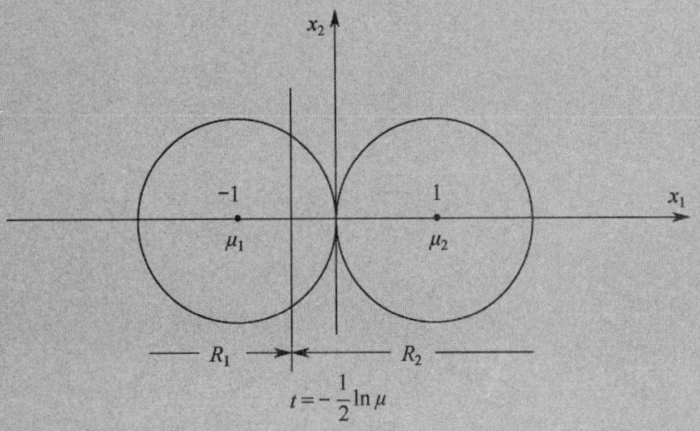

图 2.4　选择门限

2.6　最小最大判别规则

在实际应用中，有时分类器处理的各类样本的“先验概率是变化的”，这时按照某个固定 $P(w_i)$ 条件下的决策规则进行决策，将得不到最小错误率或最小风险所需要的结果，而要使用“最小最大判别规则”。

2.3 节介绍了最小风险判别规则，研究了条件平均风险 $R(\alpha_i \mid \boldsymbol{x})$ 的概念和计算公式：

$$\begin{aligned} R(\alpha_i \mid \boldsymbol{x}) &= E\left[L(\alpha_i \mid \omega_j)\right] \\ &= \sum_{j=1}^{c} L(\alpha_i \mid \omega_j)\cdot P(\omega_j \mid \boldsymbol{x}),\ i = 1,2,\cdots,a \end{aligned} \tag{2.33}$$

并将模式样本划分给条件平均风险 $R(\alpha_i \mid \boldsymbol{x})$ 最小的那个类。由上式可以看出，$R(\alpha_i \mid \boldsymbol{x})$ 与类概率密度 $\rho(\boldsymbol{x} \mid \omega_j)$、损失函数 $L(\alpha_i \mid \omega_j)$ 和先验概率 $P(\omega_j)$ 有关。如果上述因素是不变的，那么用足够多的样本对分类器进行训练，就可将特征空间划分成不同的类区域 R_i。如果不确切地知道先验概率 $P(\omega_j)$，那么在训练过程中采用多组先验概率就可得到多组类区域 R_i 的划分结果。

另外，条件平均风险 $R(\alpha_i \mid \boldsymbol{x})$ 只能反映样本 $\boldsymbol{x}$ 条件下判别为 α_i 的平均风险，而不能反映将整个特征空间划分成某个类空间的总平均风险。

因为 $\boldsymbol{x}$ 的观测值是随机向量，而决策结果又依赖于 $\boldsymbol{x}$，所以决策 α 作为 $\boldsymbol{x}$ 的函数可以记为 $\alpha(\boldsymbol{x})$，它也是一个随机变量。因此，我们可将"平均风险"定义为

$$\overline{R}=\int_{E_d} R(\alpha(\boldsymbol{x}) \mid \boldsymbol{x}) p(\boldsymbol{x}) \mathrm{d} \boldsymbol{x} \tag{2.34}$$

式中，E_d 为 $\boldsymbol{x}$ 的取值空间，实际上 E_d 就是整个特征空间。特征空间划分成 $c\,(c=1,2,\cdots,c)$ 个类区域 R_i 后，式（2.34）变为

$$\overline{R}=\int_{R_1} R(\alpha_1 \mid \boldsymbol{x}) p(\boldsymbol{x}) \mathrm{d} \boldsymbol{x}+\int_{R_2} R(\alpha_2 \mid \boldsymbol{x}) p(\boldsymbol{x}) \mathrm{d} \boldsymbol{x}+\cdots+\int_{R_c} R(\alpha_c \mid \boldsymbol{x}) p(\boldsymbol{x}) \mathrm{d} \boldsymbol{x} \tag{2.35}$$

可以看出，如果类区域的划分不同，平均风险 $\overline{R}$ 也不同。因为先验概率不同，对分类器的训练结果存在不同的类区域划分，所以平均风险 $\overline{R}$ 可以作为先验概率的函数（因为对于各类先验概率组合，存在一系列类区域划分结果，所以可以计算出一系列平均风险 $\overline{R}$，进而得到 $\overline{R}$ 与先验概率的函数关系）。

下面研究两类问题。用 ω_1 和 ω_2 表示不同的类，它们的先验概率满足

$$P(\omega_2)=1-P(\omega_1)$$

因此，上述平均风险 $\overline{R}$ 与先验概率的关系就是 $\overline{R}$ 与 $P(\omega_1)$ 的关系，且这一关系一般是非线性的。假设已经得到平均风险与先验概率的关系，如图 2.5 中的曲线所示。曲线上的任意一点都对应训练过程中所用的先验概率 $P(\omega_1)$ 及所有决策的平均风险 $\overline{R}$。

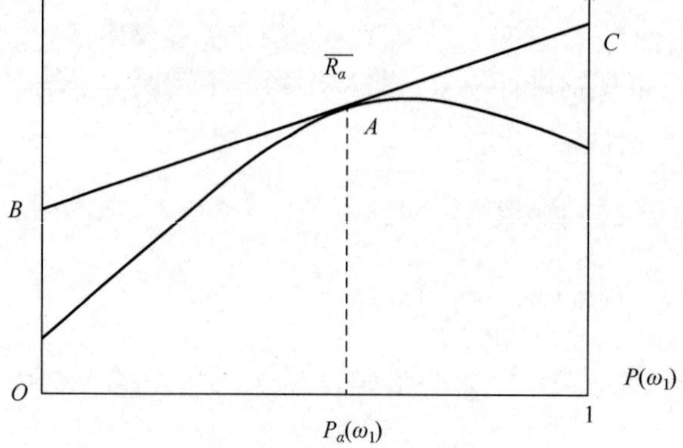

图 2.5　平均风险与先验概率的关系

如果预先不确切地知道先验概率，能否按照使平均风险 $\overline{R}$ 最小来选择决策方案呢？

答案是不可以，因为这涉及所谓的最小最大判别规则。为了说明该问题，下面针对两类问题进一步研究平均风险 $\overline{R}$ 。由式（2.35）可得

$$\overline{R}=\int_{R_1}R(\alpha_1|\boldsymbol{x})p(\boldsymbol{x})\,\mathrm{d}\boldsymbol{x}+\int_{R_2}R(\alpha_2|\boldsymbol{x})p(\boldsymbol{x})\,\mathrm{d}\boldsymbol{x}$$

将

$$R(\alpha_i|\boldsymbol{x})=E\left[L(\alpha_i|\omega_j)\right]=\sum_{j=1}^{c}L(\alpha_i|\omega_j)\cdot P(\omega_j|\boldsymbol{x})$$

和

$$P(\omega_j|\boldsymbol{x})=\frac{p(\boldsymbol{x}|\omega_j)P(\omega_j)}{\sum_{j=1}^{c}p(\boldsymbol{x}|\omega_j)P(\omega_j)}$$

代入上式，并令 $\alpha=c=2$ ，得

$$\begin{aligned}\overline{R}=&\int_{R_1}[L(\alpha_1|\omega_1)P(\omega_1)p(\boldsymbol{x}|\omega_1)+L(\alpha_1|\omega_2)P(\omega_2)p(\boldsymbol{x}|\omega_2)]\,\mathrm{d}\boldsymbol{x}+\\&\int_{R_2}[L(\alpha_2|\omega_1)P(\omega_1)p(\boldsymbol{x}|\omega_1)+L(\alpha_2|\omega_2)P(\omega_2)p(\boldsymbol{x}|\omega_2)]\,\mathrm{d}\boldsymbol{x}\end{aligned}\tag{2.36}$$

将 $P(\omega_2)=1-P(\omega_1)$ 代入上式得

$$\begin{aligned}\overline{R}=&L(\alpha_1|\omega_1)P(\omega_1)\int_{R_1}p(\boldsymbol{x}|\omega_1)+L(\alpha_1|\omega_2)\int_{R_1}p(\boldsymbol{x}|\omega_2)\,\mathrm{d}\boldsymbol{x}-\\&L(\alpha_1|\omega_2)P(\omega_1)\int_{R_1}p(\boldsymbol{x}|\omega_2)\,\mathrm{d}\boldsymbol{x}+L(\alpha_2|\omega_1)P(\omega_1)\int_{R_2}p(\boldsymbol{x}|\omega_1\,\mathrm{d}\boldsymbol{x}+\\&L(\alpha_2|\omega_2)\int_{R_2}p(\boldsymbol{x}|\omega_2)\,\mathrm{d}\boldsymbol{x}-L(\alpha_2|\omega_2)P(\omega_1)\int_{R_2}p(\boldsymbol{x}|\omega_2)\,\mathrm{d}\boldsymbol{x}\end{aligned}$$

又因为

$$\int_{R_1}p(\boldsymbol{x}|\omega_1)\,\mathrm{d}\boldsymbol{x}=1-\int_{R_2}p(\boldsymbol{x}|\omega_1)\,\mathrm{d}\boldsymbol{x}$$

$$\int_{R_2}p(\boldsymbol{x}|\omega_2)\,\mathrm{d}\boldsymbol{x}=1-\int_{R_1}p(\boldsymbol{x}|\omega_2)\,\mathrm{d}\boldsymbol{x}$$

代入上式得

$$\begin{aligned}\overline{R}=&L(\alpha_2|\omega_2)+[L(\alpha_1|\omega_2)-L(\alpha_2|\omega_2)]\int_{R_1}p(\boldsymbol{x}|\omega_2)\,\mathrm{d}\boldsymbol{x}+\\&\{[L(\alpha_1|\omega_1)-L(\alpha_2|\omega_2)]+[L(\alpha_2|\omega_1)-L(\alpha_1|\omega_1)]\int_{R_2}p(\boldsymbol{x}|\omega_1)\,\mathrm{d}\boldsymbol{x}-\\&[L(\alpha_1|\omega_2)-L(\alpha_2|\omega_2)]\int_{R_1}p(\boldsymbol{x}|\omega_2)\,\mathrm{d}\boldsymbol{x}\}P(\omega_1)\\=&a+bP(\omega_1)\end{aligned}\tag{2.37}$$

式中，

$$
\begin{aligned}
a &= L(\alpha_2 \mid \omega_2) + [L(\alpha_1 \mid \omega_2) - L(\alpha_2 \mid \omega_2)]\int_{R_1} p(\boldsymbol{x} \mid \omega_2)\,\mathrm{d}\boldsymbol{x} \\
b &= [L(\alpha_1 \mid \omega_1) - L(\alpha_2 \mid \omega_2)] + [L(\alpha_2 \mid \omega_1) - L(\alpha_1 \mid \omega_1)]\cdot \\
&\quad \int_{R_2} p(\boldsymbol{x} \mid \omega_1)\,\mathrm{d}\boldsymbol{x} - [L(\alpha_1 \mid \omega_2) - L(\alpha_2 \mid \omega_2)]\int_{R_1} p(\boldsymbol{x} \mid \omega_2)\,\mathrm{d}\boldsymbol{x}
\end{aligned} \tag{2.38}
$$

损失函数 $L(\alpha_i \mid \omega_j)$ 是给定的。由式（2.38）可以看出，若已经确定类区域 R_1 和 R_2，则 a 和 b 为常数。根据式(2.37)，平均风险 $\overline{R}$ 是先验概率 $P(\omega_1)$ 的线性函数。因为先验概率 $P(\omega_1)$ 的取值范围是 0～1，所以 $\overline{R}$ 值的变化范围是 a～$(a+b)$。

例如，在图 2.5 中，当划分类区域时，$P(\omega_1)=P_a(\omega_1)$，$\overline{R}=A$。在分类判别过程中，类区域不再变化，而 $P(\omega_1)$ 可能变化，最大可能的平均风险 $\overline{R}=C=(a+b)$，而这是我们不希望看到的。

如何使最大可能的平均风险最小？由式（2.37）有 $\partial R/\partial P(\omega_1)=b$，若 $b=0$，则 $\overline{R}=a$，且 $\overline{R}$ 与 $P(\omega_1)$ 无关，即最大可能的平均风险达到最小值。然而，$b=0$ 又意味着类区域的划分使得平均风险 $\overline{R}$ 达到曲线极值，如图 2.6 所示。此时，$P(\omega_1)=P_d(\omega_1)$，$\overline{R}=D$ 为曲线的最大值。

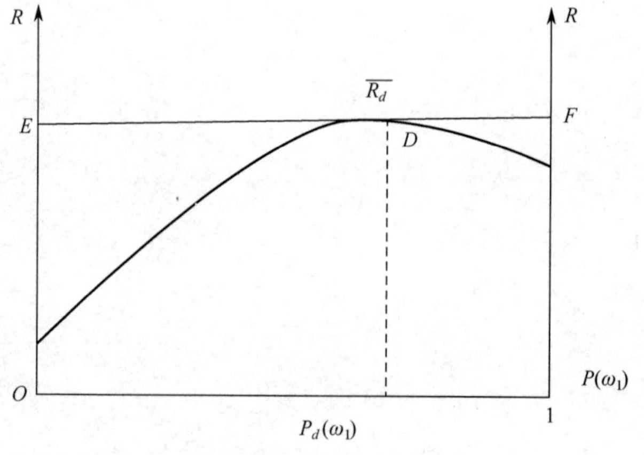

图 2.6 风险关于先验概率的函数

也就是说，在训练过程中使平均风险达到最大值，在分类判别中恰好使最大可能的平均风险达到最小值，这就是最小最大判别规则的基本思想。

由上述分析可知，为了实施最小最大判别规则，必须令 $b=0$。由式（2.38）有

$$
\begin{aligned}
&[L(\alpha_1 \mid \omega_1) - L(\alpha_2 \mid \omega_2)] + [L(\alpha_2 \mid \omega_1) - L(\alpha_1 \mid \omega_1)]\cdot \\
&\int_{R_2} p(\boldsymbol{x} \mid \omega_1)\,\mathrm{d}\boldsymbol{x} - [L(\alpha_1 \mid \omega_2) - L(\alpha_2 \mid \omega_2)]\int_{R_1} p(\boldsymbol{x} \mid \omega_2)\,\mathrm{d}\boldsymbol{x} = 0
\end{aligned} \tag{2.39}
$$

此时，在分类判别中，平均风险为

$$\overline{R} = L(\alpha_2 \mid \omega_2) + [L(\alpha_1 \mid \omega_2) - L(\alpha_2 \mid \omega_2)]\int_{R_1} p(\boldsymbol{x} \mid \omega_2)\,\mathrm{d}\boldsymbol{x} \tag{2.40}$$

在这种情况下，$\overline{R}$ 与先验概率的变化无关。

对于特殊情况

$$L(\alpha_1 \mid \omega_1) = 0 \text{，} L(\alpha_1 \mid \omega_2) = 1$$

$$L(\alpha_2 \mid \omega_1) = 1 \text{，} L(\alpha_2 \mid \omega_2) = 0$$

也就是取 0-1 损失函数，代入式（2.37）和式（2.38）得

$$a = \int_{R_1} p(\boldsymbol{x} \mid \omega_2)\,\mathrm{d}\boldsymbol{x}$$

$$b = \int_{R_2} p(\boldsymbol{x} \mid \omega_1)\,\mathrm{d}\boldsymbol{x} - \int_{R_1} p(\boldsymbol{x} \mid \omega_2)\,\mathrm{d}\boldsymbol{x}$$

$$\begin{aligned}\overline{R} &= a + bP(\omega_1) \\ &= \int_{R_1} p(\boldsymbol{x} \mid \omega_2)\,\mathrm{d}\boldsymbol{x} + \int_{R_2} p(\boldsymbol{x} \mid \omega_1)\,\mathrm{d}\boldsymbol{x} - \int_{R_1} p(\boldsymbol{x} \mid \omega_2)\,\mathrm{d}\boldsymbol{x}]P(\omega_1) \\ &= P(\omega_1)\int_{R_2} p(\boldsymbol{x} \mid \omega_1)\,\mathrm{d}\boldsymbol{x} + P(\omega_2)\int_{R_1} p(\boldsymbol{x} \mid \omega_2)\,\mathrm{d}\boldsymbol{x} \\ &= P(\omega_1)P_1(e) + P(\omega_2)P_2(e)\end{aligned}$$

上式就是最小错误率判别规则的错误率。

2.7　分类器设计

前面介绍了几种统计决策规则，使用这些规则对样本 $\boldsymbol{x}$ 进行分类是分类器设计的主要问题。

1．判别函数和决策面

用于表达决策规则的函数称为**判别函数**，而用于划分决策区域的边界面则称为**决策面**。我们可以使用数学表达式来表达决策面方程。

对两类最小错误率贝叶斯决策规则，有如下 4 种表达方式：

（1）$P(\omega_1 \mid \boldsymbol{x}) \gtrless P(\omega_2 \mid \boldsymbol{x})$，对应样本 $\boldsymbol{x} \in \begin{cases}\omega_1 \\ \omega_2\end{cases}$。

（2）$p(\boldsymbol{x} \mid \omega_1) \cdot P(\omega_1) \gtrless p(\boldsymbol{x} \mid \omega_2) \cdot P(\omega_2)$，对应样本 $\boldsymbol{x} \in \begin{cases}\omega_1 \\ \omega_2\end{cases}$。

（3）$l(\boldsymbol{x}) = \dfrac{p(\boldsymbol{x} \mid \omega_1)}{p(\boldsymbol{x} \mid \omega_2)} \gtrless \dfrac{P(\omega_2)}{P(\omega_1)}$，对应样本 $\boldsymbol{x} \in \begin{cases}\omega_1 \\ \omega_2\end{cases}$。

（4） $\ln p(\boldsymbol{x}|\omega_1)+\ln P(\omega_1)\mathop{\lessgtr}\limits\ln p(\boldsymbol{x}|\omega_2)+\ln P(\omega_2)$，对应样本 $\boldsymbol{x}\in\begin{cases}\omega_1\\\omega_2\end{cases}$。

对多类情况，有

$$\Omega=\{\omega_1,\omega_2,\cdots,\omega_c\},\quad \boldsymbol{x}=\{x_1,x_2,\cdots,x_c\}^{\mathrm{T}}$$

这时，同样有 4 个决策规则：

（1） $P(\omega_i|\boldsymbol{x})>P(\omega_j|\boldsymbol{x}), j=1,2,\cdots,c\text{且}j\neq i$，对应样本 $\boldsymbol{x}\in\omega_i$。

（2） $p(\boldsymbol{x}|\omega_i)\cdot P(\omega_i)>p(\boldsymbol{x}|\omega_j)\cdot P(\omega_j), j=1,2,\cdots,c\text{且}j\neq i$，对应样本 $\boldsymbol{x}\in\omega_i$。

（3） $l(\boldsymbol{x})=\dfrac{p(\boldsymbol{x}|\omega_i)}{p(\boldsymbol{x}|\omega_j)}>\dfrac{P(\omega_i)}{P(\omega_j)}, j=1,2,\cdots,c\text{且}j\neq i$，对应样本 $\boldsymbol{x}\in\omega_i$。

（4） $\ln p(\boldsymbol{x}|\omega_i)+\ln P(\omega_i)>\ln p(\boldsymbol{x}|\omega_j)+\ln P(\omega_j), j=1,2,\cdots,c\text{且}j\neq i$，对应样本 $\boldsymbol{x}\in\omega_i$。

上面讨论了最小错误率贝叶斯决策，对最小风险贝叶斯决策同样有

$$R(\alpha_1|\boldsymbol{x})\mathop{\gtrless}R(\alpha_2|\boldsymbol{x})\text{，对应样本 }\boldsymbol{x}\in\begin{cases}\omega_2\\\omega_1\end{cases}$$

推广到多维情况有

$$R(\alpha_i|\boldsymbol{x})\mathop{\gtrless}R(\alpha_j|\boldsymbol{x}),i,j=1,2,\cdots,c\text{且}i\neq j\text{，对应样本 }\boldsymbol{x}\in\begin{cases}\omega_j\\\omega_i\end{cases}$$

2. 多类判别函数和分类器

1）判别函数

一般定义一组函数 $g_i(\boldsymbol{x}),i=1,2,\cdots,c$ 表示多类决策规则：

$$g_i(\boldsymbol{x})>g_j(\boldsymbol{x}),\quad j=1,2,\cdots,c\text{且}j\neq i\quad\Rightarrow\quad\text{样本}\boldsymbol{x}\in\omega_i$$

对于多类情况，$g_i(\boldsymbol{x})$ 定义如下：

① $g_i(\boldsymbol{x})=P(\omega_i|\boldsymbol{x})$。

② $g_i(\boldsymbol{x})=p(\boldsymbol{x}|\omega_i)\cdot P(\omega_i)$。

③ $g_i(\boldsymbol{x})=\ln p(\boldsymbol{x}|\omega_i)+\ln P(\omega_i)$。

2）决策面方程

各个决策区域 R_i 被决策面分割，而决策面是特征空间中的超曲面。对于相邻的两个决策区域 R_i 和 R_j，分割它们的决策面方程应满足 $g_i(\boldsymbol{x})=g_j(\boldsymbol{x})$（显然，它们在决策面上相邻，决策函数相等）。图 2.7 显示了随机模式的判别函数和决策面。

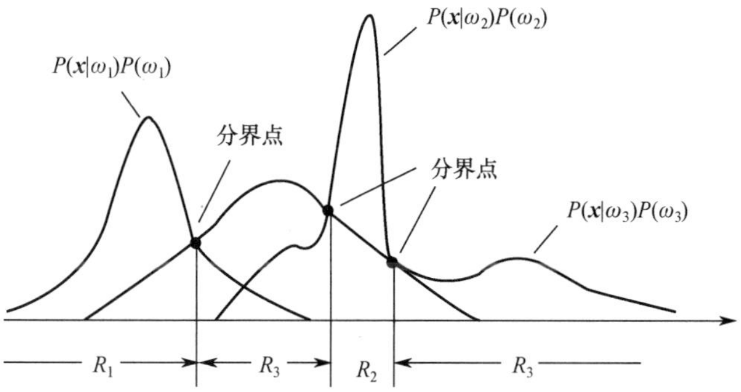

一维特征空间三个类区域

图 2.7　随机模式的判别函数和决策面

此时，对于 R_2 和 R_3 的决策面，有 $p(\boldsymbol{x} \mid w_2) \cdot P(\omega_2) = p(\boldsymbol{x} \mid \omega_3) \cdot P(\omega_3)$ 。注意，

在一维空间中，对应的是点
在二维空间中，对应的是曲线
在三维空间中，对应的是曲面
在四维空间中，对应的是超曲面

} 指 $\boldsymbol{x}$ 的维数

3）分类器设计

分类器的设计步骤是，首先设计出 c 个判别函数 $g_i(\boldsymbol{x})$，然后从中选出对应于判别函数为最大值的类作为决策结果。

分类器可由硬件或软件构成（已模块化）。

对于 c 个类的问题， $g_i(\boldsymbol{x}) > g_j(\boldsymbol{x}), \boldsymbol{x} \in \omega_i$ ，它等效于

$$若 g_i(\boldsymbol{x}) = \max_{j=1,2,\cdots,c} \{g_j(\boldsymbol{x})\}，则 \boldsymbol{x} \in \omega_i$$

c 类分类器的结构如图 2.8 所示。

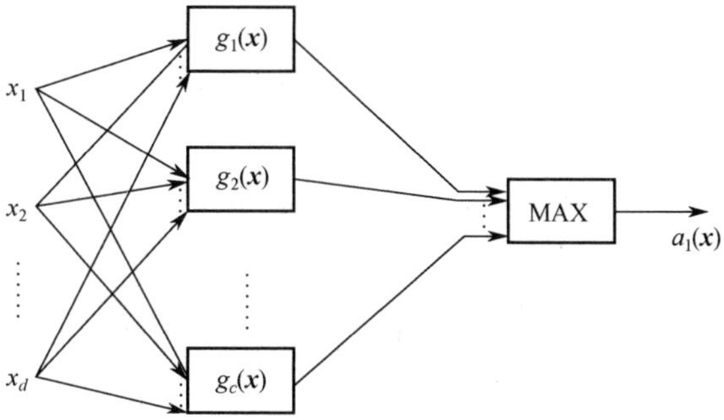

图 2.8　c 类分类器的结构

3．两类情况

1）判别函数

判别函数为

$$g(\boldsymbol{x}) = g_1(\boldsymbol{x}) - g_2(\boldsymbol{x})$$

决策规则为

$$\begin{cases} g(\boldsymbol{x}) > 0，决策\boldsymbol{x} \in \omega_1 \\ g(\boldsymbol{x}) < 0，决策\boldsymbol{x} \in \omega_2 \end{cases}$$

具体地说，可以定义 $g(\boldsymbol{x})$ 如下：

① $g(\boldsymbol{x}) = p(\omega_1 \mid \boldsymbol{x}) - p(\omega_2 \mid \boldsymbol{x})$。

② $g(\boldsymbol{x}) = p(\boldsymbol{x} \mid \omega_1) \cdot P(\omega_1) - p(\boldsymbol{x} \mid \omega_2) \cdot P(\omega_2)$。

③ $g(\boldsymbol{x}) = \ln \dfrac{p(\boldsymbol{x} \mid \omega_1)}{p(\boldsymbol{x} \mid \omega_2)} - \ln \dfrac{P(\omega_1)}{P(\omega_2)}$。

2）决策面方程

决策面方程为

$$g(\boldsymbol{x}) = 0$$

也可表示为

$$p(\boldsymbol{x} \mid \omega_1) \cdot P(\omega_1) - p(\boldsymbol{x} \mid \omega_2) \cdot P(\omega_2) = 0。$$

3）分类器设计

先计算 $g(\boldsymbol{x})$，再根据计算结果的符号对 $\boldsymbol{x}$ 分类，如图 2.9 所示。

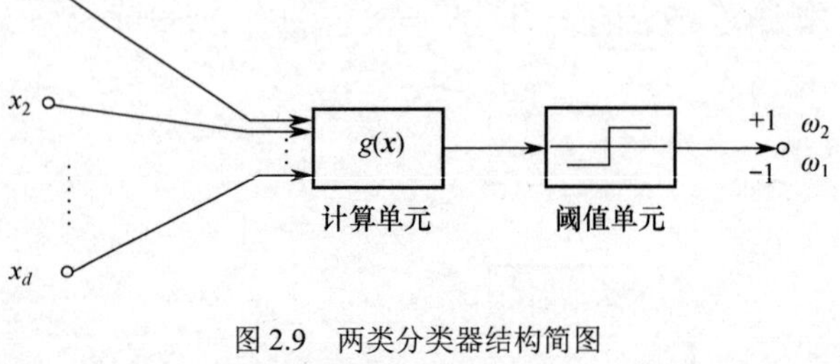

图 2.9　两类分类器结构简图

【例 2.5】对例 2.1 和例 2.2，分别写出判别函数和决策面方程。

解：1. 对例 2.1，由

$$g(\boldsymbol{x}) = p(\boldsymbol{x} \mid \omega_1) \cdot P(\omega_1) - p(\boldsymbol{x} \mid \omega_2) \cdot P(\omega_2)$$

得到对应的判别函数为

$$g(\boldsymbol{x}) = 0.995 p(\boldsymbol{x} \mid \omega_1) - 0.005 p(\boldsymbol{x} \mid \omega_2)$$

决策面方程为

$$0.995 p(\boldsymbol{x} \mid \omega_1) - 0.005 p(\boldsymbol{x} \mid \omega_2) = 0$$

2. 对例 2.2，判别函数定义为

$$g(\boldsymbol{x}) = g_1(\boldsymbol{x}) - g_2(\boldsymbol{x})$$

式中，$g_1(\boldsymbol{x}) = 1 - R(a_1 = \omega_1 \mid \boldsymbol{x})$，$g_2(\boldsymbol{x}) = 1 - R(a_2 = \omega_2 \mid \boldsymbol{x})$，代入上式得

$$g(\boldsymbol{x}) = g_1(\boldsymbol{x}) - g_2(\boldsymbol{x}) = R(a_2 = \omega_2 \mid \boldsymbol{x}) - R(a_1 = \omega_1 \mid \boldsymbol{x})$$

$$R(\alpha_1 = \omega_1 \mid \boldsymbol{x}) = \sum_{j=1}^{2} L(\alpha_1 \mid \omega_j) \cdot P(\omega_j \mid \boldsymbol{x}) = 0.5P(\omega_1 \mid \boldsymbol{x}) + 6P(\omega_2 \mid \boldsymbol{x})$$

$$R(\alpha_2 = \omega_2 \mid \boldsymbol{x}) = \sum_{j=1}^{2} L(\alpha_2 \mid \omega_j) \cdot P(\omega_j \mid \boldsymbol{x}) = 2P(\omega_1 \mid \boldsymbol{x}) + 0.5P(\omega_2 \mid \boldsymbol{x})$$

于是，判别函数为

$$g(\boldsymbol{x}) = 1.5P(\omega_1 \mid \boldsymbol{x}) - 5.5P(\omega_2 \mid \boldsymbol{x})$$

因此，决策面方程为

$$1.5P(\omega_1 \mid \boldsymbol{x}) - 5.5P(\omega_2 \mid \boldsymbol{x}) = 0$$

2.8 正态分布中的贝叶斯分类方法

统计决策理论涉及类条件概率密度函数 $P(\boldsymbol{x} \mid \omega_i)$。对于许多实际的数据集，正态分布通常是合理的近似。在特征空间中，如果某类样本较多地分布在该类的均值附近，而远离均值的样本较少，那么用正态分布作为该类的概率模型是合理的。另外，正态分布概率模型的如下良好性质有利于进行数学分析：①物理上的合理性；②数学上的简单性。

下面重点讨论正态分布下的贝叶斯决策理论。

第 1 章中已将基于贝叶斯公式的几种分类判别规则抽象为相应的判别函数和决策面方程。在这几种方法中，贝叶斯最小错误率判别规则是一种最基本的方法。如果取 0-1 损失函数，那么最小风险判别规则和最大似然比判别规则均与最小错误判别规则等价。为方便起见，我们以最小错误判别规则为例来研究贝叶斯分类方法在正态分布中的应用。

由最小错误率判别规则抽象出来的判别函数为

$$g_i(\boldsymbol{x}) = p(\boldsymbol{x} \mid \omega_i) \cdot P(\omega_i) \quad i = 1, 2, \cdots, c \tag{2.41}$$

如果类概率密度是正态分布的，则有 $p(\boldsymbol{x} \mid \omega_i) \sim N(\boldsymbol{\mu}_i, \boldsymbol{\Sigma}_i)$，且

$$g_i(\boldsymbol{x}) = \frac{P(\omega_i)}{(2\pi)^{d/2}\left|\boldsymbol{\Sigma}_i\right|^{1/2}} \exp\left[-\frac{1}{2}(\boldsymbol{x}-\boldsymbol{\mu}_i)^{\mathrm{T}}\boldsymbol{\Sigma}_i^{-1}(\boldsymbol{x}-\boldsymbol{\mu}_i)\right] \tag{2.42}$$

对数函数是单调变化的函数，上式右边取对数后作为判别函数使用不会改变类区域的划分。于是有

$$g_i(\boldsymbol{x}) = -\frac{1}{2}(\boldsymbol{x}-\boldsymbol{\mu}_i)^{\mathrm{T}}\boldsymbol{\Sigma}_i^{-1}(\boldsymbol{x}-\boldsymbol{\mu}_i) - \frac{d}{2}\ln 2\pi - \frac{1}{2}\ln\left|\boldsymbol{\Sigma}_i\right| + \ln P(\omega_i) \tag{2.43}$$

式中，$\frac{d}{2}\ln 2\pi$ 与类无关，所有函数都加上该项后不影响区域的划分，因此可以去掉。

下面讨论几种特殊情况。

1）情况 1：$\boldsymbol{\Sigma}_i = \sigma^2\boldsymbol{I}$，$i = 1,2,\cdots,c$

该情况下，每个类的协方差矩阵相等，类的各个特征之间相互独立，并且具有相等的方差 σ^2。因此，有

$$\left|\boldsymbol{\Sigma}_i\right| = \sigma^{2d}, \quad \boldsymbol{\Sigma}_i^{-1} = \frac{1}{\sigma^2}\boldsymbol{I}$$

将以上两式代入式（2.43）得

$$g_i(\boldsymbol{x}) = -\frac{(\boldsymbol{x}-\boldsymbol{\mu}_i)^{\mathrm{T}}(\boldsymbol{x}-\boldsymbol{\mu}_i)}{2\sigma^2} - \frac{d}{2}\ln 2\pi - \frac{1}{2}\ln\sigma^{2d} + \ln P(w_i)$$

上式中的第二项和第三项与类无关，可以忽略，因此，$g_i(\boldsymbol{x})$ 简化为

$$g_i(\boldsymbol{x}) = -\frac{1}{2\sigma^2}(\boldsymbol{x}-\boldsymbol{\mu}_i)^{\mathrm{T}}(\boldsymbol{x}-\boldsymbol{\mu}_i) + \ln P(\omega_i)$$

式中，

$$(\boldsymbol{x}-\boldsymbol{\mu}_i)^{\mathrm{T}}(\boldsymbol{x}-\boldsymbol{\mu}_i) = \left\|\boldsymbol{x}-\boldsymbol{\mu}_i\right\|^2 = \sum(x_i-\mu_{ij})^2, i = 1,2,\cdots,c$$

是 $\boldsymbol{x}$ 到类 ω_i 的均值向量 $\boldsymbol{\mu}_i$ 的欧氏距离的平方。

下面讨论 $P(\omega_i) = P$ 即各个类的概率相等的特殊情况。此时，有

$$g_i(\boldsymbol{x}) = -\frac{1}{2\sigma^2}(\boldsymbol{x}-\boldsymbol{\mu}_i)^{\mathrm{T}}(\boldsymbol{x}-\boldsymbol{\mu}_i) = -\frac{1}{2\sigma^2}\left\|\boldsymbol{x}-\boldsymbol{\mu}_i\right\|^2$$

对 $\boldsymbol{x}$ 的归类表示如下：首先计算 $\boldsymbol{x}$ 到各个类均值 $\boldsymbol{\mu}_i$ 的欧氏距离的平方 $\left\|\boldsymbol{x}-\boldsymbol{\mu}_i\right\|^2$，然后将 $\boldsymbol{x}$ 划分给具有 $\min\limits_{i=1,\cdots,c}\left\|\boldsymbol{x}-\boldsymbol{\mu}_i\right\|^2$ 的类。这种分类器称为**最小距离分类器**。

接着，对 $g_i(\boldsymbol{x})$ 进一步化简得

$$g_i(\boldsymbol{x}) = -\frac{1}{2\sigma^2}(\boldsymbol{x}-\boldsymbol{\mu}_i)^{\mathrm{T}}(\boldsymbol{x}-\boldsymbol{\mu}_i) + \ln P(\omega_i)$$

$$=-\frac{1}{2\sigma^2}(\boldsymbol{x}^{\mathrm{T}}\cdot\boldsymbol{x}-2\boldsymbol{\mu}_i^{\mathrm{T}}\cdot\boldsymbol{x}+\boldsymbol{\mu}_i^{\mathrm{T}}\cdot\boldsymbol{\mu}_i)+\ln P(\omega_i)$$

其中 $\boldsymbol{x}^{\mathrm{T}}\cdot\boldsymbol{x}$ 与 i 无关，可以忽略，于是有

$$g_i(\boldsymbol{x})=-\frac{1}{2\sigma^2}(-2\boldsymbol{\mu}_i^{\mathrm{T}}\cdot\boldsymbol{x}+\boldsymbol{\mu}_i^{\mathrm{T}}\cdot\boldsymbol{\mu}_i)+\ln P(\omega_i)=\boldsymbol{w}_i^{\mathrm{T}}\boldsymbol{x}+w_{i0}$$

式中，

$$\boldsymbol{w}_i=\frac{1}{\sigma^2}\boldsymbol{\mu}_i,\quad w_{i0}=-\frac{1}{2\sigma^2}\boldsymbol{\mu}_i^{\mathrm{T}}\cdot\boldsymbol{\mu}_i+\ln P(\omega_i)$$

于是，$g_i(\boldsymbol{x})=\boldsymbol{w}_i^{\mathrm{T}}\boldsymbol{x}+w_{i0}$ 就是一个线性函数。

决策规则：对某个 $\boldsymbol{x}$ 计算 $g_i(\boldsymbol{x}), i=1,2,\cdots,c$，若 $g_k(\boldsymbol{x})=\max\limits_i g_i(\boldsymbol{x})$，则决策 $\boldsymbol{x}\in\omega_k$。

因为 $g_i(\boldsymbol{x})=\boldsymbol{w}_i^{\mathrm{T}}\boldsymbol{x}+w_{i0}$ 是线性函数，其决策面由线性方程 $g_i(\boldsymbol{x})-g_j(\boldsymbol{x})=0$ 构成，所以决策面是一个超平面。

下面由 $g_i(\boldsymbol{x})=\boldsymbol{w}_i^{\mathrm{T}}\boldsymbol{x}+w_{i0}$ 推出 $\boldsymbol{w}^{\mathrm{T}}(\boldsymbol{x}-\boldsymbol{x}_0)=0$。

由 $(\boldsymbol{\mu}_i^{\mathrm{T}}-\boldsymbol{\mu}_j^{\mathrm{T}})=(\boldsymbol{\mu}_i-\boldsymbol{\mu}_j)^{\mathrm{T}}, (\boldsymbol{\mu}_i^{\mathrm{T}}\boldsymbol{\mu}_i-\boldsymbol{\mu}_j^{\mathrm{T}}\boldsymbol{\mu}_j)=(\boldsymbol{\mu}_i-\boldsymbol{\mu}_j)^{\mathrm{T}}(\boldsymbol{\mu}_i+\boldsymbol{\mu}_j)$ 得

$$\begin{aligned}
0&=g_i(\boldsymbol{x})-g_j(\boldsymbol{x})\\
&=\frac{1}{\sigma^2}(\boldsymbol{\mu}_i^{\mathrm{T}}-\boldsymbol{\mu}_j^{\mathrm{T}})\boldsymbol{x}-\frac{1}{\sigma^2}\left[\frac{1}{2}(\boldsymbol{\mu}_i^{\mathrm{T}}\boldsymbol{\mu}_i-\boldsymbol{\mu}_j^{\mathrm{T}}\boldsymbol{\mu}_j)-\sigma^2\ln\frac{P(\omega_i)}{P(\omega_j)}\right]\\
&=\frac{1}{\sigma^2}(\boldsymbol{\mu}_i^{\mathrm{T}}-\boldsymbol{\mu}_j^{\mathrm{T}})\boldsymbol{x}-\frac{1}{\sigma^2}(\boldsymbol{\mu}_i-\boldsymbol{\mu}_j)^{\mathrm{T}}\left[\frac{1}{2}(\boldsymbol{\mu}_i+\boldsymbol{\mu}_j)-\frac{\sigma^2}{(\boldsymbol{\mu}_i-\boldsymbol{\mu})^{\mathrm{T}}(\boldsymbol{\mu}_i-\boldsymbol{\mu}_j)}(\boldsymbol{\mu}_i-\boldsymbol{\mu}_j)\ln\frac{P(\omega_i)}{P(\omega_j)}\right]\\
&=\frac{1}{\sigma^2}(\boldsymbol{w}^{\mathrm{T}}\boldsymbol{x}-\boldsymbol{w}^{\mathrm{T}}\boldsymbol{x}_0)
\end{aligned}$$

继而得到 $\boldsymbol{w}^{\mathrm{T}}\boldsymbol{x}-\boldsymbol{w}^{\mathrm{T}}\boldsymbol{x}_0=0$，其中 $\boldsymbol{w}=\boldsymbol{\mu}_i-\boldsymbol{\mu}_j$，

$$\boldsymbol{x}_0=\frac{1}{2}(\boldsymbol{\mu}_i+\boldsymbol{\mu}_j)-\frac{\sigma^2}{\|\boldsymbol{\mu}_i-\boldsymbol{\mu}_j\|^2}\ln\frac{P(\omega_i)}{P(\omega_j)}(\boldsymbol{\mu}_i-\boldsymbol{\mu}_j)$$

上述结果在二维特征空间中的表示如图 2.10 所示。

两个同心圆是两个类的概率分布等密度点轨迹，两个圆心是两个类的均值点。

两个类的区分线 l 与 $\boldsymbol{\mu}_1-\boldsymbol{\mu}_2$ 垂直，交点为 $\boldsymbol{x}_0$。$\boldsymbol{x}_0$ 一般不是 $\boldsymbol{\mu}_1-\boldsymbol{\mu}_2$ 的中点，但是当 $P(\omega_1)=P(\omega_2)$ 时，$\boldsymbol{x}_0$ 为 $\boldsymbol{\mu}_1-\boldsymbol{\mu}_2$ 的中点。当 $P(\omega_1)\neq P(\omega_2)$ 时，$\boldsymbol{x}_0$ 向先验概率较小的那个类的均值点偏移。这个结论可以推广到多个类的情况。注意，这种分类方法没有不确定的区域。

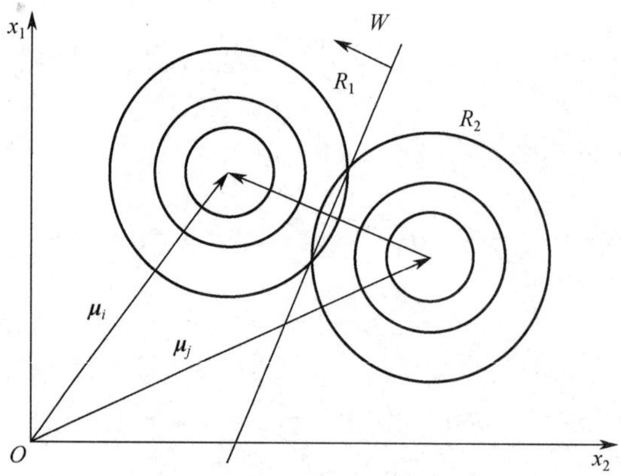

图 2.10 两类问题

2）情况 2：$\boldsymbol{\Sigma}_i = \boldsymbol{\Sigma}$

各个类的协方差矩阵相等，几何上相当于各个类的样本集中在以该类均值 $\boldsymbol{\mu}_i$ 为中心的同样大小和形状的超椭球内，

$$\boldsymbol{\Sigma}_1 = \boldsymbol{\Sigma}_2 = \cdots = \boldsymbol{\Sigma}$$

$$g_i(\boldsymbol{x}) = -\frac{1}{2}(\boldsymbol{x}-\boldsymbol{\mu}_i)^{\mathrm{T}} \boldsymbol{\Sigma}_i^{-1}(\boldsymbol{x}-\boldsymbol{\mu}_i) - \frac{d}{2}\ln 2\pi - \frac{1}{2}\ln|\boldsymbol{\Sigma}_i| + \ln P(\omega_i) \tag{2.44}$$

$\boldsymbol{\Sigma}$ 不变，与 i 无关，有

$$g_i(\boldsymbol{x}) = -\frac{1}{2}(\boldsymbol{x}-\boldsymbol{\mu}_i)^{\mathrm{T}} \boldsymbol{\Sigma}_i^{-1}(\boldsymbol{x}-\boldsymbol{\mu}_i) + \ln P(\omega_i) \tag{2.45}$$

一个特例是当 $P(\omega_i) = P$ 时，各样本的先验概率相等：

$$g_i(\boldsymbol{x}) = -\frac{1}{2}(\boldsymbol{x}-\boldsymbol{\mu}_i)^{\mathrm{T}} \boldsymbol{\Sigma}_i^{-1}(\boldsymbol{x}-\boldsymbol{\mu}_i) \tag{2.46}$$

式中，$\gamma^2 = (\boldsymbol{x}-\boldsymbol{\mu}_i)^{\mathrm{T}} \boldsymbol{\Sigma}_i^{-1}(\boldsymbol{x}-\boldsymbol{\mu}_i)$，即 $\boldsymbol{x}$ 到均值点 $\boldsymbol{\mu}_i$ 的马氏距离的平方。

进一步简化得

$$g_i(\boldsymbol{x}) = \gamma^2 = (\boldsymbol{x}-\boldsymbol{\mu}_i)^{\mathrm{T}} \boldsymbol{\Sigma}_i^{-1}(\boldsymbol{x}-\boldsymbol{\mu}_i)$$

对于样本 $\boldsymbol{x}$，只需算出 γ^2，并将 $\boldsymbol{x}$ 划分给 γ^2 最小的类。化简 $g_i(\boldsymbol{x})$ 得

$$g_i(\boldsymbol{x}) = -\frac{1}{2}\boldsymbol{x}^{\mathrm{T}} \boldsymbol{\Sigma}^{-1} \boldsymbol{x} + \boldsymbol{\mu}_i^{\mathrm{T}} \boldsymbol{\Sigma}^{-1} \boldsymbol{x} - \frac{1}{2}\boldsymbol{\mu}_i^{\mathrm{T}} \boldsymbol{\Sigma}^{-1} \boldsymbol{\mu}_i + \ln P(\omega_i) \tag{2.47}$$

去掉与 i 无关的项得

$$\begin{aligned} g_i(\boldsymbol{x}) &= \boldsymbol{\mu}_i^{\mathrm{T}} \boldsymbol{\Sigma}^{-1} \boldsymbol{x} - \frac{1}{2}\boldsymbol{\mu}_i^{\mathrm{T}} \boldsymbol{\Sigma}^{-1} \boldsymbol{\mu}_i + \ln P(\omega_i) \\ &= \boldsymbol{w}_i^{\mathrm{T}} \boldsymbol{x} + w_{i0} \end{aligned} \tag{2.48}$$

式中，

$$\boldsymbol{w}_i^{\mathrm{T}}=\boldsymbol{\Sigma}^{-1}\boldsymbol{\mu}_i\text{，}\quad w_{i0}=-\frac{1}{2}\boldsymbol{\mu}_i^{\mathrm{T}}\boldsymbol{\Sigma}^{-1}\boldsymbol{\mu}_i+\ln P(\omega_i)$$

于是，$g_i(\boldsymbol{x})=\boldsymbol{w}_i^{\mathrm{T}}\boldsymbol{x}+w_{i0}$ 也是一个线性函数，对应的决策面也是一个超平面。

当 R_i 和 R_j 相邻时，决策面方程为

$$g_i(\boldsymbol{x})=g_j(\boldsymbol{x})\Rightarrow \boldsymbol{w}^{\mathrm{T}}(\boldsymbol{x}-\boldsymbol{x}_0)=0 \tag{2.49}$$

式中，$\boldsymbol{w}=\boldsymbol{\Sigma}^{-1}(\boldsymbol{\mu}_i-\boldsymbol{\mu}_j)$，

$$\boldsymbol{x}_0=\frac{1}{2}(\boldsymbol{\mu}_i+\boldsymbol{\mu}_j)-\frac{\ln\left(\dfrac{P(\omega_i)}{P(\omega_j)}\right)}{(\boldsymbol{\mu}_i-\boldsymbol{\mu}_j)^{\mathrm{T}}\boldsymbol{\Sigma}^{-1}(\boldsymbol{\mu}_i-\boldsymbol{\mu}_j)}(\boldsymbol{\mu}_i-\boldsymbol{\mu}_j) \tag{2.50}$$

与第一种情况不同，此时的决策面过 $\boldsymbol{x}_0$，但不与 $\boldsymbol{\mu}_i-\boldsymbol{\mu}_j$ 正交（垂直）。

对于二维情况，当各个类的先验概率相等即 $P(\omega_i)=P(\omega_j)$ 时，有

$$\boldsymbol{x}_0=\frac{1}{2}(\boldsymbol{\mu}_i+\boldsymbol{\mu}_j) \tag{2.51}$$

$\boldsymbol{x}_0$ 位于 $\boldsymbol{\mu}_i-\boldsymbol{\mu}_j$ 的中点上；当各个类的先验概率不相等时，$\boldsymbol{x}_0$ 不在 $\boldsymbol{\mu}_i-\boldsymbol{\mu}_j$ 的中点上，而偏向先验概率较小的均值点，如图 2.11 所示。

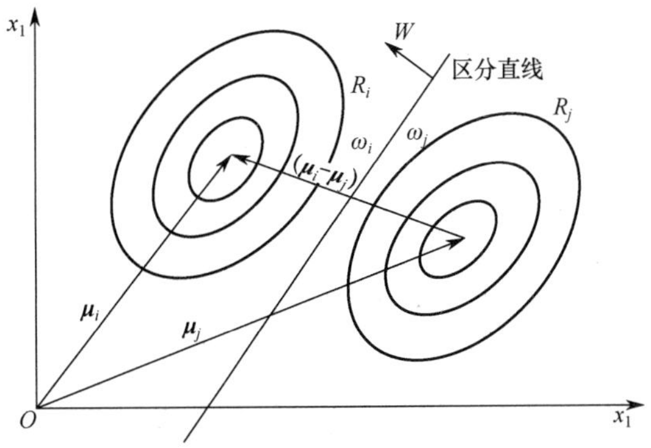

图 2.11　二维情况

3）情况 3：$\boldsymbol{\Sigma}_i\neq\boldsymbol{\Sigma}_j$，$i,j=1,2,\cdots,c$

由于

$$g_i(\boldsymbol{x})=-\frac{1}{2}(\boldsymbol{x}-\boldsymbol{\mu}_i)^{\mathrm{T}}\boldsymbol{\Sigma}_i^{-1}(\boldsymbol{x}-\boldsymbol{\mu}_i)-\frac{d}{2}\ln 2\pi-\frac{1}{2}\ln\left|\boldsymbol{\Sigma}_i\right|+\ln P(\omega_i) \tag{2.52}$$

去掉与 i 无关的项 $-\frac{d}{2}\ln 2\pi$ 得

$$g_i(\boldsymbol{x}) = -\frac{1}{2}(\boldsymbol{x}-\boldsymbol{\mu}_i)^{\mathrm{T}} \boldsymbol{\Sigma}_i^{-1}(\boldsymbol{x}-\boldsymbol{\mu}_i) - \frac{1}{2}\ln\left|\boldsymbol{\Sigma}_i\right| + \ln P(\omega_i) \tag{2.53}$$

即 $g_i(\boldsymbol{x})$ 表示为

$$g_i(\boldsymbol{x}) = \boldsymbol{x}^{\mathrm{T}}\boldsymbol{W}_i\boldsymbol{x} + \boldsymbol{w}_i^{\mathrm{T}}\boldsymbol{x} + w_{i0}$$

其中 $\boldsymbol{W}_i = -\frac{1}{2}\boldsymbol{\Sigma}_i^{-1}$ 是 $d \times d$ 维矩阵，$\boldsymbol{w}_i = \boldsymbol{\Sigma}_i^{-1}\boldsymbol{\mu}_i$ 是 d 维向量，

$$w_{i0} = -\frac{1}{2}\boldsymbol{\mu}_i^{\mathrm{T}} \boldsymbol{\Sigma}_i^{-1} \boldsymbol{\mu}_i - \frac{1}{2}\ln\left|\boldsymbol{\Sigma}_i\right| + \ln P(\omega_i)$$

此时，$g_i(\boldsymbol{x})$ 表示为 $\boldsymbol{x}$ 的二次型。

当 R_i 和 R_j 相邻时，决策面为

$$g_i(\boldsymbol{x}) - g_j(\boldsymbol{x}) = 0 \Rightarrow \boldsymbol{x}^{\mathrm{T}}(\boldsymbol{W}_i - \boldsymbol{W}_j)\boldsymbol{x} + (\boldsymbol{w}_i - \boldsymbol{w}_j)^{\mathrm{T}}\boldsymbol{x} + w_{i0} - w_{j0} = 0 \tag{2.54}$$

该曲面为超二次曲面。随着 $\boldsymbol{\Sigma}_i, \boldsymbol{\mu}_i, P(\omega_i)$ 的不同，超二次曲面为超球面、超椭球面、超抛物面、超双曲面或超平面等。

假设特征空间是二维的，模式样本的两个分量之间是相互独立的，所以协方差矩阵是 2×2 维对角矩阵。令各个类的先验概率相等，不同类区域的划分就取决于各个类的均值向量和两个方差项的差异，决策面的形状则主要取决于两个方差项的差异：

$$\boldsymbol{\Sigma}_i = \begin{pmatrix} \sigma_{i1}^2 & 0 \\ 0 & \sigma_{i2}^2 \end{pmatrix}，\quad \boldsymbol{\Sigma}_j = \begin{pmatrix} \sigma_{j1}^2 & 0 \\ 0 & \sigma_{j2}^2 \end{pmatrix}$$

（1）若 $\sigma_{i1} = \sigma_{i2} = \sigma_i$，$\sigma_{j1} = \sigma_{j2} = \sigma_j$，且 $\sigma_i > \sigma_j$，则两个类的概率分布等密度线分别是以各自的均值点为圆心的同心圆，圆的大小与相应的方差一致。因为 $\sigma_i > \sigma_j$，所以来自类 ω_j 的样本在其均值点附近更密集；同时，由于圆的对称性，决策面是包围均值点 $\boldsymbol{\mu}_j$ 的一个圆。

（2）若在图 2.12(a)的基础上增大分量 x_2 的方差 σ_{i2}^2 和 σ_{j2}^2，使 $\sigma_{i1} < \sigma_{i2}$ 和 $\sigma_{j1} < \sigma_{j2}$，那么图 2.12(a)中的圆在 x_2 方向上伸展，变成椭圆，如图 2.12(b)所示，决策面也变成椭圆。

（3）当 $\sigma_{i1} = \sigma_{j1} = \sigma_{j2}$，$\sigma_{i1} < \sigma_{i2}$ 时，分量 x_2 大的样本 $\boldsymbol{x}$ 很可能来自类 ω_i，使决策面变成一条抛物线，如图 2.12(c)所示。

（4）在图 2.12(c)的基础上增大 σ_{j1}，使 $\sigma_{i1} = \sigma_{j2}$，$\sigma_{i1} < \sigma_{i2}$，$\sigma_{j1} > \sigma_{j2}$，那么决策面变成双曲线，如图 2.12(d)所示。

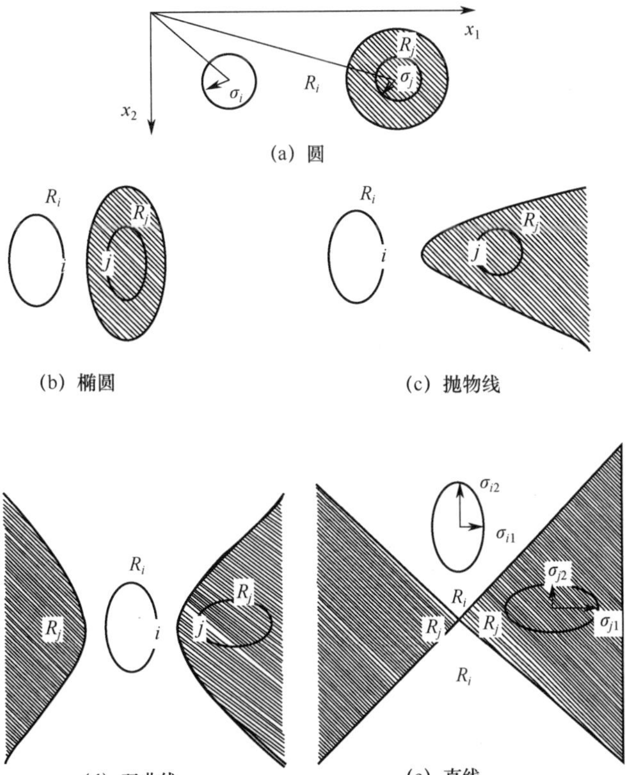

(a) 圆

(b) 椭圆　　(c) 抛物线

(d) 双曲线　　(e) 直线

图 2.12　各种情况

（5）一种非常特殊的对称条件会使得图 2.12(d)中的双曲线向一对互相垂直的直线退化，如图 2.12(e)所示。在这种情况下，两个类是线性可分的。

【例 2.6】假设在三维特征空间中，两个类的类概率密度是正态分布的。分别在两个类中得到 4 个样本，它们位于一个单位立方体的顶点上，如图 2.13 所示。两个类的先验概率相等，试确定两个类之间的决策面及相应的类区域 R_1 和 R_2。

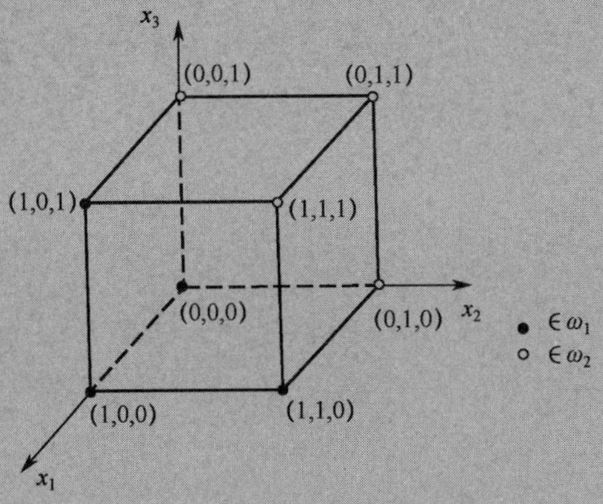

图 2.13　两个类的点的分布

解：ω_1和ω_2表示两个类，由图 2.13 可知，两个类的样本如下所示：

$$\omega_1:\ (0,0,0)^{\mathrm{T}},\ (1,0,0)^{\mathrm{T}},\ (1,1,0)^{\mathrm{T}},\ (1,0,1)^{\mathrm{T}}$$

$$\omega_2:\ (0,1,0)^{\mathrm{T}},\ (0,0,1)^{\mathrm{T}},\ (0,1,1)^{\mathrm{T}},\ (1,1,1)^{\mathrm{T}}$$

用各个类的样本的算术平均值近似代替各个类的均值向量，即

$$\boldsymbol{\mu}_i \approx \frac{1}{N_i}\sum_{k=1} x_{ik}$$

式中，N_i为ω_i中的样本数，x_{ik}表示ω_i的第k个样本。

根据定义，求得协方差矩阵为

$$\boldsymbol{\Sigma}_i = \boldsymbol{R}_i - \boldsymbol{\mu}_i\boldsymbol{\mu}_j^{\mathrm{T}} = \frac{1}{N_i}\sum_{k=1}^{N_i} \boldsymbol{x}_{ik}\cdot\boldsymbol{x}_{ik}^{\mathrm{T}} - \boldsymbol{\mu}_i\boldsymbol{\mu}_i^{\mathrm{T}}$$

式中，$\boldsymbol{R}_i$为类ω_i的自相关函数。

由题中所给的条件$i=1,2$和$N_1=N_2=4$有

$$\boldsymbol{\mu}_1 = \frac{1}{4}(3,1,1)^{\mathrm{T}},\quad \boldsymbol{\mu}_2 = \frac{1}{4}(1,3,3)^{\mathrm{T}}$$

$$\boldsymbol{\mu}_1\boldsymbol{\mu}_1^{\mathrm{T}} = \left(\frac{3}{4},\frac{1}{4},\frac{1}{4}\right)^{\mathrm{T}}\cdot\left(\frac{3}{4},\frac{1}{4},\frac{1}{4}\right) = \begin{pmatrix}\frac{3}{4}\\ \frac{1}{4}\\ \frac{1}{4}\end{pmatrix}\cdot\left(\frac{3}{4},\frac{1}{4},\frac{1}{4}\right) = \frac{1}{16}\begin{pmatrix}9&3&3\\3&1&1\\3&1&1\end{pmatrix}$$

$$\boldsymbol{\mu}_2\boldsymbol{\mu}_2^{\mathrm{T}} = \begin{pmatrix}\frac{1}{4}\\ \frac{3}{4}\\ \frac{3}{4}\end{pmatrix}\cdot\left(\frac{1}{4},\frac{3}{4},\frac{3}{4}\right) = \frac{1}{16}\begin{pmatrix}1&3&3\\3&9&9\\3&9&9\end{pmatrix}$$

$$\boldsymbol{R}_1 = \frac{1}{4}\left[\begin{pmatrix}0\\0\\0\end{pmatrix}\cdot(0,0,0) + \begin{pmatrix}1\\0\\0\end{pmatrix}\cdot(1,0,0) + \begin{pmatrix}1\\1\\0\end{pmatrix}\cdot(1,1,0) + \begin{pmatrix}1\\0\\1\end{pmatrix}\cdot(1,0,1)\right] = \frac{1}{4}\begin{pmatrix}3&1&1\\1&1&0\\1&0&1\end{pmatrix}$$

同理，有

$$\boldsymbol{R}_2 = \frac{1}{4}\begin{pmatrix}1&1&1\\1&3&2\\1&2&2\end{pmatrix}$$

$$\boldsymbol{\Sigma}_1 = \boldsymbol{R}_1 - \boldsymbol{\mu}_1\boldsymbol{\mu}_1^{\mathrm{T}} = \frac{1}{4}\begin{pmatrix}3&1&1\\1&1&0\\1&0&1\end{pmatrix} - \frac{1}{16}\begin{pmatrix}9&3&3\\3&1&1\\3&1&1\end{pmatrix} = \frac{1}{16}\begin{pmatrix}3&1&1\\1&3&-1\\1&-1&3\end{pmatrix}$$

$$\boldsymbol{\Sigma}_2 = \frac{1}{16}\begin{pmatrix} 3 & 1 & 1 \\ 1 & 3 & -1 \\ 1 & -1 & 3 \end{pmatrix}$$

因此，$\boldsymbol{\Sigma}_1 = \boldsymbol{\Sigma}_2 = \boldsymbol{\Sigma}$ 符合情况 2。用情况 2 的公式确定决策面：

$$\boldsymbol{\Sigma}^{-1} = 4\begin{pmatrix} 2 & -1 & -1 \\ -1 & 2 & 1 \\ -1 & 1 & 2 \end{pmatrix}$$

决策面为

$$g_1(\boldsymbol{x}) - g_2(\boldsymbol{x}) = 0 \Rightarrow \boldsymbol{w}^{\mathrm{T}}(\boldsymbol{x} - \boldsymbol{x}_0) = 0,\quad \boldsymbol{w} = \boldsymbol{\Sigma}^{-1}(\boldsymbol{\mu}_1 - \boldsymbol{\mu}_2),\quad \boldsymbol{x}_0 = \frac{1}{2}(\boldsymbol{\mu}_1 + \boldsymbol{\mu}_2)$$

先验概率相等，即 $P(\omega_1) = P(\omega_2)$，有

$$\boldsymbol{w} = \boldsymbol{\Sigma}^{-1}(\boldsymbol{\mu}_1 - \boldsymbol{\mu}_2) = 4\begin{pmatrix} 2 & -1 & -1 \\ -1 & 2 & 1 \\ -1 & 1 & 2 \end{pmatrix} \cdot \frac{1}{4}\begin{pmatrix} 2 \\ -2 \\ -2 \end{pmatrix} = \begin{pmatrix} 8 \\ -8 \\ -8 \end{pmatrix}$$

$$\boldsymbol{x}_0 = \frac{1}{2}(\boldsymbol{\mu}_1 + \boldsymbol{\mu}_2) = \frac{1}{2}(1,1,1)^{\mathrm{T}}$$

决策面方程为 $\boldsymbol{w}^{\mathrm{T}}(\boldsymbol{x} - \boldsymbol{x}_0) = 0$，有

$$(8,-8,-8)\begin{pmatrix} x_1 - \frac{1}{2} \\ x_2 - \frac{1}{2} \\ x_3 - \frac{1}{2} \end{pmatrix} = 0$$

即

$$8\left(x_1 - \tfrac{1}{2}\right) - 8\left(x_2 - \tfrac{1}{2}\right) - 8\left(x_3 - \tfrac{1}{2}\right) = 0$$

化简得

$$8x_1 - 8x_2 - 8x_3 + 4 = 0 \quad \Rightarrow \quad 2x_1 - 2x_2 - 2x_3 + 1 = 0$$

如图 2.14 所示。

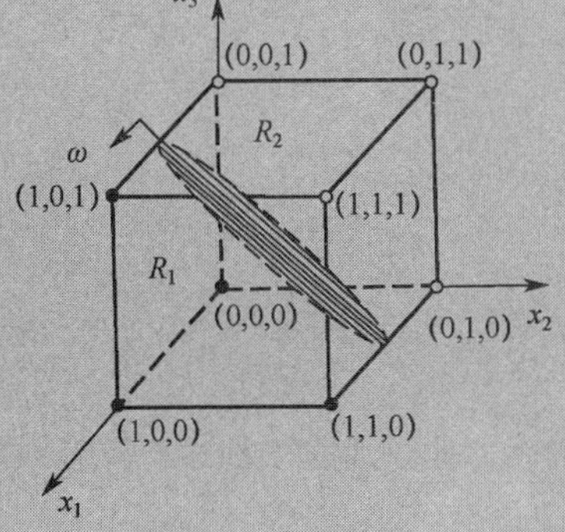

图 2.14　决策面方程

ω 指向的一侧为正，是 ω_1 的区域 R_1，负侧为 ω_2 的区域 R_2。

2.9 小结

本章首先研究了基于贝叶斯决策理论的贝叶斯分类方法，主要包括最小错误率判别规则、最小风险判别规则和最大似然比判别规则等；接着研究了贝叶斯分类方法在正态分布中的应用。贝叶斯决策论的基本思想非常简单。为了最小化总风险，总是选择那些能最小化条件风险 $R(\alpha|\boldsymbol{x})$ 的行为；为了最小化分类问题中的误差概率，总是选择那些使后验概率 $\rho(\omega_i|\boldsymbol{x})$ 最大的类。贝叶斯公式允许我们通过先验概率和条件密度来计算后验概率。如果对类 ω_i 所做的误分惩罚与对类 ω_j 所做的误分惩罚不同，那么在做出判别行为之前，必须先根据该惩罚函数对后验概率加权。如果内在的分布是多元高斯分布，判别边界就是超二次型，其形状和位置取决于先验概率、分布的均值和协方差。

习题

1. 利用概率论中的乘法定理和全概率公式，证明：

（1）贝叶斯公式

$$P(\omega_i|\boldsymbol{x})=\frac{p(\boldsymbol{x}|\omega_i)P(\omega_i)}{p(\boldsymbol{x})}$$

（2）对于两类情况，$P(\omega_1|\boldsymbol{x})+P(\omega_2|\boldsymbol{x})=1$。

2. 分别写出两种情况下的贝叶斯最小错误率判别规则：

（1）两类情况，且 $p(\boldsymbol{x}|\omega_1)=p(\boldsymbol{x}|\omega_2)$。

（2）两类情况，且 $p(\omega_1)=p(\omega_2)$。

3. 两个一维模式类的类概率密度函数如下图所示，假设先验概率相等，用 0-1 损失函数：

（1）导出贝叶斯判别函数。

（2）求出分界点的位置。

（3）判断下列样本各属于哪个类：0，2.5，0.5，2，1.5。

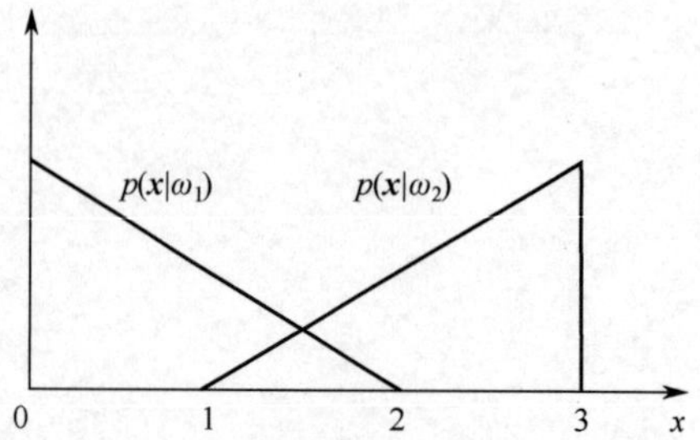

4. 试写出两类情况下的贝叶斯最小风险判别规则及其判别函数和决策面方程，证明该判别规则可以表示为

$$\text{若}\ \frac{p(\boldsymbol{x}|\omega_1)}{p(\boldsymbol{x}|\omega_2)}\gtrless\frac{(\lambda_{12}-\lambda_{22})P(\omega_2)}{(\lambda_{21}-\lambda_{11})P(\omega_1)}，\ \text{则}\ \boldsymbol{x}\in\begin{cases}\omega_1\\ \omega_2\end{cases}$$

式中，$\lambda_{12},\lambda_{22},\lambda_{21},\lambda_{11}$ 为损失函数 $L(\alpha_i \mid \omega_j)\,,i,j=1,2$ 。若 $\lambda_{11}=\lambda_{22}=0$ ，$\lambda_{12}=\lambda_{21}$ ，证明此时最小最大决策面使得来自两类的错误率相等。

5. 似然比 $l(\boldsymbol{x})$ 是随机变量，对两类问题 $l(\boldsymbol{x})=\dfrac{p(\boldsymbol{x}\mid\omega_1)}{p(\boldsymbol{x}\mid\omega_2)}$，证明：

（1） $E[l^n(\boldsymbol{x})\mid\omega_1]=E[l^{n+1}(\boldsymbol{x})\mid\omega_2]$ 。

（2） $E[l(\boldsymbol{x})\mid\omega_2]=1$ 。

（3） $E[l(\boldsymbol{x})\mid\omega_1]-E[l(\boldsymbol{x})\mid\omega_2]=\mathrm{var}[l(\boldsymbol{x})\mid\omega_2]$ 。

注意：方差 $\mathrm{var}(\boldsymbol{x})=E\{[\boldsymbol{x}-E(\boldsymbol{x})]^2\}$ 。

6. 对属于两个类的一维模式，每个类都是正态分布的，且两个类的均值分别是 $\mu_1=0$ 和 $\mu_2=2$ ，均方差分别是 $\sigma_1=2$ 和 $\sigma_2=2$ ，先验概率相等，使用 0–1 损失函数，绘出类概率密度函数及判别边界；若已得到样本−3, −2, 1, 3, 5，试判断它们各属于哪个类。

7. 假设已经得到两个类的二维模式样本：

$$\omega_1:\{(0,0)^{\mathrm{T}},(2,0)^{\mathrm{T}},(2,2)^{\mathrm{T}},(0,2)^{\mathrm{T}}\}$$
$$\omega_2:\{(4,4)^{\mathrm{T}},(6,4)^{\mathrm{T}},(6,6)^{\mathrm{T}},(4,6)^{\mathrm{T}}\}$$

两个类均服从正态分布，且先验概率相等。

（1）求两个类之间的决策面方程。

（2）绘出决策面。

8. 在 MNIST 数据集上，利用贝叶斯决策理论的相关知识实现手写数字的识别算法，分析主要参数变化对识别结果的影响。

9. 在 CIFAR-10 数据集上，基于最小错误率的贝叶斯决策实现图像分类。

第3章　概率密度函数的估计

3.1　引言

第 2 章介绍了基于贝叶斯决策理论的贝叶斯分类方法，而贝叶斯决策理论的基础是概率密度函数的估计，即根据一定的训练样本来估计统计决策中用到的先验概率 $P(\omega_i)$ 和类条件概率密度 $p(\boldsymbol{x}|\omega_i)$。其中，先验概率的估计比较简单，通常只需根据大量样本计算出各类样本在其中所占的比例，或者根据对所研究问题的领域知识事先确定。因此，本章重点介绍类条件概率密度的估计问题。

这种先通过训练样本估计概率密度函数、后用统计决策进行类判定的方法，称为**基于样本的两步贝叶斯决策**。

这样得到的分类器性能与第 2 章中的理论贝叶斯分类器有所不同。我们希望当样本数 $N \to \infty$ 时，基于样本的分类器能收敛到理论结果。为此，实际上只需说明当 $N \to \infty$ 时估计的 $\hat{p}(\boldsymbol{x}|\omega_i)$ 和 $\hat{p}(\omega_i)$ 分别收敛于 $p(\boldsymbol{x}|\omega_i)$ 和 $P(\omega_i)$。在统计学中，这可通过探讨估计量的性质来解决。

在监督学习中，训练样本的类是已知的，而且假设各个类的样本只包含本类的信息，这在多数情况下是正确的。因此，我们要做的是利用同一类的样本来估计本类的类条件概率密度。

概率密度函数的估计方法主要分为两大类，即参数估计和非参数估计。

参数估计是指知道概率密度的分布形式，但其中的参数部分未知或全部未知时，用来估计未知部分参数的方法。例如，当我们得到一个一维样本，只知其服从高斯分布 $N(\mu,\sigma^2)$，但不知 μ 与 σ 的具体取值时，就可用本章的知识通过样本估计 μ 与 σ 的取值。本章介绍最大似然估计、贝叶斯估计和 EM 估计方法。

参数估计是点估计问题，点估计问题需要构建统计量 $d(\boldsymbol{x}_1,\cdots,\boldsymbol{x}_N)$ 作为参数 $\boldsymbol{\theta}$ 的估计 $\hat{\boldsymbol{\theta}}$。将样本 $\boldsymbol{x}_1,\cdots,\boldsymbol{x}_N$ 的具体数值代入统计量公式得到的 $\hat{\boldsymbol{\theta}}$ 的具体数值，就是参数 $\boldsymbol{\theta}$ 的估计值。

非参数估计是指既不知道分布形式，又不知道分布的参数，只能通过样本的分布将概率密度函数值数值化地估计出来。本章介绍 Parzen 窗法和 k_N 近邻法。

3.2　最大似然估计

3.2.1　最大似然估计基础

最大似然估计（Maximum Likelihood Estimation）的思想是，随机试验有若干可能的结果，如果在一次试验中出现了某一结果，就认为这一结果出现的概率较大，进而假设该结果是所有可能出现的结果中最大的一个。

在最大似然估计中，我们做如下假设。

（1）我们将待估计的参数记为$\boldsymbol{\theta}$，它是确定但未知的量（有多个参数时，其为向量）。

（2）共有c个类，每个类的样本集记为$\boldsymbol{X}_i, i=1,2,\cdots,c$，样本都是从密度为$p(\boldsymbol{x}\,|\,\omega_i)$的总体中独立抽取出来的，即满足独立同分布条件。

（3）类条件概率密度$p(\boldsymbol{x}\,|\,\omega_i)$具有某种确定的函数表达式，只是其中的参数$\boldsymbol{\theta}$未知。为了强调概率密度中待估计的参数，也可将$p(\boldsymbol{x}\,|\,\omega_i)$写为$p(\boldsymbol{x}\,|\,\omega_i,\boldsymbol{\theta}_i)$或$p(\boldsymbol{x}\,|\,\boldsymbol{\theta}_i)$。

（4）各个类的样本只包括本类的部分信息，即不同类的参数是独立的，这样就可单独处理每个类。

在这些假设的前提下，可以分别处理c个独立的问题，即在一个类中独立地按照概率密度$p(\boldsymbol{x}\,|\,\boldsymbol{\theta})$抽取样本集$\boldsymbol{X}$，然后用$\boldsymbol{X}$来估计未知参数$\boldsymbol{\theta}$。

因为样本集$\boldsymbol{X}$是独立地从概率密度$p(\boldsymbol{x}\,|\,\boldsymbol{\theta})$中随机抽取的，所以样本的联合概率密度可以写为

$$\begin{aligned}L(\boldsymbol{\theta}) &= p(\boldsymbol{X}\,|\,\boldsymbol{\theta})\\ &= p(\boldsymbol{x}_1,\boldsymbol{x}_2,\cdots,\boldsymbol{x}_N\,|\,\boldsymbol{\theta})\\ &= \prod_{i=1}^{N} p(\boldsymbol{x}_i\,|\,\boldsymbol{\theta})\end{aligned} \tag{3.1}$$

它反映了参数为$\boldsymbol{\theta}$时得到样本集$\boldsymbol{X}$的概率，其中样本$\boldsymbol{x}_1,\boldsymbol{x}_2,\cdots,\boldsymbol{x}_N$是已知的，参数$\boldsymbol{\theta}$是未知的，式（3.1）变成参数$\boldsymbol{\theta}$的函数，因此称该函数为$\boldsymbol{\theta}$相对于$\boldsymbol{X}$的**似然函数**（Likelihood Function），其中$p(\boldsymbol{x}_i\,|\,\boldsymbol{\theta})$可视为参数$\boldsymbol{\theta}$相对于样本$\boldsymbol{x}_i$的似然函数。

首先，假设参数$\boldsymbol{\theta}$是已知的。当从一个分布函数和参数都已知的分布中抽取一个样本时，如从$N(6,1)$中抽取一个样本时，样本最可能的值是$x_1=6$，也仅在$x_1=6$时似然函数$L(6,1)=p(\boldsymbol{x}\,|\,6,1)$取最大值。然后，假设分布函数是已知的，参数$\boldsymbol{\theta}$是未知的，通过抽样得到了$N$个样本$\boldsymbol{x}_1,\boldsymbol{x}_2,\cdots,\boldsymbol{x}_N$，我们想知道这个样本集来自哪个密度函数（参数$\boldsymbol{\theta}$的取值）的可能性最大。

根据最大似然估计的思想，样本集$\boldsymbol{X}$是所有可能出现的结果中最大的一个，即此时$L(\boldsymbol{\theta})$取最大值。我们将$L(\boldsymbol{\theta})$取最大值时的$\hat{\boldsymbol{\theta}}=d(\boldsymbol{x}_1,\boldsymbol{x}_2,\cdots,\boldsymbol{x}_N)$称为$\boldsymbol{\theta}$的**最大似然估计量**，记为$\hat{\boldsymbol{\theta}}=\arg\max L(\boldsymbol{\theta})$。一般来说，为方便分析，还定义了对数似然函数：

$$\begin{aligned}H(\boldsymbol{\theta}) &= \ln L(\boldsymbol{\theta})\\ &= \ln\prod_{i=1}^{N} p(\boldsymbol{x}_i\,|\,\boldsymbol{\theta})\\ &= \sum_{i=1}^{N}\ln p(\boldsymbol{x}_i\,|\,\boldsymbol{\theta})\end{aligned} \tag{3.2}$$

因为对似然函数取对数后不改变函数的单调性，所以使得对数似然函数 $H(\boldsymbol{\theta})$ 最大的值 $\boldsymbol{\theta}$ 也会使得似然函数 $L(\boldsymbol{\theta})$ 最大。

在式（3.2）中，函数形式 $p(\cdot)$ 是已知的，样本 $\boldsymbol{x}_i$ 也是已知的，未知量仅有参数 $\boldsymbol{\theta}$ 。一般来说，当似然函数连续、可微时，若 θ 是一维变量，则其最大似然估计量就是如下微分方程的解：

$$\frac{\mathrm{d}L(\theta)}{\mathrm{d}\theta}=0 \quad 或 \quad \frac{\mathrm{d}H(\theta)}{\mathrm{d}\theta}=0$$

如果 $\boldsymbol{\theta}$ 是由多个未知参数组成的向量，例如有 s 个未知参数，那么求解似然函数的最大值就需要对 $\boldsymbol{\theta}$ 的每个维度分别求偏导，得到 s 个方程并令它们等于零，方程组的解就是 $\boldsymbol{\theta}$ 的最大似然估计量。如果偏导方程组有多个解，那么其中使得似然函数最大的那个解才是最大似然估计量。

并非所有概率密度形式都可用上述方法求得最大似然估计量，如均匀分布：

$$p=\frac{1}{\theta_2-\theta_1}，\quad \theta_1<x<\theta_2 \tag{3.3}$$

其中分布的参数 θ_1,θ_2 未知。从总体分布中独立抽取 N 个样本 $x_1,x_2,\cdots,x_N$ 后，似然函数为

$$\begin{aligned}L(\boldsymbol{\theta})&=p(\boldsymbol{X}\mid\boldsymbol{\theta})\\&=\prod_{i=1}^{N}p(x_i\mid\boldsymbol{\theta})\\&=\frac{1}{(\theta_2-\theta_1)^N}\end{aligned} \tag{3.4}$$

对数似然函数为

$$H(\boldsymbol{\theta})=-N\ln(\theta_2-\theta_1) \tag{3.5}$$

对似然函数求偏导得

$$\frac{\partial H}{\partial\theta_1}=N\frac{1}{(\theta_2-\theta_1)}，\quad \frac{\partial H}{\partial\theta_2}=-N\frac{1}{(\theta_2-\theta_1)} \tag{3.6}$$

令偏导等于零，解得 $\theta_2-\theta_1=\infty$ ，结果无意义。对于这种似然函数在最大值位置没有零斜率的情况，只能通过其他方法寻找最大值。由式（3.4）可以看出，θ_2 与 θ_1 越接近，似然函数的值就越大。而在有给定观测值的样本集中，θ_1 不能小于最小观测值，θ_2 不能小于最大观测值。因此，$\boldsymbol{\theta}$ 的最大似然估计量为 $\theta_1=\min(x_1,x_2,\cdots,x_N)$ ，$\theta_2=\max\ (x_1,x_2,\cdots,x_N)$ 。

3.2.2 正态分布下的最大似然估计

首先考虑正态分布下仅有一个参数未知的情况。假设参数 μ 未知，对于单变量（样本特征只有一个维度）的正态分布来说，其分布密度函数为

$$p(x|\theta)=\frac{1}{\sqrt{2\pi}\sigma}\exp\left[-\frac{1}{2}\left(\frac{x-\mu}{\sigma}\right)^2\right] \tag{3.7}$$

在这样的条件下，我们假设一个样本点 x_k，则有

$$\ln p(x_k|\mu)=-\frac{1}{2}\ln[2\pi\sigma^2]-\frac{1}{2\sigma^2}(x_k-\mu)^2 \tag{3.8}$$

对上述对数似然函数求导得

$$\frac{\mathrm{d}\ln p(x_k|\mu)}{\mathrm{d}\mu}=\frac{(x_k-\mu)}{\sigma^2} \tag{3.9}$$

对于有 N 个样本点的样本集来说，对 μ 的似然估计值 $\hat{\mu}$ 的最大似然估计必须满足

$$\sum_{k=1}^{N}\frac{(x_k-\hat{\mu})}{\sigma^2}=0 \tag{3.10}$$

整理得

$$\hat{\mu}=\frac{1}{n}\sum_{k=1}^{N}x_k \tag{3.11}$$

$\hat{\mu}$ 就是 μ 的最大似然估计。

然后考虑正态分布下两个参数都未知的情况。对于单变量（样本特征只有一个维度）的正态分布来说，其分布密度函数如式（3.7）所示，其中均值 μ 和方差 σ^2 都是未知参数。求解多参数似然函数的最大值时，需要对每个参数求偏导。

使用对数似然函数求偏导得

$$\frac{\partial H(\boldsymbol{\theta})}{\partial\mu}=\sum_{k=1}^{N}\frac{1}{\sigma^2}(x_k-\mu),\qquad \frac{\partial H(\boldsymbol{\theta})}{\partial\sigma^2}=-\sum_{k=1}^{N}\frac{1}{2\sigma^2}+\sum_{k=1}^{N}\frac{(x_k-\mu)^2}{(\sigma^2)^2} \tag{3.12}$$

令上面的两个偏导等于零，解得

$$\hat{\mu}=\frac{1}{N}\sum_{k=1}^{N}x_k,\qquad \hat{\sigma}^2=\frac{1}{N}\sum_{k=1}^{N}(x_k-\hat{\mu})^2 \tag{3.13}$$

对于随机向量（样本特征多于一个维度）的正态分布来说，其分布密度函数为

$$p(x_k|\boldsymbol{\theta})=\frac{1}{(2\pi)^{d/2}\|\boldsymbol{\Sigma}\|^{1/2}}\exp\left\{-\frac{1}{2}\left[(\boldsymbol{x}_k-\boldsymbol{\mu})^{\mathrm{T}}\boldsymbol{\Sigma}^{-1}(\boldsymbol{x}_k-\boldsymbol{\mu})\right]\right\},k=1,2,\cdots,N \tag{3.14}$$

$$p(\boldsymbol{X}|\boldsymbol{\theta})=\prod_{k}^{N}p(\boldsymbol{x}_k|\boldsymbol{\theta}) \tag{3.15}$$

因为 $\boldsymbol{\mu}$ 和 $\boldsymbol{\Sigma}$ 都是未知参数，令 $\boldsymbol{\theta}=(\boldsymbol{\mu},\boldsymbol{\Sigma})^{\mathrm{T}}$，联立式（3.14）和式（3.15），使用对数似然函数 $L(\boldsymbol{\theta}_1=\boldsymbol{\mu},\boldsymbol{\theta}_2=\boldsymbol{\Sigma})=\ln p(\boldsymbol{X}|\boldsymbol{\theta})$ 分别对 $\boldsymbol{\mu}$ 和 $\boldsymbol{\Sigma}$ 求偏导得

$$\nabla_{\boldsymbol{\theta}} L=\begin{pmatrix}\nabla_{\boldsymbol{\mu}} L\\ \nabla_{\boldsymbol{\Sigma}} L\end{pmatrix}=\begin{pmatrix}\boldsymbol{\Sigma}^{-1}\sum_{k=1}^{N}(\boldsymbol{x}_k-\boldsymbol{\mu})\\ -\dfrac{N}{2\|\boldsymbol{\Sigma}\|}+\dfrac{\sum_{k=1}^{N}[(\boldsymbol{x}_k-\boldsymbol{\mu})(\boldsymbol{x}_k-\boldsymbol{\mu})^{\mathrm{T}}]}{2\|\boldsymbol{\Sigma}\|^2}\end{pmatrix} \tag{3.16}$$

令$\nabla_{\boldsymbol{\theta}} L=\mathbf{0}$得

$$\hat{\boldsymbol{\mu}}=\frac{1}{N}\sum_{k=1}^{N}\boldsymbol{x}_k\,,\quad \hat{\boldsymbol{\Sigma}}=\frac{1}{N}\sum_{k=1}^{N}(\boldsymbol{x}_k-\hat{\boldsymbol{\mu}})(\boldsymbol{x}_k-\hat{\boldsymbol{\mu}})^{\mathrm{T}} \tag{3.17}$$

可以看出，由于$\boldsymbol{x}_k\,(k=1,2,\cdots,N)$是随机的，对于不同的样本集$\boldsymbol{X}=\{\boldsymbol{x}_1,\boldsymbol{x}_2,\cdots,\boldsymbol{x}_N\}$，$\hat{\boldsymbol{\mu}}$和$\hat{\boldsymbol{\Sigma}}$的值发生变化，即具有随机性。然而，当$N$趋于无穷大时，可以证明$\hat{\boldsymbol{\mu}}$和$\hat{\boldsymbol{\Sigma}}$均收敛于真正的值，即均是一致性估计量。然而，它们不都是无偏估计量。同样，可以证明，$\hat{\boldsymbol{\mu}}$是无偏的，而$\hat{\boldsymbol{\Sigma}}$的无偏估计量为

$$\hat{\boldsymbol{\Sigma}}=\frac{1}{N-1}\sum_{k=1}^{N}(\boldsymbol{x}_k-\hat{\boldsymbol{\mu}})(\boldsymbol{x}_k-\hat{\boldsymbol{\mu}})^{\mathrm{T}} \tag{3.18}$$

3.3 贝叶斯估计与贝叶斯学习

3.3.1 贝叶斯估计

贝叶斯估计（Bayesian Estimation）是概率密度估计的另一种主要参数估计方法，其结果在很多情况下与最大似然法的相同或者几乎相同，但是两种方法对问题的处理角度是不同的，在应用上也各有特点。似然估计将参数当作未知但固定的量，并且根据观测数据估计该量的取值；而贝叶斯估计将未知参数视为随机变量，并且根据观测数据和参数的先验分布来估计参数的分布。

在用于分类的贝叶斯决策中，最优条件是最小错误率或最小风险。在贝叶斯估计中，我们假设将连续变量$\boldsymbol{\theta}$估计成$\hat{\boldsymbol{\theta}}$的损失为$\lambda(\hat{\boldsymbol{\theta}},\boldsymbol{\theta})$，也称**损失函数**。

设样本的取值空间为E^d，参数$\boldsymbol{\theta}$的取值空间为Θ，当用$\hat{\boldsymbol{\theta}}$作为估计时，总期望风险是

$$\begin{aligned}R&=\int_{E^d}\int_{\Theta}\lambda(\hat{\boldsymbol{\theta}},\boldsymbol{\theta})p(\boldsymbol{x},\boldsymbol{\theta})\mathrm{d}\boldsymbol{\theta}\mathrm{d}\boldsymbol{x}\\&=\int_{E^d}\int_{\Theta}\lambda(\hat{\boldsymbol{\theta}},\boldsymbol{\theta})p(\boldsymbol{\theta}\,|\,\boldsymbol{x})p(\boldsymbol{x})\mathrm{d}\boldsymbol{\theta}\mathrm{d}\boldsymbol{x}\end{aligned} \tag{3.19}$$

我们将样本$\boldsymbol{x}$下的条件风险定义为

$$R(\hat{\boldsymbol{\theta}}\,|\,\boldsymbol{x})=\int_{\Theta}\lambda(\hat{\boldsymbol{\theta}},\boldsymbol{\theta})p(\boldsymbol{\theta}\,|\,\boldsymbol{x})\mathrm{d}\boldsymbol{\theta} \tag{3.20}$$

于是，式（3.19）可以写为

$$R = \int_{E^d} R(\hat{\boldsymbol{\theta}} \mid \boldsymbol{x}) p(\boldsymbol{x}) \mathrm{d}\boldsymbol{x} \tag{3.21}$$

现在的目标是对期望风险求最小。与贝叶斯分类决策相似，这里的期望风险也是所有可能 $\boldsymbol{x}$ 情况下的条件风险的积分，而条件风险又都是非负的，所以求期望风险最小就等价于对所有样本求条件风险最小，即

$$\boldsymbol{\theta}^* = \arg\min R(\hat{\boldsymbol{\theta}} \mid \boldsymbol{x}) = \int_{\Theta} \lambda(\hat{\boldsymbol{\theta}}, \boldsymbol{\theta}) p(\boldsymbol{\theta} \mid \boldsymbol{X}) \mathrm{d}\boldsymbol{\theta} \tag{3.22}$$

通常情况下，我们使用的损失函数是平方误差损失函数 $\lambda(\hat{\boldsymbol{\theta}}, \boldsymbol{\theta}) = (\hat{\boldsymbol{\theta}} - \boldsymbol{\theta})^2$，在平方误差损失函数与样本集 $\boldsymbol{X}$ 下，$\boldsymbol{\theta}$ 的贝叶斯估计量 $\boldsymbol{\theta}^*$ 是 $\boldsymbol{\theta}$ 在 $\boldsymbol{X}$ 下的条件期望，即

$$\boldsymbol{\theta}^* = E[\boldsymbol{\theta} \mid \boldsymbol{X}] = \int_{\Theta} \boldsymbol{\theta} p(\boldsymbol{\theta} \mid \boldsymbol{X}) \mathrm{d}\boldsymbol{\theta} \tag{3.23}$$

在最小平方误差损失函数下，贝叶斯估计的步骤如下。

（1）根据对问题的认识或者猜测，确定 $\boldsymbol{\theta}$ 的先验分布 $p(\boldsymbol{\theta})$。

（2）样本是独立同分布的，且已知样本密度函数的形式为 $p(\boldsymbol{x} \mid \boldsymbol{\theta})$，因此可以求出样本集的联合分布为 $p(\boldsymbol{X} \mid \boldsymbol{\theta}) = \prod_{i=1}^{N} p(\boldsymbol{x}_i \mid \boldsymbol{\theta})$，其中 $\boldsymbol{\theta}$ 为变量。

（3）利用贝叶斯公式 $p(\boldsymbol{\theta} \mid \boldsymbol{X}) = \dfrac{p(\boldsymbol{X} \mid \boldsymbol{\theta}) p(\boldsymbol{\theta})}{p(\boldsymbol{X})}$ 求 $\boldsymbol{\theta}$ 的后验概率分布：

$$p(\boldsymbol{\theta} \mid \boldsymbol{X}) = \frac{p(\boldsymbol{X} \mid \boldsymbol{\theta}) p(\boldsymbol{\theta})}{\int_{\Theta} p(\boldsymbol{X} \mid \boldsymbol{\theta}) p(\boldsymbol{\theta}) \mathrm{d}\boldsymbol{\theta}}$$

（4）根据结论即式（3.23），$\boldsymbol{\theta}$ 的贝叶斯估计量是 $\boldsymbol{\theta}^* = \int_{\Theta} \boldsymbol{\theta} p(\boldsymbol{\theta} \mid \boldsymbol{X}) \mathrm{d}\boldsymbol{\theta}$。

3.3.2　正态分布下的贝叶斯估计

下面以一维正态分布模型为例来说明贝叶斯估计的应用。假设 σ^2 已知且均值 μ 的先验分布为正态分布 $N(\mu_0, \sigma_0^2)$。x 的分布密度可以写为

$$p(x \mid \mu) = \frac{1}{\sqrt{2\pi}\sigma} \exp\left(-\frac{(x-\mu)^2}{2\sigma^2} \right) \tag{3.24}$$

μ 的分布密度为

$$p(\mu) = \frac{1}{\sqrt{2\pi}\sigma_0} \exp\left(-\frac{(\mu-\mu_0)^2}{2\sigma_0^2} \right) \tag{3.25}$$

求得 μ 的后验概率分布为

$$p(\mu \mid \boldsymbol{X}) = \frac{p(\boldsymbol{X} \mid \mu) p(\mu)}{\int_{\Theta} p(\boldsymbol{X} \mid \mu) p(\mu) \mathrm{d}\mu} \tag{3.26}$$

上式的分母部分是归一化的常数项，记为 a。将 $p(\boldsymbol{X}\mid\mu)=\prod_{i=1}^{N}p(x_i\mid\mu)$ 代入分子得

$$\begin{aligned}p(\mu\mid\boldsymbol{X})&=\frac{p(\boldsymbol{X}\mid\mu)p(\mu)}{\int_{\Theta}p(\boldsymbol{X}\mid\mu)p(\mu)\,\mathrm{d}\mu}\\&=ap(\boldsymbol{X}\mid\mu)p(\mu)\\&=a\left[\prod_{i=1}^{N}p(x_i\mid\mu)\right]p(\mu)\end{aligned}$$

由式（3.24）和式（3.25）得

$$p(\mu\mid\boldsymbol{X})=a\left\{\prod_{i=1}^{N}\frac{1}{\sqrt{2\pi}\sigma}\exp\left[-\frac{(x_i-\mu)^2}{2\sigma^2}\right]\right\}\frac{1}{\sqrt{2\pi}\sigma_0}\exp\left[-\frac{(\mu-\mu_0)^2}{2\sigma_0^2}\right]$$

将上式中与未知参数无关的因子记为 a'，可得

$$\begin{aligned}p(\mu\mid\boldsymbol{X})&=a'\exp\left\{-\frac{1}{2}\left[\sum_{i=1}^{N}\left(\frac{x_i-\mu}{\sigma}\right)^2+\left(\frac{\mu-\mu_0}{\sigma_0}\right)^2\right]\right\}\\&=a'\exp\left\{-\frac{1}{2}\left[\sum_{i=1}^{N}\left(\frac{x_i^2}{\sigma^2}-\frac{2x_i\mu}{\sigma^2}+\frac{\mu^2}{\sigma^2}\right)+\frac{\mu^2}{\sigma_0^2}-\frac{2\mu\mu_0}{\sigma_0^2}+\frac{{\mu_0}^2}{\sigma_0^2}\right]\right\}\end{aligned}$$

将上式中与未知参数无关的因子记为 a''，可得

$$p(\mu\mid\boldsymbol{X})=a''\exp\left\{-\frac{1}{2}\left[\left(\frac{n}{\sigma^2}+\frac{1}{\sigma_0^2}\right)\mu^2-2\left(\frac{1}{\sigma^2}\sum_{i=1}^{N}x_i+\frac{\mu_0}{\sigma_0^2}\right)\mu\right]\right\}$$

$p(\mu\mid\boldsymbol{X})$ 仍然是一个正态函数，称为**再生密度**，$p(\mu\mid\boldsymbol{X})\sim N(\mu_N,\sigma_N^2)$，

$$\begin{aligned}p(\mu\mid\boldsymbol{X})&=\frac{1}{\sqrt{2\pi}\sigma_N}\exp\left[-\frac{1}{2}\frac{(\mu-\mu_N)^2}{\sigma_N^2}\right]\\&=\frac{1}{\sqrt{2\pi}\sigma_N}\exp\left[-\frac{1}{2}\left(\frac{1}{\sigma_N^2}\mu^2-\frac{2\mu_N}{\sigma_N^2}\mu+\frac{{\mu_N}^2}{\sigma_N^2}\right)\right]\end{aligned}$$

令 μ 和 μ^2 的系数项相等，得

$$\begin{cases}\dfrac{1}{\sigma_N^2}=\dfrac{N}{\sigma^2}+\dfrac{1}{\sigma_0^2}\\[2ex]\dfrac{\mu_N}{\sigma_N^2}=\dfrac{1}{\sigma^2}\displaystyle\sum_{i=1}^{N}x_i+\dfrac{\mu_0}{\sigma_0^2}\end{cases}$$

令 $m_N=\frac{1}{N}\sum_{i=1}^{N}x_i$ 是 N 个样本的均值，得到

$$\begin{cases}\dfrac{1}{\sigma_N^2}=\dfrac{N}{\sigma^2}+\dfrac{1}{\sigma_0^2}\\ \dfrac{\mu_N}{\sigma_N^2}=\dfrac{N}{\sigma^2}m_N+\dfrac{\mu_0}{\sigma_0^2}\end{cases}$$

对 μ_N, σ_N^2 求解得

$$\mu_N=\frac{N\sigma_0^2}{N\sigma_0^2+\sigma^2}m_N+\frac{\sigma^2}{N\sigma_0^2+\sigma^2}\mu_0$$

$$\sigma_N^2=\frac{\sigma_0^2\sigma^2}{N\sigma_0^2+\sigma^2}$$

$p(\boldsymbol{\mu}\mid X)$ 服从均值为 μ_N, σ_N^2 的正态分布，用式（3.23）可求得参数 μ 的估计值，即

$$\begin{aligned}\hat{\mu}&=\int\mu p(\mu\mid\boldsymbol{X})\mathrm{d}\,\mu\\&=\int\frac{1}{\sqrt{2\pi}\sigma}\exp\left(-\frac{1}{2}\left(\frac{\mu-\mu_N}{\sigma_N}\right)^2\right)\mathrm{d}\,\mu\\&=\mu_N\\&=\frac{N\sigma_0^2}{N\sigma_0^2+\sigma^2}m_N+\frac{\sigma^2}{N\sigma_0^2+\sigma^2}\mu_0\end{aligned}$$

3.3.3　贝叶斯学习

贝叶斯学习和贝叶斯估计的前提相同，具体如下。

（1）已知各个类的训练样本子集 $\boldsymbol{X}=\{\boldsymbol{x}_1,\boldsymbol{x}_2,\cdots,\boldsymbol{x}_N\}$，每次训练试验都是独立进行的，类 ω_i 的参数与类 ω_j 的样本无关。因此，训练过程可以逐个类地进行，而不用保留类标记。

（2）已知类概率分布密度函数 $p(\boldsymbol{x}\mid\boldsymbol{\theta})$，但是参数向量 $\boldsymbol{\theta}$ 未知（$\boldsymbol{\theta}$ 属于某个类）。

（3）关于未知参数 $\boldsymbol{\theta}$ 的一般性信息包含在其先验分布密度 $p(\boldsymbol{\theta})$ 中。

（4）关于未知参数 $\boldsymbol{\theta}$ 的其余信息要从训练样本集 $\boldsymbol{X}$ 中提取。

贝叶斯学习和贝叶斯估计联系密切，但贝叶斯学习最关心的不是某个具体参数的估计，而是获得后验分布密度 $p(\boldsymbol{x}\mid\boldsymbol{X})$。具体地说，在贝叶斯估计的 4 个步骤中，贝叶斯学习要执行前三个步骤，得到未知参数的后验分布 $p(\boldsymbol{\theta}\mid\boldsymbol{x})$ 后，不必真正求出 $\hat{\boldsymbol{\theta}}$，而直接求后验分布密度 $p(\boldsymbol{x}\mid\boldsymbol{X})$。

下面介绍如何得到 $p(\boldsymbol{x}\mid\boldsymbol{X})$。为此，利用联合概率分布密度在参数空间 Θ 中积分，即

$$p(\boldsymbol{x}\mid\boldsymbol{X})=\int_{\Theta}p(\boldsymbol{x},\boldsymbol{\theta}\mid\boldsymbol{X})\mathrm{d}\boldsymbol{\theta}$$
$$=\int_{\Theta}p(\boldsymbol{x}\mid\boldsymbol{\theta},\boldsymbol{X})p(\boldsymbol{\theta}\mid\boldsymbol{X})\mathrm{d}\boldsymbol{\theta} \tag{3.27}$$

$\boldsymbol{\theta}$ 确定后，$\boldsymbol{x}$ 仅与 $\boldsymbol{\theta}$ 有关，上式变为

$$p(\boldsymbol{x}\mid\boldsymbol{X})=\int_{\Theta}p(\boldsymbol{x}\mid\boldsymbol{X})p(\boldsymbol{\theta}\mid\boldsymbol{X})\mathrm{d}\boldsymbol{\theta} \tag{3.28}$$

不妨再列出后验分布密度 $p(\boldsymbol{\theta}\mid\boldsymbol{X})$ 的计算公式，它由贝叶斯公式得到，即

$$p(\boldsymbol{\theta}\mid\boldsymbol{X})=\frac{p(\boldsymbol{X}\mid\boldsymbol{\theta})p(\boldsymbol{\theta})}{\int_{\Theta}p(\boldsymbol{X}\mid\boldsymbol{\theta})p(\boldsymbol{\theta})\mathrm{d}\boldsymbol{\theta}} \tag{3.29}$$

根据独立试验的假设有

$$p(\boldsymbol{X}\mid\boldsymbol{\theta})=\prod_{k=1}^{N}p(\boldsymbol{x}_k\mid\boldsymbol{\theta}) \tag{3.30}$$

而 $p(\boldsymbol{x}\mid\boldsymbol{\theta})$ 的函数形式是给定的。因此，一般来说，我们可以通过计算上面三个式子来确定后验分布密度 $p(\boldsymbol{x}\mid\boldsymbol{X})$ 。

下面做两点深入分析。

第一，假设已经得到未知参数 $\boldsymbol{\theta}$ 的估计 $\hat{\boldsymbol{\theta}}$，于是就确定了后验分布密度 $p(\boldsymbol{x}\mid\hat{\boldsymbol{\theta}})$ 。那么，如果从所研究的类中任取一个样本 $\boldsymbol{x}$，它最有可能在 $\hat{\boldsymbol{\theta}}$ 处出现，采集的样本越多，在 $\hat{\boldsymbol{\theta}}$ 处出现的概率就越大。当 $\hat{\boldsymbol{\theta}}$ 为均值向量时，如果在该类中任取的样本足够多，$p(\boldsymbol{X}\mid\boldsymbol{\theta})$ 就会在 $\hat{\boldsymbol{\theta}}$ 处出现一个尖峰；在这种情况下，如果先验密度 $p(\boldsymbol{\theta})$ 在 $\hat{\boldsymbol{\theta}}$ 处不为零且较平坦，那么由式（3.27）可以看出，后验分布密度 $p(\boldsymbol{\theta}\mid\boldsymbol{X})\Rightarrow p(\boldsymbol{X}\mid\boldsymbol{\theta})$，即 $p(\boldsymbol{X}\mid\boldsymbol{\theta})$ 也在 $\hat{\boldsymbol{\theta}}$ 处出现尖峰，当 N 趋于无穷大时，$p(\boldsymbol{\theta}\mid\boldsymbol{X})$ 在 $\boldsymbol{\theta}$ 处逼近 δ 函数，代入式（3.24）得

$$p(\boldsymbol{x}\mid\boldsymbol{X})\approx p(\boldsymbol{x}\mid\hat{\boldsymbol{\theta}}) \tag{3.31}$$

上式表明，在上述条件下，后验分布 $p(\boldsymbol{x}\mid\hat{\boldsymbol{\theta}})$ 可以近似地作为真实概率分布。

第二，我们研究训练样本数 N 趋于无穷大时，后验分布密度 $p(\boldsymbol{x}\mid\boldsymbol{X})$ 是否收敛于真实分布密度 $p(\boldsymbol{x})$ 。注意，这里同样省略了类的限制条件。

我们将由 N 个训练样本组合而成的训练样本子集记为 $\boldsymbol{X}^N=\{\boldsymbol{x}_1,\boldsymbol{x}_2,\cdots,\boldsymbol{x}_N\}$，当 $N>1$ 时，有

$$p(\boldsymbol{X}^N\mid\boldsymbol{\theta})=p(\boldsymbol{x}_N\mid\boldsymbol{\theta})p(\boldsymbol{X}^{N-1}\mid\boldsymbol{\theta}) \tag{3.32}$$

根据贝叶斯公式有

$$p(\boldsymbol{\theta}\mid\boldsymbol{X}^N)=\frac{p(\boldsymbol{x}_N\mid\boldsymbol{\theta})p(\boldsymbol{\theta}\mid\boldsymbol{X}^{N-1})}{\int_{\Theta}p(\boldsymbol{x}_N\mid\boldsymbol{\theta})p(\boldsymbol{\theta}\mid\boldsymbol{X}^{N-1})\mathrm{d}\boldsymbol{\theta}} \tag{3.33}$$

令先验分布 $p(\boldsymbol{\theta}) = p(\boldsymbol{\theta} \mid \boldsymbol{X}^0)$ 为无样本条件下的后验分布密度，重复使用式（3.32），就得到一个密度函数序列 $p(\boldsymbol{\theta}), p(\boldsymbol{\theta} \mid \boldsymbol{x}_1), p(\boldsymbol{\theta} \mid \boldsymbol{x}_1, \boldsymbol{x}_2), \cdots$，这称为参数估计的**递推贝叶斯方法**。如果这个密度序列收敛于以真实均值参数 $\boldsymbol{\theta}_t$ 为中心的 δ 函数 $\delta(\boldsymbol{\theta} - \boldsymbol{\theta}_t)$，就将具有这种性质的递推过程称为**贝叶斯学习**。正态分布具有这种性质，大多数典型的概率分布也具有这种性质。

如果给定的概率分布密度 $p(\boldsymbol{x} \mid \boldsymbol{\theta})$ 具有贝叶斯学习的性质，那么当训练样本数 N 趋于无穷大时，式（3.31）描述的近似公式显然就会变成确切的等式，并且此时的估计 $\hat{\boldsymbol{\theta}}$ 就是真实参数 $\boldsymbol{\theta}$，而后验分布就是真实分布，即

$$p(\boldsymbol{x} \mid \boldsymbol{X}^{N \to \infty}) = p(\boldsymbol{x} \mid_{\hat{\boldsymbol{\theta}} \to \boldsymbol{\theta}}) = p(\boldsymbol{x}) \tag{3.34}$$

3.4　EM 估计方法

3.4.1　EM 算法

期望最大化（Expectation Maximization，EM）算法是当数据存在缺失时，极大似然估计的一种常用迭代算法，因为它操作简便、收敛稳定，并且适用性很强。EM 算法主要在如下两种情况下估计参数：①由于数据丢失或观测条件受限，观测数据不完整；②似然函数不是显然的，或者函数的形式非常复杂，导致难以用极大似然法进行估计。

EM 算法采用启发式的迭代方法。既然无法直接求出模型分布参数，那么可以首先猜想隐含数据（EM 算法的 E 步），接着基于观测数据和猜测的隐含数据来极大化对数似然，求解模型参数（EM 算法的 M 步）。因为之前的隐藏数据是猜测的，所以此时得到的模型参数一般还不是可行的结果。基于当前得到的模型参数，继续猜测隐含数据（EM 算法的 E 步），接着继续极大化对数似然，求解模型参数（EM 算法的 M 步）。以此类推，不断迭代，直到模型分布参数基本无变化，算法收敛，求出合适的模型参数。

记 $\boldsymbol{Z} = \{\boldsymbol{X}, \boldsymbol{Y}\}$ 为完全数据，因为数据缺失，其中包括观测数据和未观测到的潜在数据。已知 $\boldsymbol{X} = \{\boldsymbol{x}_1, \boldsymbol{x}_2, \cdots, \boldsymbol{x}_n\}$ 是观测数据，$\boldsymbol{Y} = \{\boldsymbol{y}_1, \boldsymbol{y}_2, \cdots, \boldsymbol{y}_n\}$ 是未观测到的潜在数据，$\boldsymbol{\theta}$ 为参数。

EM 算法的过程如下：若参数 $\boldsymbol{\theta}$ 已知，则可根据观测数据 $\boldsymbol{X}$ 推断出最优隐变量 $\boldsymbol{Y}$ 的值（E 步）；反之，若 $\boldsymbol{Y}$ 的值已知，则可方便对参数 $\boldsymbol{\theta}$ 做极大似然估计（M 步）。设 $\boldsymbol{\theta}^{(k)}$ 表示第 k 次迭代时估计得到的最大值点，定义 $Q(\boldsymbol{\theta} \mid \boldsymbol{\theta}^{(k)})$ 为观测数据 $\boldsymbol{X} = \{\boldsymbol{x}_1, \boldsymbol{x}_2, \cdots, \boldsymbol{x}_n\}$ 条件下完全数据的联合对数似然函数的期望，即

$$\begin{aligned} Q\left(\boldsymbol{\theta} \mid \boldsymbol{\theta}^{(k)}\right) &= E\{\log L(\boldsymbol{\theta} \mid \boldsymbol{Z}) \mid \boldsymbol{x}, \boldsymbol{\theta}^{(k)}\} \\ &= E\{\log p(\boldsymbol{z} \mid \boldsymbol{\theta}) \mid \boldsymbol{x}, \boldsymbol{\theta}^{(k)}\} \\ &= \int [\log p(\boldsymbol{z} \mid \boldsymbol{\theta})] p(\boldsymbol{y} \mid \boldsymbol{x}, \boldsymbol{\theta}^{(k)}) \,\mathrm{d}\boldsymbol{y} \end{aligned} \tag{3.35}$$

EM 算法从 $\boldsymbol{\theta}^{(0)}$ 开始，是寻找参数的最大似然解的两阶段迭代优化技术，第一段求期望

（E 步），第二阶段最大化（M 步）。

EM 算法的步骤概括如下。

E 步　在给定观测数据 $\boldsymbol{X}=\{\boldsymbol{x}_1,\boldsymbol{x}_2,\cdots,\boldsymbol{x}_n\}$ 和已知参数 $\boldsymbol{\theta}^{(k)}$ 的条件下，求缺失数据 $\boldsymbol{Y}$ 的后验概率条件期望，即计算上面提到的对数似然函数的条件期望 $Q(\boldsymbol{\theta}\,|\,\boldsymbol{\theta}^{(k)})$。

M 步　针对完全数据下的对数似然函数的期望进行极大化估计，即求关于 $\boldsymbol{\theta}$ 的似然函数 $Q(\boldsymbol{\theta}\,|\,\boldsymbol{\theta}^{(k)})$ 的最大化，更新 $\boldsymbol{\theta}^{(k)}$：

$$\boldsymbol{\theta}^{(k+1)}=\max_{\boldsymbol{\theta}} Q(\boldsymbol{\theta}\,|\,\boldsymbol{\theta}^{(k)},\boldsymbol{X}) \tag{3.36}$$

E 步和 M 步是一次完整的迭代过程，之后返回 E 步继续迭代，直到满足停止条件。

为了详细说明 EM 算法的理论及计算方法，下面来看一个例子。

【例 3.1】基因环模型

假设一个试验出现 4 种结果，每种结果发生的概率分别为 $\frac{1}{2}+\theta/4$，$\frac{1}{4}(1-\theta)$，$\frac{1}{4}(1-\theta)$ 和 $\theta/4$，其中 $\theta\in(0,1)$。试验进行了 197 次，4 种结果分别发生了 125, 18, 20, 34 次，即得到了观测数据 $\boldsymbol{X}=(x_1,x_2,x_3,x_4)=(125,18,20,34)$。

为了估计参数，我们取 θ 的先验分布 $p(\theta)$ 为 $U(0,1)$。由贝叶斯公式可知，θ 的后验分布为

$$\begin{aligned}p(\theta\,|\,\boldsymbol{X})&=p(\theta)p(\boldsymbol{X}\,|\,\theta)\\&=\left(\tfrac{1}{2}+\theta/4\right)^{x_1}\left[\tfrac{1}{4}(1-\theta)\right]^{x_2}\left[\tfrac{1}{4}(1-\theta)\right]^{x_3}(\theta/4)^{x_4}\\&\propto(2+\theta)^{x_1}(1-\theta)^{x_2+x_3}\theta^{x_4}\end{aligned} \tag{3.37}$$

将第一种结果分成发生概率分别为 $\frac{1}{2}$ 和 $\theta/4$ 的两部分，令 Y 和 x_1-Y 分别表示这两部分试验成功的次数（Y 为缺失数据），则 θ 的后验分布为

$$\begin{aligned}p\left(\theta\,|\,\boldsymbol{X},Y\right)&=p(\theta)p(\boldsymbol{X},Y\,|\,\theta)\\&=\left(\tfrac{1}{2}\right)^{Y}(\theta/4)^{x_1-Y}\left[\tfrac{1}{4}(1-\theta)\right]^{x_2}\left[\tfrac{1}{4}(1-\theta)\right]^{x_3}(\theta/4)^{x_4}\\&\propto\theta^{x_1-Y+x_4}(1-\theta)^{x_2+x_3}\end{aligned} \tag{3.38}$$

直接利用 3.3.2 节 $\hat{\mu}$ 的估计方式求 θ 的极大似然估计比较麻烦，所以考虑用 EM 算法添加数据，迭代得到 θ 的后验分布函数要简单得多。在上面的计算过程中，$\propto$ 表示符号两端的式子成比例，且比例与 θ 无关。这个比例不影响 EM 迭代算法的估算结果，因为它在后面的极大化过程中可以约去。

假设在第 $i+1$ 次迭代中有估计值 $\theta^{(i)}$，则可通过 EM 算法的 E 步和 M 步得到一个新估计。在 E 步中得到

$$\begin{aligned}Q\left(\theta\,|\,\theta^{(i)}\right)&=E[(x_1-Y+x_4)\log(\theta)+(x_2+x_3)\log(1-\theta)\,|\,\boldsymbol{X},\theta^{(i)}]\\&=[x_1-E(Y\,|\,x,\theta^{(i)})+x_4]\log(\theta)+(x_2+x_3)\log(1-\theta)\end{aligned}$$

在 x 和 $\theta^{(i)}$ 给定的情况下，Y 服从二项分布，即 $Y \mid x,\theta^{(i)} \sim b(x_1, p_i)$，其中

$$p_i = \frac{\frac{1}{2}}{\frac{1}{2}+\frac{\theta^{(i)}}{4}} = \frac{2}{2+\theta^{(i)}}$$

因此，$E(Y \mid x,\theta^{(i)}) = \dfrac{2x_1}{2+\theta^{(i)}}$，有

$$Q(\theta \mid \theta^{(i)}) = \left[x_1 - \frac{2x_1}{2+\theta^{(i)}} + x_4\right]\log(\theta) + (x_2+x_3)\log(1-\theta)$$

在 M 步中，对上式求导并令其为零，可得迭代公式为

$$\theta^{(i+1)} = \frac{159\theta^{(i)}+68}{197\theta^{(i)}+144} \tag{3.39}$$

从 $\theta^{(0)} = 0.5$ 开始，经过计算，EM 算法经过 4 次迭代后收敛到 0.6268。

3.4.2　混合正态分布的 EM 估计

混合正态分布或混合高斯分布（Gaussian Mixture Distribution）是指

$$p(\boldsymbol{x}) = \sum_{k=1}^{K} \pi_k N(\boldsymbol{x} \mid \boldsymbol{\mu}_k, \boldsymbol{\Sigma}_k)$$

式中，K 可视为混合正态分布中的正态分布的个数。直接对其对数似然函数求导来求极值是不可行的。然而，如果知道每个观测值具体来自哪个正态分布，问题的难度就会下降很多。因此，从这一想法出发，我们引入隐含变量 $\boldsymbol{Y}$，其分布为

$$p(\boldsymbol{y}) = \prod_{k=1}^{K} \pi_k^{y_k}$$

式中，$\sum_{k=1}^{K} \pi_k = 1$，$0 \leqslant \pi_k \leqslant 1$。

假设存在条件分布 $p(\boldsymbol{x} \mid y_k = 1) = N(\boldsymbol{x} \mid \boldsymbol{\mu}_k, \boldsymbol{\Sigma}_k)$，即 $\boldsymbol{x}$ 关于 $\boldsymbol{y}$ 的条件分布为

$$p(\boldsymbol{x} \mid \boldsymbol{y}) = \prod_{k=1}^{K} N(\boldsymbol{x} \mid \boldsymbol{\mu}_k, \boldsymbol{\Sigma}_k)^{y_k} \tag{3.40}$$

条件概率 $P(y_k = 1) = \pi_k$ 可视为第 k 个正态分布占总体的大小为 π_k。

对似然函数

$$\ln p(\boldsymbol{X} \mid \pi, \boldsymbol{\mu}, \boldsymbol{\Sigma}) = \sum_{n=1}^{N} \ln\left\{\sum_{k=1}^{K} \pi_k N(\boldsymbol{x} \mid \boldsymbol{\mu}_k, \boldsymbol{\Sigma}_k)\right\} \tag{3.41}$$

关于 $\boldsymbol{\mu}_k$ 求偏导并令其等于零，得到

$$0=-\sum_{n=1}^{N}\underbrace{\frac{\pi_k N(\boldsymbol{x}_n \mid \boldsymbol{\mu}_k,\boldsymbol{\Sigma}_k)}{\sum_{k=1}^{K}\pi_j N(\boldsymbol{x}_n \mid \boldsymbol{\mu}_j,\boldsymbol{\Sigma}_j)}}_{\gamma_{y_{nk}}}\boldsymbol{\Sigma}_k(\boldsymbol{x}_n-\boldsymbol{\mu}_k) \tag{3.42}$$

解得 $\boldsymbol{\mu}_k=\frac{1}{N_k}\sum_{n=1}^{N}\gamma(y_{nk})\boldsymbol{x}_n$ ，其中 $N_k=\sum_{n=1}^{N}\gamma(y_{nk})$ 可视为分配到第 k 个分布的有效点数。

同理，对似然函数关于 $\boldsymbol{\Sigma}_k$ 求偏导并令其等于零，得到

$$\boldsymbol{\Sigma}_k=\frac{1}{N_k}\sum_{n=1}^{N}\gamma(y_{nk})(\boldsymbol{x}_n-\boldsymbol{\mu}_k)(\boldsymbol{x}_n-\boldsymbol{\mu}_k)^{\mathrm{T}} \tag{3.43}$$

最后，当求 π_k 的最大似然估计时，需要考虑约束 $\sum_{k=1}^{K}\pi_k=1$。似然函数变为

$$\ln p(\boldsymbol{X} \mid \pi,\boldsymbol{\mu},\boldsymbol{\Sigma})+\lambda\left(\sum_{k=1}^{K}\pi_k-1\right) \tag{3.44}$$

对其求 π_k 的偏导得到

$$0=\sum_{n=1}^{N}\frac{N(\boldsymbol{x}_n \mid \boldsymbol{\mu}_k,\boldsymbol{\Sigma}_k)}{\boldsymbol{\Sigma}_j\,\pi_j N(\boldsymbol{x}_n \mid \boldsymbol{\mu}_j,\boldsymbol{\Sigma}_j)}+\lambda \tag{3.45}$$

利用隐函数的条件概率可得 $\lambda=-N$ ，化简得 $\pi_k=\frac{N_k}{N}$ 。

混合正态分布模型下的 EM 算法的步骤如下。

（1）初始化均值 $\boldsymbol{\mu}_k$ 、协方差 $\boldsymbol{\Sigma}_k$ 和混合系数 π_k ，估计初始对数似然函数值。

（2）E 步。根据这组参数，计算 $\boldsymbol{Y}$ 的后验概率下 y_{nk} 的期望 $\gamma(y_{nk})$ 。

（3）M 步。使用 y_{nk} 的期望 $\gamma(y_{nk})$ 重新估计参数的最大值：

$$\boldsymbol{\mu}_k^{\text{new}}=\frac{1}{N_k}\sum_{n=1}^{N}\gamma(y_{nk})\boldsymbol{x}_n$$

$$\boldsymbol{\Sigma}_k^{\text{new}}=\frac{1}{N_k}\sum_{n=1}^{N}\gamma(y_{nk})(\boldsymbol{x}_n-\boldsymbol{\mu}_k)(\boldsymbol{x}_n-\boldsymbol{\mu}_k)^{\mathrm{T}} \tag{3.46}$$

式中，$\pi_k^{\text{new}}=\frac{N_k}{N}$，$N_k=\sum_{n=1}^{N}\gamma(y_{nk})$ 。

（4）估计对数似然函数 $\ln p(\boldsymbol{X} \mid \pi,\boldsymbol{\mu},\boldsymbol{\Sigma})=\sum_{n=1}^{N}\ln\left\{\sum_{k=1}^{K}\pi_k N(\boldsymbol{x}_n \mid \boldsymbol{\mu}_k,\boldsymbol{\Sigma}_k)\right\}$ ，验证是否达到收敛条件，若未达到，则继续执行步骤（2）。

3.5　非参数估计方法

前面介绍了三种参数估计方法，这些方法的前提都是类概率密度函数形式是已知的。然而，在大多数模式分类问题中，往往不知道类概率密度函数的形式，而常见的函数形式并不适合实际的密度分布。特别地，经典的参数估计大多适用于平滑变化和单峰突出的密度分布，只有一个极大值，而许多实际概率分布却是多峰的，所以参数估计方法并不能解决模式识别的大部分训练问题。因此，下面介绍非参数估计的几种方法。

3.5.1　非参数估计的基本方法与限制条件

非参数估计不需要假设类概率密度函数的形式是已知的，而由训练样本集直接估计总体密度分布，不但适用于单峰的密度估计，而且可以估计多峰的概率分布。

估计未知概率密度函数的方法很多，它们的基本思想都很简单，但要严格证明它们的收敛性却要十分小心。最根本的技术依赖于样本 $\boldsymbol{x}$ 落在区域 R 中的概率 p，即

$$p=\int_R p(\boldsymbol{x})\,\mathrm{d}\,\boldsymbol{x} \tag{3.47}$$

彼此独立地抽取 n 个试验，得到 n 个训练样本 $\boldsymbol{x}_1,\boldsymbol{x}_2,\cdots,\boldsymbol{x}_n$，它们分别以概率密度 $p(\boldsymbol{x}_1),p(\boldsymbol{x}_2),\cdots,p(\boldsymbol{x}_n)$ 出现，其中有 K 个样本落在区域 R 中的概率 p_K 服从随机变量的二项分布，即

$$p_K=\begin{pmatrix} n \\ K \end{pmatrix} p^K(1-p)^{n-K} \tag{3.48}$$

式中，

$$\begin{pmatrix} n \\ K \end{pmatrix}=\frac{n!}{K!(n-K)!} \tag{3.49}$$

因为 $\boldsymbol{x}_k$ 是随机抽取的，所以落在区域 R 中的数量 K 也是随机的，期望值 $E[K]=np$。因此，作为概率 p 的一个估计为

$$\hat{p}\approx\frac{K}{n} \tag{3.50}$$

若区域 R 小到足以使概率密度 $p(\boldsymbol{x})$ 在 R 中近似恒定不变，则由式（3.47）得

$$p=\int_R p(\boldsymbol{x})\,\mathrm{d}\,\boldsymbol{x}\approx p(\boldsymbol{x})V \tag{3.51}$$

式中，V 为区域 R 所占据的空间体积。

我们的目的是得到概率密度函数 $p(\boldsymbol{x})$ 的估计 $\hat{p}(\boldsymbol{x})$，利用式（3.50）和式（3.51）得

$$\hat{p}=\hat{p}(\boldsymbol{x})V\approx\frac{K}{n} \tag{3.52}$$

移项得

$$\hat{p}(\boldsymbol{x}) = \frac{K}{nV} \tag{3.53}$$

如果区域 R 的体积是固定的，训练样本数 n 越来越多，且假设 K/n 随 n 的增大而收敛，那么只能得到 $p(\boldsymbol{x})$ 在 R 上的一个水平估计，即

$$\hat{p} = \frac{\int_R p(\boldsymbol{x})\mathrm{d}\boldsymbol{x}}{\int_R \mathrm{d}\boldsymbol{x}} \tag{3.54}$$

如果训练样本数 n 是固定的，使 R 的区域空间不断缩小，即 V 趋于零，就会发生两种情况：一是区域 R 中显然不再有任何样本，二是碰巧在区域 R 中有一个样本或者几个重合的样本。这两种情况分别对应于 $\hat{p}(\boldsymbol{x}) = 0$ 和 $\hat{p}(\boldsymbol{x}) = \infty$，显然，它们都是无意义的，都应避免出现。为此，需要增加某些限制条件。

在任何实际的模式分类过程中，能够利用的训练样本数 n 总是有限的，区域 R 的空间体积 V 也是不能任意缩小的，所以频数 K/n 和概率密度估计 $\hat{p}(\boldsymbol{x})$ 不但是随机的，而且都有一定的误差。因此，我们要设计恰当的估计方法，尽可能地减少误差，使 $\hat{p}(\boldsymbol{x})$ 尽可能地接近真实分布 $p(\boldsymbol{x})$。

为便于理论上说明非参数估计的限制条件，不妨首先假设有无限多的训练样本可供利用，并在特征空间中构造包含 $\boldsymbol{x}$ 点的区域序列 $R_1, R_2, \cdots, R_n, \cdots$，对 R_1 用一个样本进行估计，对 R_2 用两个样本进行估计，对 R_n 用 n 个样本进行估计，以此类推。令 V_n 是区域 R_n 的空间体积，K_n 是落入 R_n 的样本数，$\hat{p}_n(\boldsymbol{x})$ 是 $p(\boldsymbol{x})$ 的第 n 次估计，则有

$$\hat{p}_n(\boldsymbol{x}) = \frac{K_n}{nV_n} \tag{3.55}$$

要使 $\hat{p}_n(\boldsymbol{x})$ 收敛到 $p(\boldsymbol{x})$，必须满足如下三个条件：

$$\begin{aligned} &① \lim_{n\to\infty} V_n = 0 \\ &② \lim_{n\to\infty} K_n = \infty \\ &③ \lim_{n\to\infty}\left(\frac{K_n}{n}\right) = 0 \end{aligned} \tag{3.56}$$

其中，条件①保证平均密度［式（3.54）］收敛于真实分布；条件②对 $p(\boldsymbol{x}) \neq 0$ 的点有意义，可使频数 K_n/n 收敛于真实概率 P；条件③是式（3.55）中 $\hat{p}_n(\boldsymbol{x})$ 收敛的必要条件，它描述 n 的增长速度大于 K_n 的增长速度，表明尽管在 R_n 内落入了大量样本，但与样本总数比较可以忽略不计，这样就避免了 $\hat{p}_n(\boldsymbol{x}) \Rightarrow \infty$ 的可能性。

满足上述三个条件的区域序列的选择方法存在两个基本的技术途径，形成了两种非参数估计方法。

第一，将包含 $\boldsymbol{x}$ 点的区域序列 $\{R_n\}$ 选为训练样本数 n 的函数，并使对应的空间体积 V_n 随 n 的增大而减少。例如，令

$$V_n = \frac{V_1}{\sqrt{n}} \tag{3.57}$$

式中，V_1 为 $n=1$ 时区域 R_1 的体积。为了使 K_n 和 K_n/n 具有可被寻找的特性，进而使 $\hat{p}_n(\boldsymbol{x})$ 收敛到真实分布的 $p(\boldsymbol{x})$，还要附加一些限制条件。这个技术途径是以 Parzen 窗法为基础的，详见后面的介绍。

第二，将 K_n 选为训练样本数 n 的函数。例如，令

$$K_n = \sqrt{n} \tag{3.58}$$

然后选择包含 $\boldsymbol{x}$ 点的区域体积，使之不断增大，直到正好包含 K_n 个样本，于是该区域的体积就可用作 $\boldsymbol{x}$ 点的密度估计。这个技术途径正是 k_N 近邻法的基本思想，详见后面的介绍。

3.5.2 Parzen 窗法

估计 $\boldsymbol{x}$ 点的概率密度时，可以假设 $\boldsymbol{x}$ 是一个 d 维向量，且围绕 $\boldsymbol{x}$ 点的区域 R 是一个超立方体，它的每个维度的棱长都为 h，于是超立方体的体积 V 为

$$V = h^d$$

为了考察训练样本 $\boldsymbol{x}_i$ 是否落在这个超立方体内，需要检查向量 $\boldsymbol{x}-\boldsymbol{x}_i$ 的每个分量值，若所有分量值均小于 $h/2$，则该样本在 R 内，否则在 R 外。

为了计算 n 个样本训练落入 R 内的数量 K，我们定义窗函数

$$\varphi([u_1,u_2,\cdots,u_d]) = \begin{cases} 1, & |u_j| \leqslant \dfrac{1}{2}, j=1,2,\cdots,d \\ 0, & \text{其他} \end{cases} \tag{3.59}$$

该函数在超立方体内取值 1，在其他位置取值 0。对于每个样本 $\boldsymbol{x}_i$，要考察其是否在以 $\boldsymbol{x}$ 为中心的区域中，可以计算 $\varphi\left(\frac{\boldsymbol{x}-\boldsymbol{x}_i}{h}\right)$。任意一点落入以 $\boldsymbol{x}$ 为中心的区域的数量为 $k=\sum_{i=1}^{N}\varphi\left(\frac{\boldsymbol{x}-\boldsymbol{x}_i}{h}\right)$。于是，对任意一点 $\boldsymbol{x}$ 的密度估计表达式为

$$\hat{p}(\boldsymbol{x}) = \frac{1}{N}\sum_{i=1}^{N}\frac{1}{V}\varphi\left(\frac{\boldsymbol{x}-\boldsymbol{x}_i}{h}\right) \tag{3.60}$$

式中，V 是区域的体积。

下面从另一个角度来理解式（3.60）。定义核函数（也称**窗函数**）

$$K(\boldsymbol{x},\boldsymbol{x}_i) = \frac{1}{V}\varphi\left(\frac{\boldsymbol{x}-\boldsymbol{x}_i}{h}\right) \tag{3.61}$$

它反映一个观测样本 $\boldsymbol{x}_i$ 对 $\boldsymbol{x}$ 处的概率密度估计的贡献。概率密度估计是每个点处所有观测样本的贡献的平均，即

$$\hat{p}(\boldsymbol{x})=\frac{1}{N}\sum_{i=1}^{N}K(\boldsymbol{x},\boldsymbol{x}_i) \tag{3.62}$$

这种用核函数来估计概率密度的方法称为 **Parzen 窗法**。

现在研究参数 h 的影响。为此，我们定义

$$\delta(\boldsymbol{x})=\frac{1}{V}\varphi\left(\frac{\boldsymbol{x}}{h}\right) \tag{3.63}$$

代入式（3.60）得

$$\hat{p}(\boldsymbol{x})=\frac{1}{N}\sum_{i=1}^{N}\delta(\boldsymbol{x}-\boldsymbol{x}_i) \tag{3.64}$$

因为 $V=h^d$，所以 h 既影响 $\delta(\boldsymbol{x})$ 的幅度，又影响 $\delta(\boldsymbol{x})$ 的宽度。当 h 很大时，$\delta(\boldsymbol{x})$ 的幅度很小，但拓展得很宽，此时 $\hat{p}(\boldsymbol{x})$ 是 n 个慢变宽函数的叠加，比较平滑，但分辨率太低；当 h 很小时，$\delta(\boldsymbol{x})$ 的幅度很大，但收缩得很窄，逼近 δ 函数，此时 $\hat{p}(\boldsymbol{x})$ 是 n 个以 $\boldsymbol{x}_i$ 为中心的尖脉冲在 $\boldsymbol{x}$ 点处的叠加，分辨率高，但变动大，不稳定。

显然，h（或 V）的选取对 $\hat{p}(\boldsymbol{x})$ 有重大影响。我们可让 V 随 n 的增长而缓慢地趋于零，进而使 $\hat{p}(\boldsymbol{x})$ 收敛于 $p(\boldsymbol{x})$。但是，因为训练样本总是有限的，所以如何选取 h 需要一定的经验，一般需要折中考虑。

因为 $\hat{p}(\boldsymbol{x})$ 与训练样本有关，而训练样本的观测值是随机的，所以 $\hat{p}(\boldsymbol{x})$ 也是随机变量。用 $\hat{p}(\boldsymbol{x})$ 估计一个未知的密度时，只能使用它的均值。要知道估计的确定性程度，还要了解它的方差。我们用 $p^*(\boldsymbol{x})$ 表示 $\hat{p}(\boldsymbol{x})$ 的均值，用 $\delta^2(\boldsymbol{x})$ 表示它的方差。现在，必须证明

$$\begin{aligned}&① \lim_{n\to\infty}p^*(\boldsymbol{x})=p(\boldsymbol{x})\\&② \lim_{n\to\infty}\delta^2(\boldsymbol{x})=0\end{aligned} \tag{3.65}$$

如果以上两式成立，就说 $\hat{p}(\boldsymbol{x})$ 收敛于真实的概率密度分布 $p(\boldsymbol{x})$。

为了证明收敛性，一般要求 $p(\boldsymbol{x})$ 在 $\boldsymbol{x}$ 处连续，除了满足式（3.56）中的条件，还要满足如下附加条件：

$$\left.\begin{aligned}&① \sup_{\boldsymbol{\mu}}\varphi(\boldsymbol{\mu})<\infty\\&② \lim_{\|\boldsymbol{\mu}\|\to\infty}\varphi(\boldsymbol{\mu})\prod_{j=1}^{d}\mu_j=0\\&③ \lim_{n\to\infty}V=0\\&④ \lim_{n\to\infty}nV=\infty\end{aligned}\right\} \tag{3.66}$$

条件①要求窗函数 $\varphi(\boldsymbol{\mu})$ 是有界的，条件②要求 $\varphi(\boldsymbol{\mu})$ 随 $\boldsymbol{\mu}$ 的增长而较快地趋于零，这两个条件一般是满足的。条件③和④要求 V 随 n 的增长而趋于零，但趋于零的速度要低于 n 增长的速度。对于 $\hat{p}(\boldsymbol{x})$ 的收敛性，如同式（3.56）中的条件一样，这些附加条件也是基本条件。

首先证明 $\hat{p}(\boldsymbol{x})$ 的均值 $p^*(\boldsymbol{x})$ 的收敛性。因为样本 $\boldsymbol{x}_i$ 的概率分布与未知的密度分布 $p(\boldsymbol{x})$ 相同，所以有

$$\begin{aligned}\hat{p}^*(\boldsymbol{x}) &= E\left[\hat{p}(\boldsymbol{x})\right] \\ &= \frac{1}{n}\sum_{i=1}^{n} E\left[\frac{1}{V}\varphi\left(\frac{\boldsymbol{x}-\boldsymbol{x}_i}{h}\right)\right] \\ &= \int\left[\frac{1}{V}\varphi\left(\frac{\boldsymbol{x}-\boldsymbol{v}}{h}\right)\right]p(\boldsymbol{v})\,\mathrm{d}\,\boldsymbol{v} \\ &= \int\delta(\boldsymbol{x}-\boldsymbol{v})p(\boldsymbol{v})\,\mathrm{d}\,\boldsymbol{v}\end{aligned} \tag{3.67}$$

上式表明，估计的均值 $p^*(\boldsymbol{x})$ 是未知密度 $p(\boldsymbol{x})$ 的一个均值，即未知密度与窗函数的卷积。于是，$p^*(\boldsymbol{x})$ 就好像是通过一个平均窗口看到的 $p(\boldsymbol{x})$ 的模糊形式，但是当样本数 n 增多时，V 趋于零，$\delta(\boldsymbol{x}-\boldsymbol{v})$ 趋于以 $\boldsymbol{x}$ 为中心的 δ 函数，所以只要 $p(\boldsymbol{v})$ 在 $\boldsymbol{x}$ 处连续，式（3.66）中的条件③就能保证当 n 趋于无穷大时，$p^*(\boldsymbol{x})$ 趋于真实分布 $p(\boldsymbol{x})$。这就证明了式（3.65）中的条件①。

接着证明 $\hat{p}(\boldsymbol{x})$ 的方差 $\delta^2(\boldsymbol{x})$ 的收敛性。因为 $\hat{p}(\boldsymbol{x})$ 是统计独立的随机变量的函数之和，所以其方差也是每项方差之和，于是有

$$\begin{aligned}\delta^2(\boldsymbol{x}) &= E\left\{\left[\hat{p}(\boldsymbol{x})-p^*(\boldsymbol{x})\right]^2\right\} \\ &= \sum_{i=1}^{n} E\left\{\left[\frac{1}{nV}\varphi\left(\frac{\boldsymbol{x}-\boldsymbol{x}_i}{h}\right)-\frac{1}{n}p^*(\boldsymbol{x})\right]^2\right\} \\ &= \sum_{i=1}^{n} E\left[\frac{1}{n^2V^2}\varphi^2\left(\frac{\boldsymbol{x}-\boldsymbol{x}_i}{h}\right)\right]-\frac{1}{n}p^{*2}(\boldsymbol{x}) \\ &= \frac{1}{nV}\int\frac{1}{V}\varphi^2\left(\frac{\boldsymbol{x}-\boldsymbol{v}}{h}\right)p(\boldsymbol{v})\,\mathrm{d}\,\boldsymbol{v}-\frac{1}{n}p^{*2}(\boldsymbol{x})\end{aligned} \tag{3.68}$$

利用式（3.67），且忽略第二项，得到

$$\delta^2(\boldsymbol{x}) \leqslant \frac{\sup\limits_{\mu}\varphi(\boldsymbol{\mu})\cdot p^*(\boldsymbol{x})}{nV} \tag{3.69}$$

显然，为了使方差 $\delta^2(\boldsymbol{x})$ 较小，希望 V 较大而非很小。但是，当 n 趋于无穷大时，上式中的分子是有界的，若令 $V\to 0$ 而 $nV\to\infty$，则仍会使 $\delta^2(\boldsymbol{x})\to 0$，所以式（3.66）中的条件③和④是保证方差趋于零的必要条件。因此，有

$$\lim_{n\to\infty}\delta^2(\boldsymbol{x})=0 \tag{3.70}$$

这就证明了式（3.65）中的条件②。

【**例 3.2**】选择正态窗函数

$$\varphi(\boldsymbol{\mu})=\frac{1}{\sqrt{2\pi}}\mathrm{e}^{-\frac{1}{2}\mu^2} \tag{3.71}$$

由式（3.60），对总体概率密度的估计为

$$\hat{p}(\boldsymbol{x})=\frac{1}{N}\sum_{i=1}^{N}\frac{1}{V_N}\varphi\left(\frac{\boldsymbol{x}-\boldsymbol{x}_i}{h_N}\right) \tag{3.72}$$

式中，N 为训练样本数，$h_N=h_1/\sqrt{N}$，h_1 为可调节的参量。下面研究 h_1 对估计结果的影响。

在该例中使用正态分布的随机样本后，图 3.1 显示了不同 h_1 和 N 时的估计结果。当 $N=1$ 时，$\hat{p}(\boldsymbol{x})$ 是以第一个样本为中心的小丘，选择 $h_1=0.25$ 时小丘比较陡峭，选择 $h_1=4$ 时小丘比较平坦；当 $N=16$ 时，对于 $h_1=0.25$，$\hat{p}(\boldsymbol{x})$ 仍然清楚地体现了各个样本的作用，而对于 $h_1=1$ 和 $h_1=4$，各个样本的作用就变得很模糊；随着 N 的增大，$\hat{p}(\boldsymbol{x})$ 的曲线变得越来越平滑，h_1 的影响变得越来越小，结果越来越真实。当样本数不太多时，如 $N=256$ 时，还会在 $\hat{p}(\boldsymbol{x})$ 中出现一些不规则的扰动，尤其是当 h_1 较小时，如对 $h_1=0.25$ 的曲线扰动就较大。然而，当训练样本数趋于无限多时，不管 h_1 取多少，$\hat{p}(\boldsymbol{x})$ 都收敛于平滑的正态分布曲线。

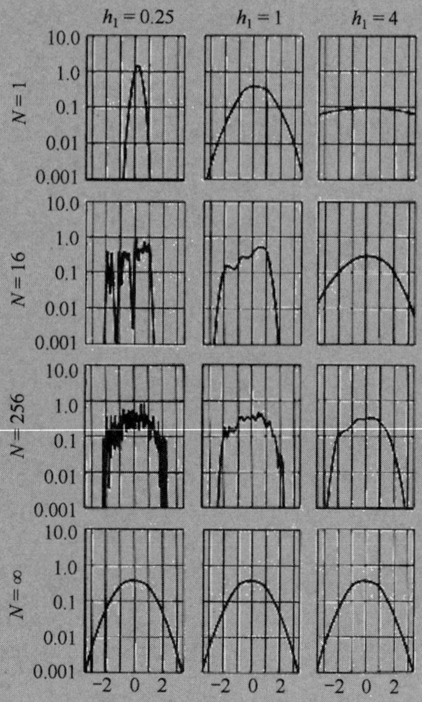

图 3.1 不同 h_1 和 N 时的估计结果

【例 3.3】 $\varphi(\mu)$ 和 h_N 与例 3.2 中的一样，但未知密度假设是两个均匀分布的混合密度。

图 3.2 显示了用 Parzen 窗法估计这个密度函数的情况。当 $n=1$ 时，虽然给出的是未知密度，但实际上是窗函数本身；当 $n=16$ 时，无法确定哪个估计更好；当 $n=256$ 时，$h_1=1$ 的曲线可以接受，$h_1=0.25$ 的曲线扰动较大，$h_1=4$ 的曲线出现了双峰。同样，当 n 趋于无穷大时，无论 h_1 怎么选取，$\hat{p}(\boldsymbol{x})$ 均趋于真实的概率分布函数 $p(\boldsymbol{x})$，即

$$p(x)=\begin{cases}1, & -2.5<x<-2 \\ 0.25, & 0<x<2 \\ 0, & \text{其他}\end{cases} \tag{3.73}$$

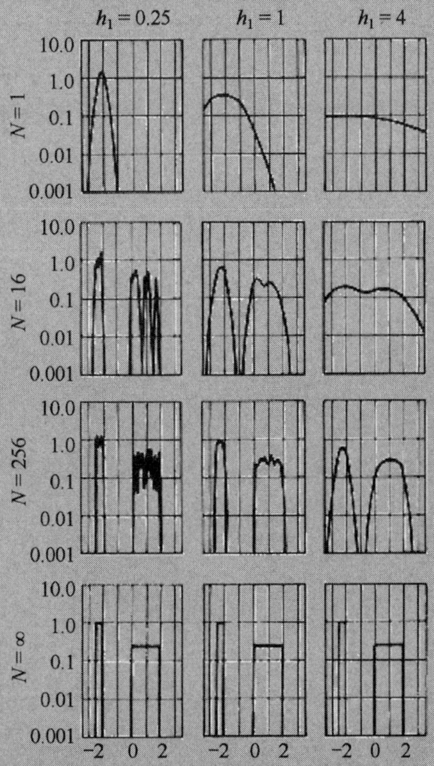

图 3.2　不同样本数和不同参数时 Parzen 窗法估计双峰密度的效果

Parzen 窗法的优点是不需要事先知道概率密度函数的参数形式，比较通用，可以应对不同的概率密度分布形式。处理监督学习过程时，现实世界的情况往往是我们并不知道概率密度函数的形式，即使能够给出概率密度函数的形式，这些经典的函数也很少与实际情况相符。所有经典的概率密度函数形式都是单模的（只有单个局部极大值），而实际情况往往是多模的。非参数方法正好能够解决这个问题，所以从这个意义上说，Parzen 窗法能够更好地对应现实世界中的概率密度函数，而不必假设概率密度函数的形式是已知的。Parzen 窗法能够处理任意概率分布，而不必假设概率密度函数的形式是已知的，这是非参数化方法的基本优点。

Parzen 窗法的缺点之一是其需要大量样本，而当样本有限时，就很难预测收敛性的效果如何。为了得到较为精确的结果，实际需要的训练样本数非常惊人。这时，要求的训练样本数要比在知道分布的参数形式下进行估计所需要的训练样本数多得多。此外，直到今天，人们仍未找到能够有效降低训练样本数的方法。这就使得 Parzen 窗法对时间和存储空间的消耗特别大。更糟糕的是，它对训练样本数的需求相对特征空间的维数呈指数增长。这种称为**维数灾难**的现象严重制约了这种方法的实际应用。Parzen 窗法的缺点之二是，它在估计边界区域时会出现边界效应。

Parzen 窗法的一个问题是，窗宽的选择难以把握。图 3.3 显示了一个二维 Parzen 窗法的两类分类器的判别边界，其中窗宽 h 不同。左图中的窗宽 h 较小，右图中的窗宽 h 较大。因此，左侧的 Parzen 窗法分类器的分类界面要比右边的复杂。这里给出的训练样本的特点是，上半部分适合用较小的窗宽 h，而下半部分适合用较大的窗宽 h。因此，这个例子说明没有理想的固定 h 值能够适应全部区域的情况。

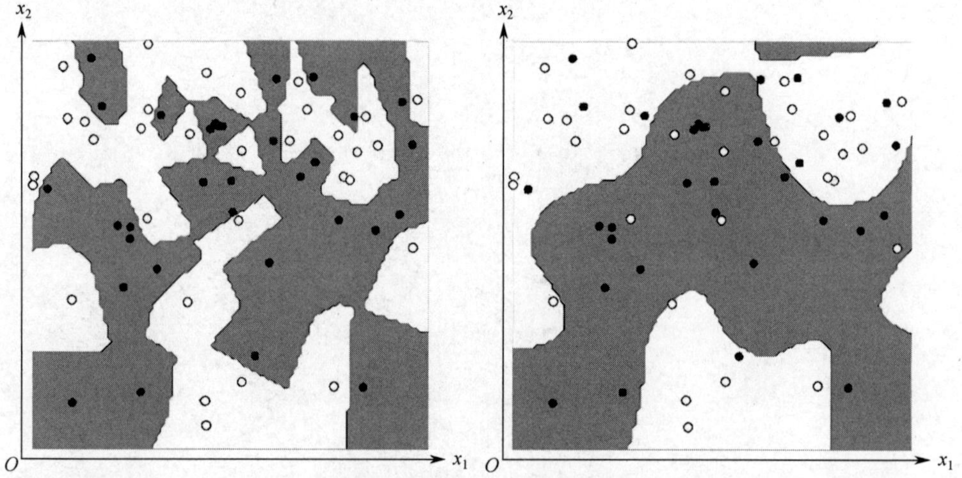

图 3.3 一个二维 Parzen 窗法的两类分类器的判别边界

3.5.3 k_N 近邻估计方法

在 Parzen 窗法中，我们固定了窗口的大小，即把体积 V_N 作为 N 的函数，如 $V_N = V_1/\sqrt{N}$，导致 V_1 的选择对估计结果的影响很大。在 k_N 近邻估计方法中，我们采用可变大小的区域的密度估计方法，即选择 k_N 是 N 的函数，如 $k_N = k_1\sqrt{N}$。我们集中关注围绕 $\boldsymbol{x}$ 点的小区域，并且逐渐扩大这个区域，使之包含 $\boldsymbol{x}$ 的 k_N 个近邻样本。这些近邻称为 $\boldsymbol{x}$ 的 k_N 个**近邻元**。如果 $p(\boldsymbol{x})$ 在 $\boldsymbol{x}$ 处较高，那么包含 k_N 个近邻元的区域最小。区域小说明有较高的分辨率。如果 $p(\boldsymbol{x})$ 在 $\boldsymbol{x}$ 处较低，那么包含 k_N 个近邻元的区域将扩展得很大，但当区域延伸到高密度区时，扩展过程很快就会终止。

在所有情况下，概率密度 $p(\boldsymbol{x})$ 的估计为

$$\hat{p}(\boldsymbol{x}) = \frac{k_N / N}{V_N} \tag{3.74}$$

如果满足

$$\begin{aligned} &① \ \lim_{N\to\infty} k_N = \infty \\ &② \ \lim_{N\to\infty} (k_N / N) = 0 \end{aligned} \tag{3.75}$$

那么 $\hat{p}(\boldsymbol{x})$ 收敛于真实密度分布 $p(\boldsymbol{x})$。式（3.75）是 $\hat{p}(\boldsymbol{x})$ 收敛的充要条件。条件②保证随着训练样本数 N 的增加而能捕获到 k_N 个近邻样本的体积 V_N 不致缩小为零；条件①则保证能较好地利用式（3.74）来估计各点的概率密度。

k_N 应被选为 N 的某个函数。当选择 $k_N = k_1\sqrt{N}$ 时，k_1 可选为大于零的某个整数。当训练样本数 N 有限时，如 Parzen 窗法中的 h 一样，k_1 的选择也会影响估计密度的结果。然而，根据上述条件，在训练过程中避免了空区域 R_N 的出现，消除了由此导致的不稳定性；同时，对于一定的密度分布，区域 R_N 的体积 V_N 适应 k_N 的变化，而不取决于 N，也就避免了 V_N 过大的情况，使估计不会过于平坦而严重失真。因此，与 Parzen 窗法相比，k_N 近邻法是一种较好的非参数估计方法，在实际应用中可以考虑优先采用。

图 3.4 给出了不同样本数和不同参数下 k_N 近邻估计的效果。在试验中，取 $k_N = k_1\sqrt{N}$，$k_1 = 1$。由图可以看出，当 $N = 256$ 和 $k_N = 16$ 时，估计曲线虽然接近真实分布，但是仍然存在波动，即仍然有较大的误差；仅当 $N = \infty$ 时才得到精确的估计，这一点与 Parzen 窗法是相同的。

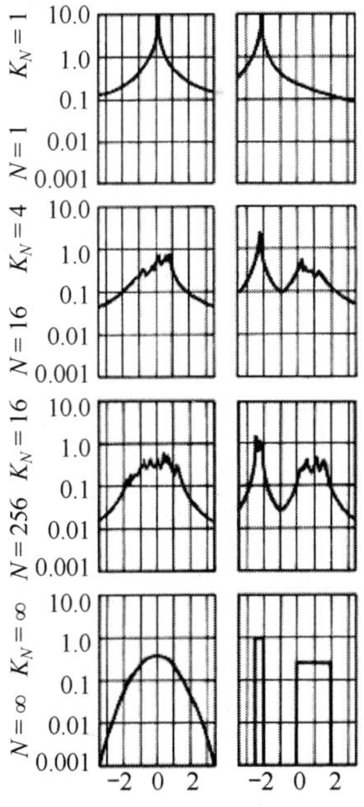

图 3.4　不同样本数和不同参数下 k_N 近邻估计的效果

因此，k_N 近邻法与 Parzen 窗法一样，在实际应用中需要很多训练样本，使得计算量和存储量都很大，在高维情况下更是这样。经验表明，要得到满意的效果，一维情况下需要数百个训练样本，二维情况下则需要数千个训练样本。可见，要求的训练样本数随着维数的增长而急剧增多，进而使得算法的消耗急剧增长。

3.6 小结

本章首先介绍了概率密度函数的估计方法，包括参数估计法和非参数估计法，然后着重指出了无论使用哪种估计方法，最终都要得到总体类概率密度函数的估计 $p(\boldsymbol{x}|\omega_j,\boldsymbol{X}_j)$，$j=1,2,\cdots,c$。训练样本子集 $\boldsymbol{X}_i$ 与 $\boldsymbol{X}_j$ 无关，所以可在各个类中估计类概率密度，以便略去类标记而表达为 $p(\boldsymbol{x}|\boldsymbol{X})$。在非参数估计中，使用符号 $\hat{p}_n(\boldsymbol{x})$，其中 n 是样本集中的样本数。

习题

1. 设总体分布密度为 $N(u,1),-\infty<u<\infty$，且 $\boldsymbol{x}=\{x_1,x_2,\cdots,x_N\}$，分别用最大似然估计和贝叶斯估计计算 $\hat{u}$。已知 u 的先验分布 $p(u)\sim N(0,1)$。

2. 设 $\boldsymbol{x}=\{x_1,x_2,\cdots,x_N\}$ 是来自点二项分布的样本集，即 $f(x,P)=P^xQ^{(1-x)}$，$x=0.1$，$0\leqslant P\leqslant 1$，$Q=1-P$。求参数 P 的最大似然估计。

3. 假设损失函数为二次函数 $\lambda(\hat{P},P)=(\hat{P}-P)^2$，$P$ 的先验密度为均匀分布 $f(P)=1$，$0\leqslant P\leqslant 1$。在这样的条件下，求习题 2 的贝叶斯估计 $\hat{P}$。

4. 编程实现混合正态分布的 EM 估计算法。

5. 给出 Parzen 窗法估计的程序框图，并编写程序。

6. 举例说明 k_N 近邻法估计的密度函数不是严格的概率密度函数，其在整个空间上的积分不等于 1。

7. 对于 C 个类的分类问题，使用 k_N 近邻法估计每个类 $c(1\leqslant c\leqslant C)$ 的密度函数 $p(\boldsymbol{x}|c)$，并用贝叶斯公式计算每个类的后验概率 $p(c|\boldsymbol{x})$。

8. 证明当二分类任务中的两个类的数据满足高斯分布且方差相同时，线性判别分析产生贝叶斯最优分类器。

第 4 章　线性分类与回归模型

4.1　引言

模式是取自客观世界中的一次抽样试验样本的被测量值的综合。如果试验对象和测量条件相同，那么所有测量值就都具有重复性，即在多次测量中它们的结果不变，这样的模式称为**确定性模式**。否则，测量值是随机的，这样的模式称为**随机性模式**，简称**随机模式**。下面介绍确定性模式的分类方法。

前几章中讨论的分类器设计方法在已知类条件概率密度 $P(\boldsymbol{x}|\omega_i)$ 和先验概率 $P(\omega_i)$ 的条件下，使用贝叶斯定理求出后验概率 $P(\omega_i|\boldsymbol{x})$，并根据后验概率的大小进行分类决策。

在解决实际问题时，类条件概率密度 $P(\boldsymbol{x}|\omega_i)$ 很难求出，用非参数估计方法又需要大量的样本。实际上，我们可以不求 $P(\boldsymbol{x}|\omega_i)$，而用样本集直接设计分类器，即首先给定某个判别函数类，然后利用样本集确定判别函数中的未知参数。针对不同的要求，由这种方法设计的分类器应该尽可能地满足这些要求，“尽可能好”的结果则对应于判别规则函数取最优值。

前面介绍的贝叶斯分类器是使错误率或风险达到最小的分类器，常称这种分类器为**最优分类器**。相对而言，在其他规则函数下得到的分类器就是“次优”的。采用线性判别函数产生的错误率或风险虽然要比贝叶斯分类器的大，但是线性判别简单、易实现，且需要的计算量和存储量小，所以线性判别函数是统计模式识别的基本方法之一，也是实际中最常用的方法之一。

4.2　线性判别函数和决策面

在一个 d 维特征空间中，$\boldsymbol{x}=(x_1,x_2,\cdots,x_d)^{\mathrm{T}}$，线性判别函数的一般表达式为

$$g(\boldsymbol{x})=w_1x_1+w_2x_2+\cdots+w_dx_d+w_{d+1} \tag{4.1}$$

式中，$w_1,w_2,\cdots,w_{d+1}$ 称为**加权因子或系数**。令 $\boldsymbol{w}=(w_1,w_2,\cdots,w_d)^{\mathrm{T}}$（称为**加权向量**），有

$$g(\boldsymbol{x})=\boldsymbol{w}^{\mathrm{T}}\boldsymbol{x}+w_{d+1} \tag{4.2}$$

令 $\boldsymbol{x}=(x_1,x_2,\cdots,x_d,1)^{\mathrm{T}}$（称为**增广模式**），$\boldsymbol{w}=(w_1,w_2,\cdots,w_d,w_{d+1})^{\mathrm{T}}$（称为**增广加权向量**），则有

$$g(\boldsymbol{x})=\boldsymbol{w}^{\mathrm{T}}\boldsymbol{x} \tag{4.3}$$

4.2.1 两类情况

在两类情况下，只使用一个判别函数：

$$g(\boldsymbol{x}) = g_1(\boldsymbol{x}) - g_2(\boldsymbol{x}) \tag{4.4}$$

判别规则如下：

$$\begin{cases} 若g(\boldsymbol{x}) > 0\text{，则 } \boldsymbol{x} \in \omega_1 \\ 若g(\boldsymbol{x}) < 0\text{，则 } \boldsymbol{x} \in \omega_2 \\ 若g(\boldsymbol{x}) = 0\text{，则 } \boldsymbol{x}任意分到某个类别，或者拒绝分类 \end{cases} \tag{4.5}$$

方程 $g(\boldsymbol{x}) = 0$ 定义一个决策面，它将分类给 ω_1 的点与分类给 ω_2 的点区分开来。二维样本的两类分布如图 4.1 所示。

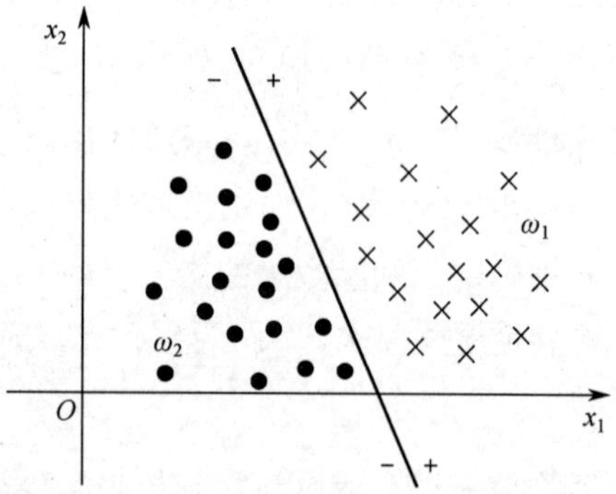

图 4.1　二维样本的两类分布

一般来说，$g(\boldsymbol{x}) = 0$ 称为**决策面方程**。在三维空间中，它是区分界面；在二维空间中，它退化成区分界线；在一维空间中，它退化成区分点。

由判别函数 $g(\boldsymbol{x})$ 的数学表达式可以看出，既有线性判别函数，又有非线性判别函数。然而，非线性判别函数一般都可变换为线性判别函数（又称**广义线性判别函数**）。下面主要介绍线性判别函数。

4.2.2 多类问题中的线性判别函数

假设有 c 个类 $\omega_1, \omega_2, \cdots, \omega_c$，其中 $c \geqslant 3$。将所有类分开的技术有三种，分别适用于三种不同的情况。

1．第一种情况

通过唯一一个线性判别函数，将属于 i 类的模式与其余不属于 i 类的模式分开。对于 c 类问题，需要 c 个判别函数，即

$$g_i(\boldsymbol{x}) = \boldsymbol{w}_i^{\mathrm{T}} \boldsymbol{x}\text{，} \quad i = 1, 2, \cdots, c \tag{4.6}$$

其中的每个判别函数都具有如下作用：

$$\begin{cases} g_i(\boldsymbol{x}) > 0 \text{ ，} \boldsymbol{x} \in \omega_i \\ g_i(\boldsymbol{x}) \leqslant 0 \text{ ，} \boldsymbol{x} \notin \omega_i \text{且} i = 1,2,\cdots,c \end{cases} \tag{4.7}$$

通过这类判别函数，将 c 类问题转为 c 个属于 ω_i 和不属于 ω_i 的问题。若将不属于 ω_i 记为 $\bar{\omega}_i$，上述问题就成了 c 个 ω_i 和 $\bar{\omega}_i$ 的两类问题，又称 $\omega_i / \bar{\omega}_i$ **二分法**，$i = 1,2,\cdots,c$ 。

由上述分析可知，决策面 $\boldsymbol{w}_i^{\mathrm{T}} \boldsymbol{x} = 0$ 将空间分成两个区域，一个属于 $\bar{\omega}_i$，另一个属于 ω_i 。再考察另一个决策的判别函数 $g_j(\boldsymbol{x}) = \boldsymbol{w}_j^{\mathrm{T}} \boldsymbol{x}$ ，$j \neq i$ 。决策面 $\boldsymbol{w}_j^{\mathrm{T}} \boldsymbol{x} = 0$ 同样将特征空间分成两个区域，一个属于 ω_j ，另一个属于 $\bar{\omega}_j$ 。这两个决策面分别确定的类 ω_i 和 ω_j 的区域可能出现重叠，重叠区域是属于 ω_j 还是属于 ω_i 呢？这类判别函数无法做出判别。同样，$\bar{\omega}_i$ 和 $\bar{\omega}_j$ 也可能出现重叠，如果由 c 个决策面确定的 c 个属于 $\bar{\omega}_i$ （$i = 1,2,\cdots,c$ ）的区域有一个共同的重叠区域，那么当试验样本落入该区域时，这类判别函数就不能对它做出判别。

因此，当使用这类判别函数时，特征空间会出现同属于两个类以上的区域和不属于任何类的区域，当样本落入这些区域时，就无法做出最终的判别，这样的区域就是不确定区域，用 IR 标记。一般来说，类越多，不确定区域 IR 越多。图 4.2 在二维空间中给出了 3 个类的决策面 $g_i(\boldsymbol{x}) = 0$ ，$i = 1,2,3$ ，出现了 4 个不确定区域。

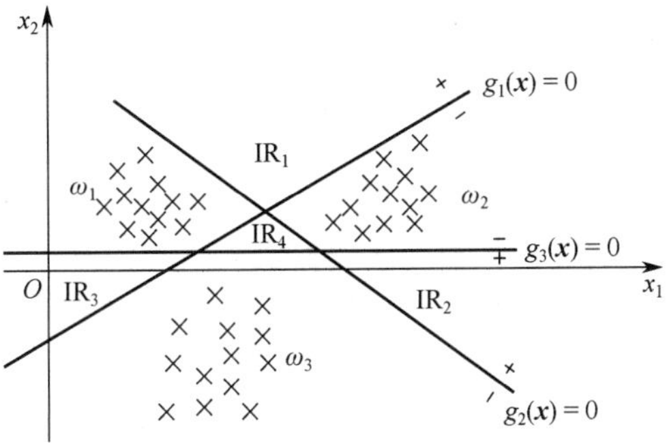

图 4.2　多类情况 1

因为存在不确定区域，仅有 $g_i(\boldsymbol{x}) > 0$ 是不能做出最终判别 $\boldsymbol{x} \in \omega_i$ 的，还要检查其他判别函数 $g_j(\boldsymbol{x})$ 的值。若 $g_j(\boldsymbol{x}) \leqslant 0$ ，$j = 1,2,\cdots,c$ ，则 $j \neq i$ 才能确定 $\boldsymbol{x} \in \omega_i$ 。

判别规则为

$$\text{若} \begin{cases} g_i(\boldsymbol{x}) > 0 \\ g_j(\boldsymbol{x}) \leqslant 0, \ j = 1,2,\cdots,c \ , j \neq i \end{cases} \text{，则} \boldsymbol{x} \in \omega_i \tag{4.8}$$

【例 4.1】对于一个三类问题建立三个判别函数：

$$g_1(\boldsymbol{x}) = -10x_1 + 19x_2 + 19$$

$$g_2(\boldsymbol{x}) = x_1 + x_2 - 5$$

$$g_3(\boldsymbol{x}) = -2x_2 + 1$$

假设有一个模式样本 $\boldsymbol{x} = (6,2)^{\mathrm{T}}$，试判断该样本的类。

解：将样本 $\boldsymbol{x}$ 代入判别函数有

$$g_1(\boldsymbol{x}) = -60 + 38 + 19 = -3 < 0, \quad g_2(\boldsymbol{x}) = 3 > 0, \quad g_3(\boldsymbol{x}) = -1 < 0$$

根据判别规则 $g_2(\boldsymbol{x}) > 0, g_1(\boldsymbol{x}) < 0, g_3(\boldsymbol{x}) < 0$，判别 $\boldsymbol{x} \in \omega_2$。

2. 第二种情况

对 c 个类中的任意两个类 ω_i 和 ω_j 建立一个判别函数 $g_{ij}(\boldsymbol{x})$，决策面方程 $g_{ij}(\boldsymbol{x}) = 0$ 可将这两个类分开，但对其他类则不提供任何信息。因为在 c 个类中，任取两个类的组合数为 $c(c-1)/2$ ［$g_{ij}(\boldsymbol{x}) = -g_{ji}(\boldsymbol{x})$，排列数不为 $c(c-1)$］，所以总共要建立 $c(c-1)/2$ 个判别函数，即

$$g_{ij}(\boldsymbol{x}) = \boldsymbol{w}_{ij}^{\mathrm{T}} \boldsymbol{x}, \quad i, j = 1, 2, \cdots, c \tag{4.9}$$

此时，判别函数具有性质 $g_{ij}(\boldsymbol{x}) = -g_{ji}(\boldsymbol{x})$。

每个判别函数都具有如下作用：

$$\begin{cases} g_{ij}(\boldsymbol{x}) > 0, & \boldsymbol{x} \in \omega_i \\ g_{ij}(\boldsymbol{x}) < 0, & \boldsymbol{x} \in \omega_j \end{cases} \tag{4.10}$$

由上式可知，这类判别函数也将 c 类问题变换为两类问题，但与第一种情况不同的是，两类问题的数量不是 c 个，而是 $c(c-1)/2$ 个，且每个两类问题不是 $\omega_i / \bar{\omega}_i$，而是 ω_i / ω_j。也就是说，此时变换成了 $c(c-1)/2$ 个 ω_i / ω_j 二分法问题。

只有一个决策面 $g_{ij}(\boldsymbol{x}) = 0$ 时，不能最后做出 $\boldsymbol{x} \in \omega_i$ 的决策，因为 $g_{ij}(\boldsymbol{x})$ 只涉及 ω_i 和 ω_j 的关系，而对 ω_i 和其他类 ω_k（$k = 1, 2, \cdots, c, k \neq i, k \neq j$）之间的关系不提供任何信息。要得到 $\boldsymbol{x} \in \omega_i$ 的结论，必须考察 $(c-1)$ 个判别函数。

判别规则为

$$\text{若} g_{ij}(\boldsymbol{x}) > 0, j = 1, 2, \cdots, c, j \neq i, \text{ 则} \boldsymbol{x} \in \omega_i \tag{4.11}$$

例如，对一个三类问题（$c = 3$）需要建立 3 个判别函数 $g_{12}(\boldsymbol{x}), g_{13}(\boldsymbol{x})$ 和 $g_{23}(\boldsymbol{x})$。为了确定 $\boldsymbol{x} \in \omega_1$，必须考察 $g_{12}(\boldsymbol{x})$ 和 $g_{13}(\boldsymbol{x})$，且要求 $g_{12}(\boldsymbol{x}) > 0, g_{13}(\boldsymbol{x}) > 0$。同样，对于 ω_2，必须要求 $g_{21}(\boldsymbol{x}) > 0, g_{23}(\boldsymbol{x}) > 0$。当 $\boldsymbol{x} \in \omega_3$ 时，要求 $g_{31}(\boldsymbol{x}) > 0$ 和 $g_{32}(\boldsymbol{x}) > 0$，如图 4.3 所示。

同时，还可以看出 ω_1 的区域与 $g_{23}(\boldsymbol{x})$ 无关，ω_2 的区域与 $g_{13}(\boldsymbol{x})$ 无关，ω_3 的区域与 $g_{12}(\boldsymbol{x})$ 无关。对于多类问题，可以类推。

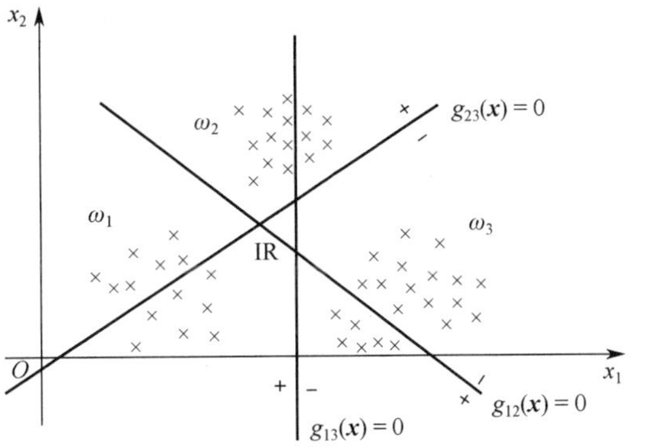

图 4.3　多类情况 2

当类数 $c>3$ 时，这类判别函数的数量多于第一类判别函数的数量，但仍然存在不确定区域，不确定区域的数量减至 1 个。不确定区域数量减少是对判别函数增加的补偿。

【例 4.2】一个三类问题有如下判别函数：

$$g_{12}(\boldsymbol{x})=-x_1-x_2+8.2$$

$$g_{13}(\boldsymbol{x})=-x_1+5.5$$

$$g_{23}(\boldsymbol{x})=-x_1+x_2+0.2$$

现有模式样本 $\boldsymbol{x}=(8,3)^{\mathrm{T}}$，判别该样本的类。

解：将样本代入判别函数有

$$g_{12}(\boldsymbol{x})=-8-3+8.2=-2.8\text{，}\quad g_{13}(\boldsymbol{x})=-2.5\text{，}\quad g_{23}(\boldsymbol{x})=-4.8$$

因为 $g_{31}(\boldsymbol{x})=-g_{13}(\boldsymbol{x})=2.5>0$，$g_{32}(\boldsymbol{x})=-g_{23}(\boldsymbol{x})=4.8>0$，所以 $\boldsymbol{x}\in\omega_3$。

3．第三种情况

对 c 个类中的每个类均建立一个判别函数，即

$$g_i(\boldsymbol{x})=\boldsymbol{w}_i^{\mathrm{T}}\boldsymbol{x}\text{，}\ i=1,2,\cdots,c \tag{4.12}$$

为了区分其中的类 ω_i，需要 k 个判别函数，$k\leqslant c$。对不同的 ω_i，k 的取值不同。

判别规则为

$$\text{若}g_i(\boldsymbol{x})>g_j(\boldsymbol{x}), j=1,2,\cdots,k\text{且}j\neq i\text{，则}\boldsymbol{x}\in\omega_i \tag{4.13}$$

它也可写为

$$\text{若}g_i(\boldsymbol{x})=\max_{j=1,\cdots,k}\{g_j(\boldsymbol{x})\}\text{，则}\boldsymbol{x}\in\omega_i \tag{4.14}$$

即最大值判别规则。

1）关于 k 值的选取

观察图 4.4 所示的五类问题。

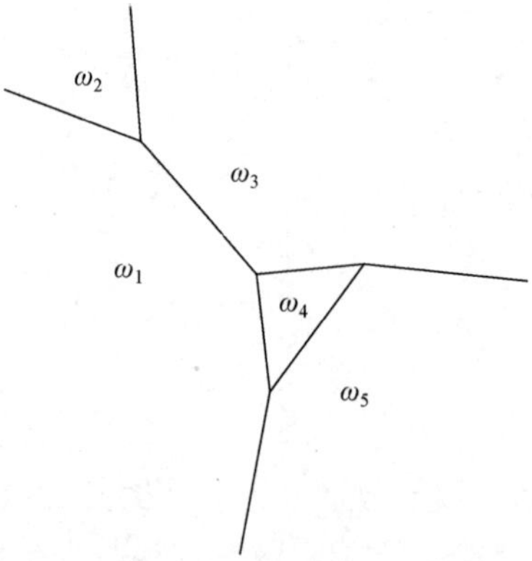

图 4.4 五类问题

图中有 5 个不同的类，决策面是分段线性的区分超平面。类 ω_1 与其余四个类均相邻，ω_2 与两个类（ω_1,ω_3）相邻，ω_5 与三个类（$\omega_1,\omega_3,\omega_4$）相邻。$k$ 的选取取决于所考察的类与多少个类相邻。例如，对于 ω_1，$k=4$；对于 ω_2，$k=2$；对于 ω_5，$k=3$。

2）假设所考察的 c 个类在特征空间中均相邻，即 $k=c$，则有

$$g_i(\boldsymbol{x})=\boldsymbol{w}_i^{\mathrm{T}}\boldsymbol{x},\quad i=1,2,\cdots,c,\quad k=c \tag{4.15}$$

$$\begin{aligned}g_{ij}(\boldsymbol{x})&=g_i(\boldsymbol{x})-g_j(\boldsymbol{x})\\&=\boldsymbol{w}_i^{\mathrm{T}}\boldsymbol{x}-\boldsymbol{w}_j^{\mathrm{T}}\boldsymbol{x}\\&=(\boldsymbol{w}_i^{\mathrm{T}}-\boldsymbol{w}_j^{\mathrm{T}})\boldsymbol{x}\\&=\boldsymbol{w}_{ij}^{\mathrm{T}}\boldsymbol{x},\quad j,i=1,2,\cdots,c,\quad i\neq j\end{aligned} \tag{4.16}$$

$$g_{ij}(\boldsymbol{x})=-g_{ji}(\boldsymbol{x}) \tag{4.17}$$

式（4.16）和式（4.17）与第二种情况的表达式 $g_{ij}(\boldsymbol{x})=\boldsymbol{w}_{ij}^{\mathrm{T}}\boldsymbol{x}$，$g_{ij}(\boldsymbol{x})=-g_{ji}(\boldsymbol{x})$ 完全一致。然而，式（4.16）来源于式（4.15），对 c 个类来说，独立方程数为 $c-1$ 个而非 $c(c-1)/2$ 个。第三种情况的判别式 $g_i(\boldsymbol{x})>g_j(\boldsymbol{x})$ 与第二种情况的判别式 $g_{ij}(\boldsymbol{x})>0$ 相同。因此，第三种情况这时也被变换成 ω_i/ω_j 二分法问题。

为了深入理解上述问题，假设 $c=3$ 且有 3 个判别函数，满足最大值判别规则，即

$$\begin{cases}g_1(\boldsymbol{x})=\boldsymbol{w}_1^{\mathrm{T}}\boldsymbol{x}\\g_2(\boldsymbol{x})=\boldsymbol{w}_2^{\mathrm{T}}\boldsymbol{x}\\g_3(\boldsymbol{x})=\boldsymbol{w}_3^{\mathrm{T}}\boldsymbol{x}\end{cases}$$

三个类区域均相邻。于是，我们有 $g_{12}(\boldsymbol{x}) = g_1(\boldsymbol{x}) - g_2(\boldsymbol{x}) = (\boldsymbol{w}_1^{\mathrm{T}} - \boldsymbol{w}_2^{\mathrm{T}})\boldsymbol{x} = \boldsymbol{w}_{12}^{\mathrm{T}}\boldsymbol{x}$。同理有 $g_{13}(\boldsymbol{x}) = \boldsymbol{w}_{13}^{\mathrm{T}}\boldsymbol{x}$，$g_{23}(\boldsymbol{x}) = \boldsymbol{w}_{23}^{\mathrm{T}}\boldsymbol{x}$。由 $g_{23}(\boldsymbol{x}) = g_{13}(\boldsymbol{x}) - g_{12}(\boldsymbol{x})$ 可知，$g_{23}(\boldsymbol{x})$ 是 $g_{13}(\boldsymbol{x})$ 和 $g_{12}(\boldsymbol{x})$ 的线性组合。换句话说，$g_{13}(\boldsymbol{x})$ 和 $g_{12}(\boldsymbol{x})$ 是独立的，$g_{23}(\boldsymbol{x})$ 不是独立的，且在二维空间中三个判别函数必须相交于一点，如图 4.5 所示。

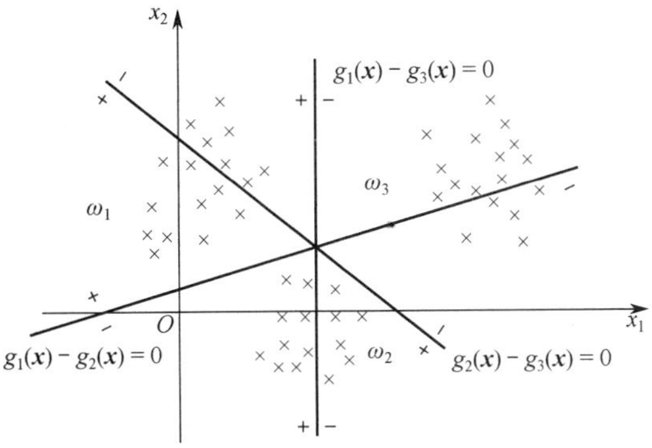

图 4.5　多类情况 3

从三个类的分布情况来看，它们满足第二种情况的判别规则，且没有不确定区域。

【例 4.3】一个三类问题按最大值规则建立了 3 个判别函数：

$$\begin{cases} g_1(\boldsymbol{x}) = -3x_1 - x_2 + 9 \\ g_2(\boldsymbol{x}) = -2x_1 - 4x_2 + 11 \\ g_3(\boldsymbol{x}) = -x_2 \end{cases}$$

假设有模式样本 $\boldsymbol{x} = (0, 2)^{\mathrm{T}}$，试判别该模式属于哪个类。

解：将 $\boldsymbol{x} = (0, 2)^{\mathrm{T}}$ 代入 3 个判别函数有

$$\begin{cases} g_1(\boldsymbol{x}) = 7 \\ g_2(\boldsymbol{x}) = 3 \\ g_3(\boldsymbol{x}) = -2 \end{cases}$$

按最大值规则有 $\boldsymbol{x} \in \omega_1$。由于 3 个类相邻，也可使用第三种情况下由 2）推出的方法。

总结：本节分三种情况对多类问题进行了讨论，每种情况都建立了相应的线性判别函数和有关判别规则。第一种情况将多类问题变换为 $\omega_i/\overline{\omega}_i$ 二分法问题；第二种情况将多类问题变换为 ω_i/ω_j 二分法问题；第三种情况使用最大值判别规则将相邻的多个类变换为 ω_i/ω_j 二分法问题。总之，多类问题的三种情况均可变换为两类问题。此外，$\omega_i/\overline{\omega}_i$ 在 i 类与其他类之间确定决策面，ω_i/ω_j 在 i 类与 j 类之间确定决策面，显然后者比较容易。

4.2.3　设计线性分类器的主要步骤

前面讨论了线性判别函数，并且假设样本是线性可分的。一般来说，当属于两个类的

抽样试验样本在特征空间中可被一个超平面区分时，这两个类就是线性可分的。进一步推论，对于一个已知容量为N的样本集，若有一个线性分类器可将每个样本正确地分类，则称这组样本集是**线性可分的**。

在实际问题中，怎样判别样本集的线性可分性呢？

如果容量为N的样本集中的每个模式是d维向量，那么首先将N个样本画到d维空间中，然后向低维空间投影就可观察其线性可分性。事后，可以根据分类情况评价样本的线性可分性。

上面介绍了确定性模式的分类方法，即确定性模式分类器在数学上可用线性判别函数$g(\boldsymbol{x})=\boldsymbol{w}^{\mathrm{T}}\boldsymbol{x}$来表示，其中$\boldsymbol{w}$为增广加权向量，$\boldsymbol{x}$为增广模式向量。

对于两类问题，判别函数为

$$\text{若 } \boldsymbol{w}^{\mathrm{T}}\boldsymbol{x}\begin{cases}>0\\<0\end{cases}，\text{则 } \boldsymbol{x}\in\begin{cases}\omega_i\\\omega_j\end{cases} \tag{4.18}$$

两类之间的决策面方程为$\boldsymbol{w}^{\mathrm{T}}\boldsymbol{x}=0$。在线性可分的情况下，它是一个区分超平面。

若将来自类ω_j的样本模式的各个分量乘以(−1)，则两类样本的模式均满足$\boldsymbol{w}^{\mathrm{T}}\boldsymbol{x}>0$。因此，只要加权向量$\boldsymbol{w}$是确定的，对于来自$\omega_i$或$\omega_j$的任何样本，就很容易确定它们的类。但是，怎样确定$\boldsymbol{w}$呢？这是下面几节要介绍的内容。

下面先介绍几个概念。

（1）样本集：特征向量集。

（2）训练样本集：用于训练分类器的样本集合（或由训练样本构成的集合）。

（3）测试样本集：用于检验分类器性能的样本集合。

一般来说，要确定加权向量$\boldsymbol{w}$，必须首先采集一些样本，然后将它们变换为特征空间中的模式向量。这样的模式样本就是训练样本。为此而做的试验就是训练试验。训练试验一般是在各个类中独立进行的。如果训练样本的类属性是预先已知的，那么这样的训练试验就是预分类的训练试验，又称**监督试验**。

训练样本集常用$\boldsymbol{X}=\{\boldsymbol{x}_1,\boldsymbol{x}_2,\cdots,\boldsymbol{x}_n\}$表示，由训练样本集$\boldsymbol{X}$确定的加权向量称为**解向量**$\boldsymbol{w}^*$。

假设通过独立试验在类ω_i中采集了三个训练样本$\boldsymbol{x}_1,\boldsymbol{x}_2,\boldsymbol{x}_3$，在类$\omega_j$中采集了两个训练样本$\boldsymbol{x}_4$和$\boldsymbol{x}_5$。将训练样本变为增广型模式向量，且$\boldsymbol{x}_4,\boldsymbol{x}_5$的各个分量乘以(−1)得

$$\boldsymbol{w}^{\mathrm{T}}\boldsymbol{x}_k>0，\quad k=1,2,3,4,5$$

对应的决策面方程为$\boldsymbol{w}^{\mathrm{T}}\boldsymbol{x}_k=0$。

当样本线性可分时，$\boldsymbol{w}^{\mathrm{T}}\boldsymbol{x}_k=0$确定5个区分超平面，它们都以$\boldsymbol{x}_k$为法线向量。每个区

分超平面都将权空间分为两个半空间，$\boldsymbol{x}_k$ 指向的一侧为正半空间，5 个正半空间共同确定的区域一般是顶点为权空间原点的凸五面锥体，锥体内的每个点都满足 $\boldsymbol{w}^{\mathrm{T}}\boldsymbol{x}_k > 0$，即均可作为解向量 $\boldsymbol{w}^*$，如图 4.6 所示。因此，$\boldsymbol{w}^*$并不唯一。

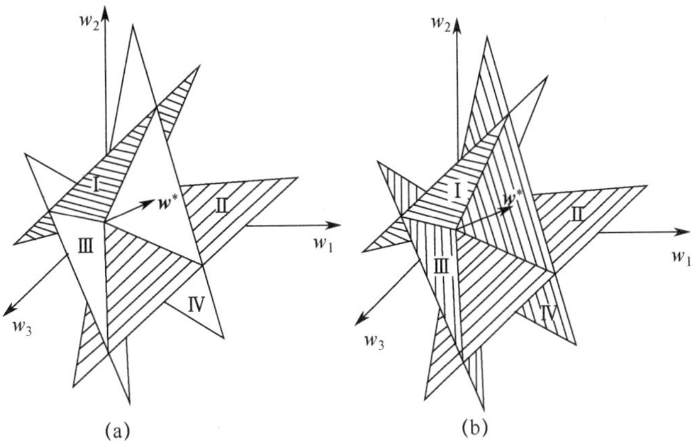

图 4.6　权空间：每个试验样本确定一个区分超平面，加权向量应在所有区分超平面共同限定的凸多面锥体内

解向量的特性如下。

（1）$\boldsymbol{w}^*$一般不唯一。落入权空间的凸多面锥体围成的区域内的每个点都可作为 $\boldsymbol{w}^*$。该区域称为**解区**。

（2）每个训练样本都对解区提供一个限制。样本越多，限制越严，$\boldsymbol{w}^*$越可靠，越靠近解区的中心。$\boldsymbol{w}^*$越可靠，意味着分类错误越小。

4.3　广义线性判别函数

前面介绍了线性判别函数的理论和分类方法，它们的优点是简单且可行。然而，实际应用中却常常遇到非线性判别函数，如果可将非线性函数变换为线性判别函数，那么线性判别函数的理论和分类方法的应用会更加广泛。实际上，非线性判别函数可以变换成线性函数，即变换成广义线性判别函数。

例如，有一个非线性判别函数 $g(x)$，如图 4.7 所示。

图中，a, b 是两个类的分界点。$g(x)$ 可由下式描述：

$$g(x) = (x-a)(x-b) = x^2 - (a+b)x + ab \tag{4.19}$$

判别规则为

$$若\ x < a\ 或\ x > b，\ g(x) > 0，\ 则\ x \in \omega_1$$

$$若\ a < x < b，\ g(x) < 0，\ 则\ x \in \omega_2$$

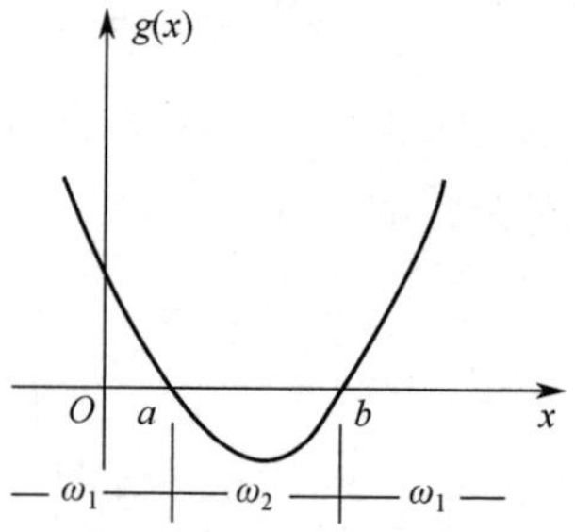

图 4.7 非线性判别函数

下面对 $g(x)$ 执行非线性变换。

令 $y_1 = x^2, y_2 = x$，则 $g(x)$ 作为判别函数可以写为

$$g(y) = w_1 y_1 + w_2 y_2 + w_3 \tag{4.20}$$

式中，$w_1 = 1, w_2 = -(a+b), w_3 = ab$。

因此，通过非线性变换，非线性判别函数 $g(x)$ 就变换为线性判别函数 $g(y)$。同时，特征空间也由一维 x 空间映射成二维 y 空间。也就是说，在执行非线性变换的过程中，特征空间维数的增长往往不可避免。

在 y 的特征空间中，区分直线为 $y_1 - (a+b)y_2 + ab = 0$，如图 4.8 所示。

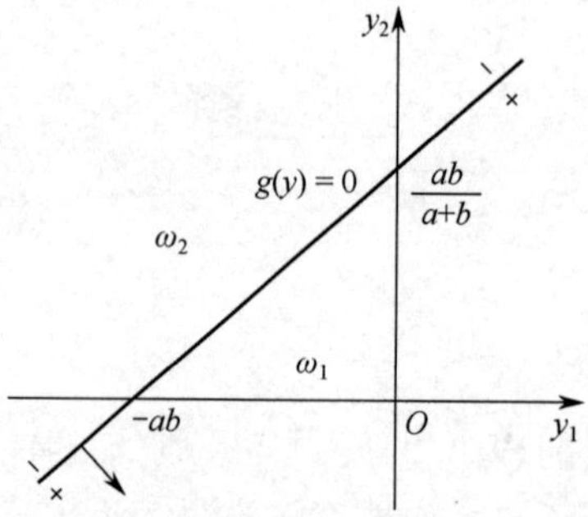

图 4.8 空间线性划分图

区分直线将 y 空间线性地划分为两个类区域 ω_1 和 ω_2，判别规则为

若 $g(y) > 0$，则 $y \in \omega_1$，也就是 $x \in \omega_1$

若 $g(y) < 0$，则 $y \in \omega_2$，也就是 $x \in \omega_2$

对样本 x 的测量值执行如下操作：

① 先进行非线性变换：$y_1 = x^2, y_2 = x$。

② 计算 $g(x)$ 的值：$g(x) = y_1 - (a+b)y_2 + ab$。

③ 判别类。

下面讨论非线性判别函数的一般形式。

将非线性判别函数写成一般形式，即

$$g(\boldsymbol{x}) = w_1 f_1(\boldsymbol{x}) + w_2 f_2(\boldsymbol{x}) + \cdots + w_d f_d(\boldsymbol{x}) + w_{d+1} \tag{4.21}$$

式中，$f_i(\boldsymbol{x}), i = 1,2,\cdots,d$ 是 $\boldsymbol{x}$ 的单值实函数，且存在非线性关系，$\boldsymbol{x}$ 是 k 维的。一般情况下，$k < d$ 通过非线性变换 $y_i = f_i(\boldsymbol{x}), i = 1,2,\cdots,d$ 将非线性判别函数 $g(\boldsymbol{x})$ 变换为

$$g(\boldsymbol{x}) \Leftrightarrow g(\boldsymbol{y}) = w_1 y_1 + w_2 y_2 + \cdots + w_d y_d + w_{d+1} \tag{4.22}$$

式中，$g(\boldsymbol{y})$ 为线性判别函数。特征空间是 d 维的，决策面是区分超平面。原判别函数 $g(\boldsymbol{x})$ 是 k 维的，决策面是超曲面。

当 $y_i = f_i(\boldsymbol{x}) = x_i$ 时，$g(\boldsymbol{x})$ 与 $g(\boldsymbol{y})$ 相同，可以认为线性判别是广义线性判别的特例。

在非线性判别函数中，一种常见的情况是 $f_i(\boldsymbol{x})$ 取 $\boldsymbol{x}$ 的平方函数，且 $\boldsymbol{x}$ 是二维的，如下面的二次多项式：

$$g(\boldsymbol{x}) = w_{11} x_1^2 + w_{12} x_1 x_2 + w_{22} x_2^2 + w_1 x_1 + w_2 x_2 + w_3 \tag{4.23}$$

令 $y_1 = x_1^2$，$y_2 = x_1 x_2$，$y_3 = x_2^2$，$y_4 = x_1$，$y_5 = x_2$，则

$$g(\boldsymbol{x}) \Leftrightarrow g(\boldsymbol{y}) = w_{11} y_1 + w_{12} y_2 + w_{22} y_3 + w_1 y_4 + w_2 y_5 + w_3 \tag{4.24}$$

即二维二次多项式判别函数变成了五维线性判别函数。

假设 $g(\boldsymbol{x})$ 是二次多项式，但 $\boldsymbol{x}$ 是 k 维的，则有

$$g(\boldsymbol{x}) = \sum_{i=1}^{k} w_{ii} x_i^2 + \sum_{i=1}^{k-1} \sum_{j=i+1}^{k} w_{ij} x_i x_j + \sum_{i=1}^{k} w_i x_i + w_{k+1} \tag{4.25}$$

二次项 x_i^2 的数量为 k，二次项组合 $x_i x_j$ 的数量为 $\frac{k(k-1)}{2}$，一次项 x_i 的数量为 k。$g(\boldsymbol{x})$ 中的总项数为

$$L = k + \frac{k(k-1)}{2} + k + 1 = \frac{1}{2}(k+1)(k+2) \tag{4.26}$$

令

$$y_i = \begin{cases} x_i^2, & i = 1,2,\cdots,k \\ x_{l_1-k} x_{l_2-k}, & \begin{cases} i = k+1,\cdots,k(k+1)/2 \\ l_1 = 1,2,\cdots,k-1 \\ l_2 = l_1+1,\cdots,k \end{cases} \\ x_{i-k-\frac{1}{2}k(k-1)}, & i = L-k, L-k+1,\cdots,L-1 \end{cases} \tag{4.27}$$

则有

$$g(\boldsymbol{x}) \Leftrightarrow g(\boldsymbol{y}) = \sum_{i=1}^{k} w_{ii} y_i + \sum_{i=1}^{k-1} \sum_{j=i+1}^{k} w_{ij} y_{f(i,j)} + \sum_{i=1}^{k} w_i y_{d(i)} + w_{k+1} \tag{4.28}$$

式中，下标 $f(i,j)$ 和 $d(i)$ 分别为

$$f(i,j) = i(k-1) - \sum_{l=0}^{i-1} l + j \tag{4.29}$$

$$d(i) = L - (k+1) + i \tag{4.30}$$

非线性判别函数 $g(\boldsymbol{x})$ 变换为线性判别函数 $g(\boldsymbol{y})$ 后，特征空间由 $\boldsymbol{x}$ 的 k 维映射为 $\boldsymbol{y}$ 的 d 维，且 $d = L - 1 = \frac{1}{2}k(k+3)$。

此外，还可推导 r 次多项式非线性判别函数的表达式。

非线性判别函数变换为线性判别后，参数 $\boldsymbol{w}$ 可用感知器、H-K、Fisher 等算法来计算。

4.4 最小均方误差判别

对于 ω_i/ω_j 两类问题，利用增广加权向量和增广模式向量，将所有来自 ω_j 的训练样本的各个分量乘以(−1)，所有模式就都满足 $\boldsymbol{w}^{\mathrm{T}}\boldsymbol{x} = b$。

现在任意给定一个小正数 b，则可在解区中寻找一个解向量 $\boldsymbol{w}$，使其满足 $\boldsymbol{w}^{\mathrm{T}}\boldsymbol{x} = b$。

4.4.1 最小均方和准则

假设有 n 个训练样本，则 $\boldsymbol{w}^{\mathrm{T}}\boldsymbol{x} = b$ 可以写成 n 个联立方程组的形式：

$$\begin{cases} \boldsymbol{w}^{\mathrm{T}}\boldsymbol{x}_1 = b_1 \\ \boldsymbol{w}^{\mathrm{T}}\boldsymbol{x}_2 = b_2 \\ \vdots \\ \boldsymbol{w}^{\mathrm{T}}\boldsymbol{x}_n = b_n \end{cases}$$

式中，$b_i > 0,\ i = 1,2,\cdots,n$。上述方程组可以简写为

$$\boldsymbol{x}\boldsymbol{w} = \boldsymbol{b} \tag{4.31}$$

式中，$\boldsymbol{x}$ 为训练样本的增广矩阵：

$$\boldsymbol{x} = \begin{pmatrix} \boldsymbol{x}_1^{\mathrm{T}} \\ \boldsymbol{x}_2^{\mathrm{T}} \\ \boldsymbol{x}_3^{\mathrm{T}} \\ \vdots \\ \boldsymbol{x}_n^{\mathrm{T}} \end{pmatrix} = \begin{pmatrix} x_{11} & x_{12} & \cdots & x_{1d} & 1 \\ x_{n_1 1} & x_{n_1 2} & \cdots & x_{n_1 d} & 1 \\ x_{(n_1+1)1} & x_{(n_1+1)2} & \cdots & x_{(n_1+1)d} & -1 \\ \vdots & \vdots & \ddots & \vdots & \vdots \\ x_{n_2 1} & x_{n_2 2} & \cdots & x_{n_2 d} & -1 \end{pmatrix} \begin{matrix} \left.\right\} n_1 \in \omega_i \\ \left.\right\} n_2 \in \omega_j \end{matrix} \tag{4.32}$$

$$\boldsymbol{b}=[b_1,b_2,\cdots,b_n]^{\mathrm{T}} \tag{4.33}$$

假设来自 ω_i 和 ω_j 的样本数分别为 n_1 和 n_2，且 $n=n_1+n_2$，$\boldsymbol{x}$ 为 $n\times(d+1)$ 维矩阵，则一般有 $n>d+1$。$\boldsymbol{b}$ 为 n 维列向量，$\boldsymbol{w}$ 为 $d+1$ 维列向量。

若样本是线性可分的，则 x 的任意 $(d+1)\times(d+1)$ 维子阵的秩都等于 $d+1$。这时，可以通过最小二乘法求解。

定义误差向量为

$$\boldsymbol{e}=\boldsymbol{xw}-\boldsymbol{b} \tag{4.34}$$

并且定义均方误差准则函数为

$$J_{\mathrm{s}}(\boldsymbol{w},\boldsymbol{x},\boldsymbol{b})=\|\boldsymbol{e}\|^2=\|\boldsymbol{xw}-\boldsymbol{b}\|^2=\sum_{i=1}^{n}(\boldsymbol{w}^{\mathrm{T}}\boldsymbol{x}_i-b_i)^2 \tag{4.35}$$

要使 J_{s} 得到的解 $\boldsymbol{w}^*=(\boldsymbol{x}^{\mathrm{T}}\boldsymbol{x})^{-1}\boldsymbol{x}^{\mathrm{T}}\boldsymbol{b}$ 就是解向量 $\boldsymbol{w}^*$，必须保证

$$\boldsymbol{w}^{\mathrm{T}}\boldsymbol{x}_i-b_i\geqslant 0 \qquad i=1,2,\cdots,n \tag{4.36}$$

下面求 J_{s} 的极小值。对 J_{s} 关于 $\boldsymbol{w}$ 求导有

$$\frac{\partial J_{\mathrm{s}}}{\partial \boldsymbol{w}}=2\boldsymbol{x}^{\mathrm{T}}(\boldsymbol{xw}^*-\boldsymbol{b}) \tag{4.37}$$

令 $\dfrac{\partial J_{\mathrm{s}}}{\partial \boldsymbol{w}}=0$ 得

$$\begin{aligned}&2\boldsymbol{x}^{\mathrm{T}}(\boldsymbol{xw}^*-\boldsymbol{b})=0\\&\boldsymbol{x}^{\mathrm{T}}\boldsymbol{xw}^*-\boldsymbol{x}^{\mathrm{T}}\boldsymbol{b}=0\end{aligned} \tag{4.38}$$

所以有

$$\boldsymbol{w}^*=(\boldsymbol{x}^{\mathrm{T}}\boldsymbol{x})^{-1}\boldsymbol{x}^{\mathrm{T}}\boldsymbol{b} \tag{4.39}$$

将 $\boldsymbol{x}^{\#}=(\boldsymbol{x}^{\mathrm{T}}\boldsymbol{x})^{-1}\boldsymbol{x}^{\mathrm{T}}$ 代入上式得

$$\boldsymbol{w}^*=\boldsymbol{x}^{\#}\boldsymbol{b} \tag{4.40}$$

式中，$\boldsymbol{x}^{\#}$ 称为 $\boldsymbol{x}$ 的**伪逆**，$\boldsymbol{w}^*$ 是伪逆解。注意，此时 $\boldsymbol{w}^*$ 还不是最小均方误差准则函数下的伪逆解，因为 $\boldsymbol{w}^*$ 还依赖于 $\boldsymbol{b}$，还要进一步确定 $\boldsymbol{b}$。

根据均方误差准则函数的定义 $J_{\mathrm{s}}=(\boldsymbol{w},\boldsymbol{x},\boldsymbol{b})$，要使 J_{s} 最小，可用梯度下降法建立 $\boldsymbol{b}$ 的迭代公式：

$$\boldsymbol{b}(k+1)=\boldsymbol{b}(k)-c\left(\frac{\partial J_{\mathrm{s}}}{\partial \boldsymbol{b}}\right)_{\boldsymbol{b}=\boldsymbol{b}(k)} \tag{4.41}$$

这里使用固定增量法，c 为大于 0 的常数。

对 J_s 关于 $\boldsymbol{b}$ 求导有

$$\frac{\partial J_s}{\partial \boldsymbol{b}} = -2(\boldsymbol{xw} - \boldsymbol{b}) \tag{4.42}$$

令 $\frac{\partial J_s}{\partial \boldsymbol{b}} = 0$，有

$$\boldsymbol{xw} - \boldsymbol{b} = 0 \tag{4.43}$$

对 $\boldsymbol{b}$ 的前后两次迭代来说，$\boldsymbol{b}(k+1) = \boldsymbol{b}(k) + \delta \cdot \boldsymbol{b}(k)$，$\boldsymbol{b}$ 又为正值，考虑到 $\boldsymbol{xw} - \boldsymbol{b} = 0$，$\boldsymbol{b}$ 的增量 $\delta \cdot \boldsymbol{b}(k)$ 应该是

$$\delta \boldsymbol{b}(k) = \begin{cases} 0, & \boldsymbol{xw}(k) - \boldsymbol{b} \leqslant 0 \\ 2c[\boldsymbol{xw}(k) - \boldsymbol{b}(k)], & \boldsymbol{xw}(k) - \boldsymbol{b} > 0 \end{cases} \tag{4.44}$$

上式也可改写为

$$\delta \boldsymbol{b}(k) = c\left[\boldsymbol{xw}(k) - \boldsymbol{b}(k) + \left|\boldsymbol{xw}(k) - \boldsymbol{b}(k)\right|\right] \tag{4.45}$$

引入误差向量

$$\boldsymbol{e}_k = \boldsymbol{xw}(k) - \boldsymbol{b}(k) \tag{4.46}$$

有

$$\delta \boldsymbol{b}(k) = c\left(\boldsymbol{e}_k + \left|\boldsymbol{e}_k\right|\right) \tag{4.47}$$

将 $\boldsymbol{b}(k+1) = \boldsymbol{b}(k) + \delta \cdot \boldsymbol{b}(k)$ 代入 $\boldsymbol{w}^* = \boldsymbol{x}^{\#}\boldsymbol{b}$，有

$$\boldsymbol{w}^*(k+1) = \boldsymbol{x}^{\#}\boldsymbol{b}(k) + \boldsymbol{x}^{\#}\delta\boldsymbol{b}(k) = \boldsymbol{w}^*(k) + \boldsymbol{x}^{\#}\delta\boldsymbol{b}(k) \tag{4.48}$$

至此，我们就建立了**最小均方误差**（Least Mean Square Error，LMSE）算法，该算法也称 **H-K 算法**，主要内容为

$$\begin{cases} \boldsymbol{w}^*(k+1) = \boldsymbol{w}^*(k) + c\boldsymbol{x}^{\#}\left(\boldsymbol{e}_k + \left|\boldsymbol{e}_k\right|\right) \\ \boldsymbol{w}^*(1) = \boldsymbol{x}^{\#}\boldsymbol{b}(1) \\ \boldsymbol{b}(1) > 0 \end{cases} \tag{4.49}$$

下面探讨 H-K 算法的迭代公式。

4.4.2 H-K 算法

H-K 算法的步骤如下。

① 由训练样本集构成增广矩阵 $\boldsymbol{x}$，求伪逆 $\boldsymbol{x}^{\#} = (\boldsymbol{x}^{\mathrm{T}}\boldsymbol{x})^{-1}\boldsymbol{x}^{\mathrm{T}}$。

② 赋初值 $\boldsymbol{b}(1)$，使其各分量为正值。选择常数 c，置 $k = 1$。

③ 计算 $\boldsymbol{w}(k)=\boldsymbol{x}^{\#}\boldsymbol{b}(k)$， $\boldsymbol{e}_k=\boldsymbol{x}\boldsymbol{w}(k)-\boldsymbol{b}(k)$。

④ 判断：若 $\boldsymbol{e}_k$ 的各分量停止变为正值或者不全部为 0，则线性不可分，终止迭代。否则，若 $\boldsymbol{e}_k$ 的各分量均接近 0，即 $\boldsymbol{e}_k\to 0$，则迭代过程完成，结束。否则，算法继续。

⑤ 计算 $\boldsymbol{w}(k+1)=\boldsymbol{w}(k)+c\boldsymbol{x}^{\#}\left(\boldsymbol{e}_k+|\boldsymbol{e}_k|\right)=\boldsymbol{w}(k)+c\boldsymbol{x}^{\#}|\boldsymbol{e}_k|$， $\boldsymbol{b}(k+1)=\boldsymbol{b}(k)+c\left(\boldsymbol{e}_k+|\boldsymbol{e}_k|\right)$。

注意推导：

$$
\begin{aligned}
\boldsymbol{x}^{\#}\boldsymbol{e}_k &= (\boldsymbol{x}^{\mathrm{T}}\boldsymbol{x})^{-1}\boldsymbol{x}^{\mathrm{T}}[\boldsymbol{x}\boldsymbol{w}(k)-\boldsymbol{b}(k)]\\
&= (\boldsymbol{x}^{\mathrm{T}}\boldsymbol{x})^{-1}\boldsymbol{x}^{\mathrm{T}}[\boldsymbol{x}\boldsymbol{x}^{\#}-1]\boldsymbol{b}(k)\\
&= (\boldsymbol{x}^{\mathrm{T}}\boldsymbol{x})^{-1}(\boldsymbol{x}^{\mathrm{T}}-\boldsymbol{x}^{\mathrm{T}})\boldsymbol{b}(k)\\
&= 0
\end{aligned}
$$

式中， $\boldsymbol{w}(k)=\boldsymbol{x}^{\#}\boldsymbol{b}(k)$， $\boldsymbol{x}^{\mathrm{T}}\boldsymbol{x}\boldsymbol{x}^{\#}=(\boldsymbol{x}^{\mathrm{T}}\boldsymbol{x})(\boldsymbol{x}^{\mathrm{T}}\boldsymbol{x})^{-1}\boldsymbol{x}^{\mathrm{T}}=\boldsymbol{x}^{\mathrm{T}}$。

⑥ 令 $k=k+1$，返回步骤③。

注意：在步骤⑤中，可以先计算 $\boldsymbol{b}(k+1)$，然后由 $\boldsymbol{w}(k+1)=\boldsymbol{x}^{\#}\boldsymbol{b}(k+1)$ 求 $\boldsymbol{w}(k+1)$。

可以证明，当模式类可分且 $0<c\leqslant 1$ 时，H-K 算法收敛。证明收敛性的关键是，在极限情况下， $\boldsymbol{e}_k=\boldsymbol{x}\boldsymbol{w}(k)-\boldsymbol{b}(k)=0$，而 H-K 算法中指出 $\boldsymbol{b}(k)$ 的各分量是非负的向量，故若 $\boldsymbol{x}\boldsymbol{w}(k)=\boldsymbol{b}(k)$，则 $\boldsymbol{x}\boldsymbol{w}(k)>0$。

算法未给出精确的迭代次数，通常在每次迭代后检查 $\boldsymbol{x}\boldsymbol{w}(k)$ 和 $\boldsymbol{e}_k$。当 $\boldsymbol{x}\boldsymbol{w}(k)>0$ 或 $\boldsymbol{e}_k=0$ 时，有解；反之，若 $\boldsymbol{e}_k$ 变为非正值，则迭代停止，表明模式线性不可分。因此，H-K 算法能够监视迭代过程，能够发现线性不可分的情况，进而退出迭代，或者删除造成线性不可分的样本。

【例 4.4】 已知两类训练样本 $\omega_1:(0\ 0)^{\mathrm{T}}(0\ 1)^{\mathrm{T}}$ 和 $\omega_2:(1,0)^{\mathrm{T}}(1,1)^{\mathrm{T}}$，用 H-K 算法求解向量 $\boldsymbol{w}^*$。

解： 训练样本的增广矩阵为

$$
\boldsymbol{x}=\begin{pmatrix} 0 & 0 & 1\\ 0 & 1 & 1\\ -1 & 0 & -1\\ -1 & -1 & -1 \end{pmatrix}
$$

$\boldsymbol{x}$ 的伪逆矩阵为

$$
\boldsymbol{x}^{\#}=(\boldsymbol{x}^{\mathrm{T}}\boldsymbol{x})^{-1}\boldsymbol{x}^{\mathrm{T}}=\frac{1}{2}\begin{pmatrix} -1 & -1 & -1 & -1\\ -1 & 1 & 1 & -1\\ \frac{3}{2} & \frac{1}{2} & -\frac{1}{2} & \frac{1}{2} \end{pmatrix}
$$

令 $c=1$， $\boldsymbol{b}(1)=(1\ 1\ 1\ 1)^{\mathrm{T}}$，则 $\boldsymbol{w}(1)=\boldsymbol{x}^{\#}\boldsymbol{b}(1)=(-2\ 0\ 1)^{\mathrm{T}}$。

误差向量为

$$e_1 = xw(1) - b(1) = \begin{pmatrix} 0 & 0 & 1 \\ 0 & 1 & 1 \\ -1 & 0 & -1 \\ -1 & -1 & -1 \end{pmatrix} \begin{pmatrix} -2 \\ 0 \\ 1 \end{pmatrix} - \begin{pmatrix} 1 \\ 1 \\ 1 \\ 1 \end{pmatrix} = \begin{pmatrix} 0 \\ 0 \\ 0 \\ 0 \end{pmatrix}$$

e_1 的各分量均为 0，则 $w(1)$ 就是所求的解向量 $w^* = (-2\ 0\ 1)^T$ 。

于是，决策面方程为 $-2x_1 + 1 = 0$ 。

【例 4.5】 已知两类训练样本 $\omega_1 : (0\ 0)^T (1\ 1)^T$ 和 $\omega_2 : (0\ 1)^T (1\ 0)^T$ ，用 H-K 算法求解向量 w^* 。

解： 训练样本的增广矩阵为

$$x = \begin{pmatrix} 0 & 0 & 1 \\ 1 & 1 & 1 \\ 0 & -1 & -1 \\ -1 & 0 & -1 \end{pmatrix}$$

x 的伪逆矩阵为

$$x^{\#} = (x^T x)^{-1} x^T = \frac{1}{2} \begin{pmatrix} -1 & 1 & 1 & -1 \\ -1 & 1 & -1 & 1 \\ \frac{3}{2} & -\frac{1}{2} & -\frac{1}{2} & -\frac{1}{2} \end{pmatrix}$$

令 $c = 1$ ， $b(1) = (1\ 1\ 1\ 1)^T$ ，则 $w(1) = x^{\#} b(1) = (0\ 0\ 0)^T$ 。

误差向量为

$$e_1 = xw(1) - b(1) = -b(1) = \begin{pmatrix} -1 \\ -1 \\ -1 \\ -1 \end{pmatrix}$$

e_1 的各分量为负， b 的各分量不再变化，说明样本线性不可分，终止迭代。

H-K 算法的缺点是要对矩阵 $x^T x$ 求逆，模式太高，计算起来很困难。

4.4.3 H-K 算法的多类推广

前面讲过，多类问题可分为多个两类问题来解决。4.1 节将多类问题分为三种情况进行了讨论。这里利用第一种情况，将 c 类问题分为 c 个 $\omega_i / \bar{\omega}_i$ 两类问题。分别对 c 个 $\omega_i / \bar{\omega}_i$ 两类问题进行训练，得到 c 个解向量，进而建立 c 个判别函数。

对 $\omega_i / \bar{\omega}_i$ 两类问题进行训练时，要在除 ω_i 类外的训练样本中抽取足够的样本，与 ω_i 类的训练样本共同构成训练样本集 X_i 。

利用 H-K 算法执行如下步骤。

① 由训练样本集 $\boldsymbol{X}_i$ 的样本建立增广矩阵 $\boldsymbol{x}_i$，并求其伪逆：

$$\boldsymbol{x}_i^{\#}=(\boldsymbol{x}_i^{\mathrm{T}}\boldsymbol{x}_i)^{-1}\boldsymbol{x}_i^{\mathrm{T}}$$

② 赋初值 $\boldsymbol{b}_i(1)>0$。选择常数 c，置 $k=1$。

③ 做如下计算：

$$\begin{cases}\boldsymbol{w}_i(k)=\boldsymbol{x}_i^{\#}\boldsymbol{b}_i(k)\\ \boldsymbol{e}_k=\boldsymbol{x}_i\boldsymbol{w}_i(k)-\boldsymbol{b}_i(k)\end{cases}$$

④ 判断：若 $\boldsymbol{e}_k$ 的各分量停止变为正值或者不全部为 0，则线性不可分，终止迭代。否则，若 $\boldsymbol{e}_k$ 的各分量均接近 0，即 $\boldsymbol{e}_k\to 0$，则迭代过程结束，得到解向量 $\boldsymbol{w}_i^*=\boldsymbol{w}_i(k)$。否则，进入步骤⑤。

⑤ 做如下计算：

$$\boldsymbol{w}_i(k+1)=\boldsymbol{w}_i(k)+c\boldsymbol{x}_i^{\#}\left(\boldsymbol{e}_k+|\boldsymbol{e}_k|\right)=\boldsymbol{w}_i(k)+c\boldsymbol{x}_i^{\#}|\boldsymbol{e}_k|$$

$$\boldsymbol{b}_i(k+1)=\boldsymbol{b}_i(k)+c\left(\boldsymbol{e}_k+|\boldsymbol{e}_k|\right)$$

⑥ 令 $k=k+1$，返回步骤③。

在算法中，令 $i=1,2,\cdots,c$，分别进行 c 次训练，得到 c 个解向量 $\boldsymbol{w}_i^{\#}$ 和 c 个判别函数。

4.5　线性回归模型

多元线性回归模型的一般形式是

$$y_i=w_0+w_1x_1+w_2x_2+w_3x_3+\cdots+w_dx_d \tag{4.50}$$

式中，$w_j(j=1,2,\cdots,k)$ 是回归系数。

假设多元样本回归函数为

$$\hat{y}_i=\hat{w}_0+\hat{w}_1x_{1i}+\hat{w}_2x_{2i}+\hat{w}_3x_{3i}+\cdots+\hat{w}_kx_{ki} \tag{4.51}$$

式中 $\hat{y}_i$ 是被解释变量，$x_{1i},x_{2i},\cdots,x_{ki}$ 是 k 个对 $\hat{y}_i$ 有显著影响的解释变量（$k\geqslant 2$）。

回归残差为

$$\varepsilon_i=y_i-\hat{y}_i \tag{4.52}$$

ε_i 是反映各种误差扰动综合影响的随机项，下标 i 表示第 i 个观测值 $(y_i,x_{1i},x_{2i},\cdots,x_{ki})$，$i=1,2,\cdots,n$。

因为有 n 个训练样本，该模型实际上包含 n 个方程：

$$\begin{cases} y_1 = w_0 + w_1 x_{11} + \cdots + w_k x_{k1} + \varepsilon_1 \\ y_2 = w_0 + w_1 x_{12} + \cdots + w_k x_{k2} + \varepsilon_2 \\ \quad \vdots \\ y_n = w_0 + w_1 x_{1n} + \cdots + w_k x_{kn} + \varepsilon_n \end{cases} \tag{4.53}$$

写成矩阵形式为

$$\hat{\boldsymbol{y}} = \boldsymbol{X}\boldsymbol{w} \tag{4.54}$$

这样，回归残差向量就为

$$\boldsymbol{\varepsilon} = \boldsymbol{y} - \hat{\boldsymbol{y}} = \boldsymbol{y} - \boldsymbol{X}\boldsymbol{w} \tag{4.55}$$

利用向量和矩阵的运算法则，可以得到残差平方和为

$$V = \boldsymbol{\varepsilon}^{\mathrm{T}}\boldsymbol{\varepsilon} = (\boldsymbol{y} - \boldsymbol{X}\boldsymbol{w})^{\mathrm{T}}(\boldsymbol{y} - \boldsymbol{X}\boldsymbol{w}) = \boldsymbol{y}^{\mathrm{T}}\boldsymbol{y} - \boldsymbol{w}^{\mathrm{T}}\boldsymbol{X}^{\mathrm{T}}\boldsymbol{y} - \boldsymbol{y}^{\mathrm{T}}\boldsymbol{X}\boldsymbol{w} + \boldsymbol{w}^{\mathrm{T}}\boldsymbol{X}^{\mathrm{T}}\boldsymbol{X}\boldsymbol{w} \tag{4.56}$$

求 V 对 $w_0,\cdots,w_d$ 的偏导数等价于 V 对向量 $\boldsymbol{w}$ 求梯度，因此最小二乘估计的正规方程组为

$$\nabla_{\boldsymbol{b}} V = \begin{bmatrix} \dfrac{\partial V}{\partial w_0} \\ \vdots \\ \dfrac{\partial V}{\partial w_n} \end{bmatrix} = -2\boldsymbol{X}^{\mathrm{T}}\boldsymbol{y} + 2\boldsymbol{X}^{\mathrm{T}}\boldsymbol{X}\boldsymbol{w} = \boldsymbol{0} \tag{4.57}$$

整理得到矩阵形式

$$\boldsymbol{X}^{\mathrm{T}}\boldsymbol{X}\boldsymbol{w} = \boldsymbol{X}^{\mathrm{T}}\boldsymbol{y} \tag{4.58}$$

当 $\boldsymbol{X}^{\mathrm{T}}\boldsymbol{X}$ 可逆即 $\boldsymbol{X}$ 是满秩矩阵时，上述向量方程两端左乘 $\boldsymbol{X}^{\mathrm{T}}\boldsymbol{X}$ 的逆矩阵得

$$\boldsymbol{w} = (\boldsymbol{X}^{\mathrm{T}}\boldsymbol{X})^{-1}\boldsymbol{X}^{\mathrm{T}}\boldsymbol{y} \tag{4.59}$$

这就是多元线性回归模型最小二乘估计的矩阵一般形式。

4.6 正则化线性回归

最小二乘法的基本要求是各个特征之间相互独立，保证 $\boldsymbol{X}\boldsymbol{X}^{\mathrm{T}}$ 可逆。然而，即使 $\boldsymbol{X}\boldsymbol{X}^{\mathrm{T}}$ 可逆，如果特征之间有较大的**多重共线性**（Multicollinearity），也会使得 $\boldsymbol{X}\boldsymbol{X}^{\mathrm{T}}$ 的逆在数值上无法准确计算。数据集 $\boldsymbol{X}$ 上的一些较小扰动就会导致 $(\boldsymbol{X}\boldsymbol{X}^{\mathrm{T}})^{-1}$ 发生较大的变化，进而使得最小二乘法的计算变得很不稳定。为了解决这个问题，引入了正则化方法——**岭回归**（Ridge Regression）与**拉索回归**（Lasso Regression），这两种正则化方法专用于共线性数据分析的有偏估计回归方法，实质上是一种改良的最小二乘估计法，通过放弃最小二乘法的无偏性，以损失部分信息、降低精度为代价获得回归系数更符合实际、更可靠的回归方法，对病态数据的拟合要强于最小二乘法。

岭回归给 $\boldsymbol{X}\boldsymbol{X}^{\mathrm{T}}$ 的对角线元素都加上一个常数 λ，使得 $(\boldsymbol{X}\boldsymbol{X}^{\mathrm{T}} + \lambda\boldsymbol{I})$ 满秩，即其行列式不为 0。最优的参数 $\boldsymbol{\omega}^*$ 为

$$\boldsymbol{\omega}^* = (\boldsymbol{X}\boldsymbol{X}^{\mathrm{T}} + \lambda\boldsymbol{I})^{-1}\boldsymbol{X}\boldsymbol{y} \tag{4.60}$$

式中，$\lambda > 0$ 为预先设置的超参数，$\boldsymbol{I}$ 为单位矩阵。

岭回归的解 $\boldsymbol{\omega}^*$ 可视为结构风险最小化准则下的最小二乘法估计，其目标函数可写为

$$\mathcal{R}(\boldsymbol{\omega}) = \frac{1}{2}\left\|\boldsymbol{y} - \boldsymbol{X}^{\mathrm{T}}\boldsymbol{\omega}\right\|^2 + \frac{1}{2}\lambda\|\boldsymbol{\omega}\|^2 \tag{4.61}$$

式中，$\lambda > 0$ 为正则化系数。引入 L2 范数正则化，的确能显著降低过拟合的风险。

岭回归有一个明显的劣势，即式（4.61）中的 $\frac{1}{2}\lambda\|\boldsymbol{\omega}\|^2$ 会使所有模型参数 $w_1, w_2, \cdots, w_k$ 趋于 0，而不会让某些参数等于 0，除非 $\lambda = \infty$。例如，实际模型由 10 个参数构成，其中两个参数的值很大，其他参数的值接近 0。岭回归估计产生涉及 10 个参数的模型，增大 λ 的值，可以减小所有参数的值，而不会令任何参数为 0。

拉索回归能较好地克服这个问题。拉索回归的基本思想是在回归系数的绝对值之和小于一个常数的约束下，使残差平方和最小，进而产生某些严格等于 0 的回归系数，得到可以解释的模型，其目标函数如下：

$$\mathcal{R}(\boldsymbol{\omega}) = \frac{1}{2}\left\|\boldsymbol{y} - \boldsymbol{X}^{\mathrm{T}}\boldsymbol{\omega}\right\|^2 + \frac{1}{2}\lambda\|\boldsymbol{\omega}\| \tag{4.62}$$

式中，$\lambda > 0$ 为正则化系数。

比较式（4.61）和式（4.62），发现拉索回归和岭回归具有相似的表达形式，不同之处是岭回归中的 $\frac{1}{2}\lambda\|\boldsymbol{\omega}\|^2$ 换成了 $\frac{1}{2}\lambda\|\boldsymbol{\omega}\|$，后者又称 **L1 范数正则化**。当 λ 足够大时，L1 范数正则化将迫使某些参数等于 0。

L1 范数和 L2 范数正则化都有助于降低过拟合的风险，但前者还会带来一个额外的好处：它比后者更容易获得**稀疏**（Sparse）解，即它求得的 $\boldsymbol{\omega}$ 有更少的非零分量，且拉索回归分析的参数估计具有连续性，适用于高维数据的模型选择。

由于 L1 范数用的是绝对值，导致拉索回归的优化目标不是连续可导的，也就是说，最小二乘法、梯度下降法、牛顿法、拟牛顿法都不能直接用于求解 L1 正则化问题。L1 正则化问题求解可以采用**近端梯度下降法**（Proximal Gradient Descent，PGD），这种方法的优化目标函数为

$$\min\left[f(\boldsymbol{w}) + \lambda\|\boldsymbol{w}\|_1\right] \tag{4.63}$$

若 $f(\boldsymbol{w})$ 可导，则梯度满足 L-Lipschitz 条件（L 利普希茨连续条件），也就是说，存在常数 $L > 0$ 使得

$$\frac{\left\|\nabla f(\boldsymbol{w}') - \nabla f(\boldsymbol{w})\right\|_2^2}{\left\|\boldsymbol{w}' - \boldsymbol{w}\right\|_2^2} \leqslant L \tag{4.64}$$

4.7 小结

线性分类与回归模型是机器学习中的基础方法之一，包括线性判别函数、广义线性判别函数、最小均方误差判别、线性回归模型、正则化线性回归等方法，可用于解决二分类、多分类和回归问题。在应用线性分类和回归模型时，需要考虑数据的特点和类数，根据情况选择合适的模型，并且进行参数调整。

线性判别函数和决策面用于解决二分类和多分类问题。在二分类情况下，线性判别函数可用一条直线表示；而在多分类问题中，判别函数需要用一个多重决策面表示。为了克服线性判别函数的缺点，人们提出了广义线性判别函数。广义线性判别函数采用非线性变换的方式来实现线性可分和非线性可分数据的分类。

最小均方误差判别是一种基于最小均方误差原则的分类方法，它可以解决连续分类问题。最小均方误差判别模型首先估计出不同类数据的概率密度函数，然后根据最小均方误差原则确定决策边界。常见的最小均方误差判别方法包括最小均方误差准则、交叉验证、H-K 算法等。

线性回归模型是一种用于预测连续数值的回归模型。线性回归假设目标变量与特征之间存在线性关系，通过对训练数据进行拟合，得到回归系数的最优估计值。线性回归模型可以采用普通最小二乘法或梯度下降法等方法求解，具有很好的可解释性和可解性。

正则化线性回归模型是一种在线性回归模型中加入正则项的方法，旨在减小回归系数的值，降低过拟合的风险。常见的正则化线性回归模型包括岭回归、拉索回归等。这些方法可在保持较高预测精度的同时，降低过拟合的风险，对高维数据的处理效果较好。

习题

1. 设有一维空间二次判别函数

$$g(x) = 5 + 8x + 2x^2$$

（1）试将其映射为高维线性判别函数。

（2）现有样本 $x = 2, x = -2$，试用非线性变换后的判别函数判断它们的类。

2. 证明任意一个样本 $\boldsymbol{x}$ 到区分超平面 $g(\boldsymbol{x}) = \boldsymbol{w}^{\mathrm{T}}\boldsymbol{x} + \omega_0$ 的距离为 $r = |g(\boldsymbol{x})| / \|\boldsymbol{w}\|$。

3. 有一个三类问题，按最大值判别建立了三个判别函数：

$$d_1(\boldsymbol{x}) = -x_1 + x_2$$

$$d_2(\boldsymbol{x}) = x_1 + x_2 - 1$$

$$d_3(\boldsymbol{x}) = -x_2$$

现有样本 $\boldsymbol{x}_1 = (1,1)^{\mathrm{T}}$, $\boldsymbol{x}_2 = (3,5)^{\mathrm{T}}$, $\boldsymbol{x}_3 = (2,5)^{\mathrm{T}}$, $\boldsymbol{x}_4 = (0,1)^{\mathrm{T}}$, $\boldsymbol{x}_5 = (0,-5)^{\mathrm{T}}$, $\boldsymbol{x}_6 = (5,0)^{\mathrm{T}}$，试判断它们各自属于哪个类。

4. 已知以下 6 个训练样本：

$$\omega_1 : (1,5)^{\mathrm{T}}, (2,9)^{\mathrm{T}}, (-5,-3)^{\mathrm{T}}$$

$$\omega_2:(2,-3)^{\mathrm{T}},(-1,-4)^{\mathrm{T}},(0,2)^{\mathrm{T}}$$

求它的伪逆矩阵，并根据伪逆矩阵求解分类判别函数。

5. 设有模型 $y=w_0+w_1x_1+w_2x_2+\varepsilon$，在下列条件下分别求出 w_1 和 w_2 的最小二乘估计量：

（1）$w_1+w_2=1$。

（2）$w_1=w_2$。

6. 岭回归是在什么情况下提出的？

7. 岭回归估计的定义及其统计思想是什么？

8. 在 UCI 糖尿病数据集上，利用多元线性回归分析实现是否患有糖尿病的预测。

9. 利用多元线性回归的方法预测波士顿的房价。

10. 利用岭回归对波士顿的房价进行预测。

第 5 章　其他分类方法

第 4 章介绍了线性判别函数及分类方法，本章介绍其他几种常用的分类方法——近邻法、逻辑斯蒂回归、决策树与随机森林。

5.1　近邻法

近邻法使用最简单的分段线性分类器将各个类划分为若干子类，以子类的中心作为类代表点，考察新样本到各代表点的距离，据此将其分给最近代表点所代表的类。

5.1.1　最近邻法

最近邻法将与测试样本最近的类作为决策结果。假设在 c 类问题中，抽样试验样本集为 $\boldsymbol{X}=\{\boldsymbol{x}_1,\boldsymbol{x}_2,\cdots,\boldsymbol{x}_N\}$，其中每个样本的类属性是已知的，那么在样本集 $\boldsymbol{X}$ 中归属于每个类的样本数也是已知的，令其为 $n_1,n_2,\cdots,n_c$。我们用 $\boldsymbol{x}_i^k$ 表示类 ω_i 的第 k 个样本，要求对一个任意的样本 $\boldsymbol{x}$ 进行分类判别，1-NN 规则为

$$\text{若} D(\boldsymbol{x},\boldsymbol{x}_i^k)=\min_{j=1,\cdots,c}\left\{D(\boldsymbol{x},\boldsymbol{x}_j^k),k=1,2,\cdots,n_j\right\}, \text{则 } \boldsymbol{x}\in\omega_i \tag{5.1}$$

式中，$D(\boldsymbol{x},\boldsymbol{x}_i^k)$ 是样本 $\boldsymbol{x}$ 到类 ω_i 的第 k 个样本的距离，这个距离一般采用欧氏距离，也可采用其他距离。这个规则表明，只要样本 $\boldsymbol{x}$ 到某个类的某个样本的距离最近，就将样本 $\boldsymbol{x}$ 分给该类，也就是说，将样本 $\boldsymbol{x}$ 分给离它最近的那个样本 $\boldsymbol{x}_i^k$ 所属的类 ω_i，因此又称**最近邻判别规则**。

5.1.2　*k* 近邻法

不难将 1-NN 规则推广到 k-NN 规则。在 5.1.1 节的条件下，对每个待分类的样本 $\boldsymbol{x}$，找出 k 个最近邻，它们分别属于 c 个类。令 $k=k_1+k_2+\cdots+k_c$，其中 k_1 为类 ω_1 的样本数，k_2 为类 ω_2 的样本数…… k_c 为类 ω_c 的样本数，于是 k-NN 规则为

$$\text{若} k_i=\max_{j=1,\cdots,c}\{k_j\}, \text{则 } \boldsymbol{x}\in\omega_i \tag{5.2}$$

简单地说，就是将样本 $\boldsymbol{x}$ 分给 k 个最近邻中的多数所属的那个类。在实际应用中，往往规定这个多数不能低于某个最低数，否则就拒绝判别而将该样本 $\boldsymbol{x}$ 排除。这种判别规则又称 ***k* 近邻判别规则**。

可以看出，为了执行近邻法分类，需要将已分类的样本集 $\boldsymbol{X}=\{\boldsymbol{x}_1,\boldsymbol{x}_2,\cdots,\boldsymbol{x}_n\}$ 存入计算

机；对每个待分类的样本 $\boldsymbol{x}$，要求计算 $\boldsymbol{x}$ 到样本集 $\boldsymbol{X}$ 中的所有样本的距离，然后进行距离比较。为了减小错误率，要求 n 很大，这就使得这种分类方法的存储量和计算量都很大。为了克服这种困难，人们寻找了快速算法，如将样本集 $\boldsymbol{X}$ 分级分解、采用树状搜索法，以及考虑所有的距离，如 kd 树搜索方法。

下面介绍 k 近邻法的具体执行过程。

1．距离度量

特征空间中两个实例点的距离是两个点的相似度的反映。k 近邻模型的特征空间一般是 n 维实数向量空间 R^n，使用的距离是欧氏距离，但也可使用其他距离，例如更一般的 L_p 距离，

$$L_p(\boldsymbol{x}_i,\boldsymbol{x}_j)=\left(\sum_{l=1}^{n}\left\|\boldsymbol{x}_i^{(l)}-\boldsymbol{x}_j^{(l)}\right\|^p\right)^{1/p} \tag{5.3}$$

当 $p=2$ 时，该距离称为**欧氏距离**；当 $p=1$ 时，该距离称为**曼哈顿距离**；当 $p=\infty$时，该距离是各个坐标距离的最大值，即

$$L_\infty(\boldsymbol{x}_i,\boldsymbol{x}_j)=\max\left|\boldsymbol{x}_i^{(l)}-\boldsymbol{x}_j^{(l)}\right| \tag{5.4}$$

由不同距离度量确定的最近邻点是不同的。

【例 5.1】已知二维空间中的 3 个点 $\boldsymbol{x}_1=(1,1)^{\mathrm{T}},\boldsymbol{x}_2=(5,1)^{\mathrm{T}},\boldsymbol{x}_3=(4,4)^{\mathrm{T}}$，当 p 取不同值时，求 L_p 距离下 $\boldsymbol{x}_1$ 的最近邻点。

解：　$L_1(\boldsymbol{x}_1,\boldsymbol{x}_3)=6$，$L_2(\boldsymbol{x}_1,\boldsymbol{x}_3)=4.24$，$L_3(\boldsymbol{x}_1,\boldsymbol{x}_3)=3.78$，$L_4(\boldsymbol{x}_1,\boldsymbol{x}_3)=3.57$

无论 p 为何值，都有 $L_p(\boldsymbol{x}_1,\boldsymbol{x}_2)=4$。于是，当 p 等于 1 或 2 时，$\boldsymbol{x}_2$ 是 $\boldsymbol{x}_1$ 的最近邻，当 p 等于 3 或 4 时，$\boldsymbol{x}_3$ 是 $\boldsymbol{x}_1$ 的最近邻。

2．k 值的选择

k 值的选择对结果有很大的影响。选择较小的 k 值时，只有与输入实例距离较近的训练实例才对预测结果起作用，缺点是容易出现过拟合。

3．决策规则

k 近邻分类决策规则往往是多数表决，即由输入实例的 k 个近邻训练实例中的多数类决定输入实例的类。

4．kd 树

为了提高 k 近邻搜索的效率，减少计算距离的次数，k 近邻算法一般采用 kd 树来存储训练数据。

1）构造 kd 树

kd 树是一种对 k 维空间中的实例点进行存储，进而对其进行快速检索的树形数据结构。

算法

输入：k 维空间数据集 $\boldsymbol{T}=\{\boldsymbol{x}_1,\boldsymbol{x}_2,\cdots,\boldsymbol{x}_N\}$，其中 $\boldsymbol{x}_i=(x_i^{(1)},x_i^{(2)},\cdots,x_i^{(3)})^{\mathrm{T}},i=1,2,\cdots,N$。

输出：kd 树。

算法流程

开始：构造根节点，根节点对应于包含 $\boldsymbol{T}$ 的 k 维空间的超矩形区域。

以 $\boldsymbol{x}^{(1)}$ 为坐标轴，以 $\boldsymbol{T}$ 中所有实例的 $\boldsymbol{x}^{(1)}$ 坐标的中位数为切分点，将根节点对应的超矩形区域切分为两个子区域。由这个根节点生成左右两个子节点：左子节点对应坐标 $\boldsymbol{x}^{(1)}$ 小于切分点的子区域，右子节点对应坐标 $\boldsymbol{x}^{(1)}$ 大于切分点的子区域。

重复：对每个子节点，以 $\boldsymbol{x}^{(l)}$ 为坐标轴，按照上一步进行切分，直到子区域中不存在实例。

【例 5.2】 给定数据集 $\boldsymbol{T}=\{(2,3)^{\mathrm{T}},(5,4)^{\mathrm{T}},(9,6)^{\mathrm{T}},(4,7)^{\mathrm{T}},(8,1)^{\mathrm{T}},(7,2)^{\mathrm{T}}\}$，构造一棵平衡 kd 树。

解：首先，以 $\boldsymbol{x}^{(1)}$ 为坐标轴对数据集排序，得到其切分点为 5。将矩形分为两个子区域后，对两个子区域以 $\boldsymbol{x}^{(2)}$ 为坐标轴执行划分，得到图 5.1 所示的特征划分空间和图 5.2 所示的 kd 树。

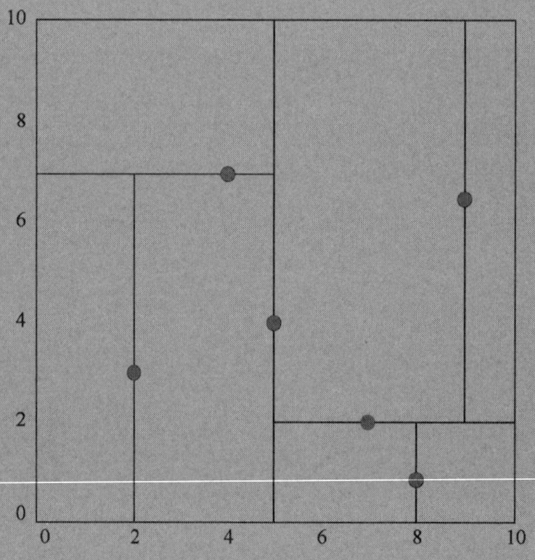

图 5.1 特征空间划分

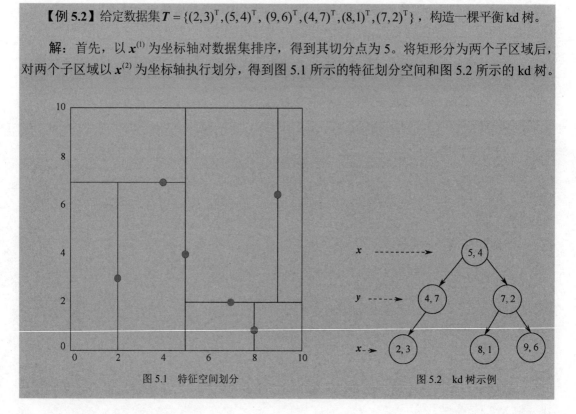

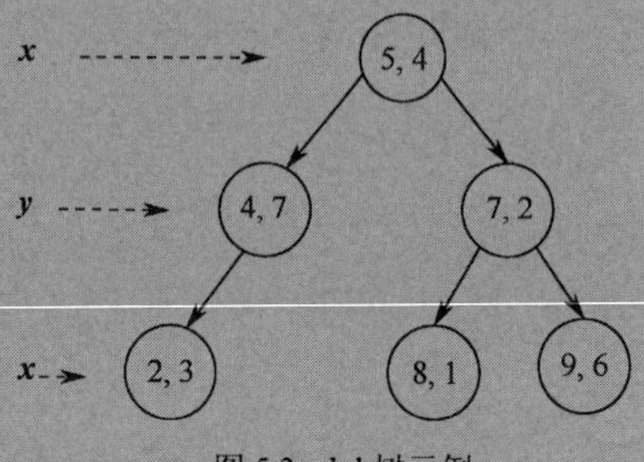

图 5.2 kd 树示例

2）搜索 kd 树

输入：已构造的 kd 树，目标点 $\boldsymbol{x}$。

输出：$\boldsymbol{x}$ 的最近邻。

在 kd 树中找出包含目标点 $\boldsymbol{x}$ 的叶节点：从根节点出发，递归向下访问。若目标点 $\boldsymbol{x}$ 当前维度的坐标小于切分点坐标，则移向左子节点，否则移向右子节点，直到子节点为叶节点。以该叶节点为“当前最近点”。

递归地向上回退，在每个节点处执行如下操作：

（1）若该节点保存的实例点比当前的最近点离目标节点更近，则以该实例点为“当前最近点”。

（2）检查该子节点的兄弟节点（该子节点的父节点的另一个子节点）对应的区域是否有更近的点。具体地说，检查另一个子节点对应的区域是否与以目标点为球心、以目标点与“当前最近点”间的距离为半径的超球体相交。如果相交，在另一个子节点对应的区域内就可能存在距离目标更近的点，并移向另一个子节点。接着，递归地进行最近邻搜索。如不相交，向上回退。

回退到根节点后，搜索结束。最后的“当前最近点”即是 $\boldsymbol{x}$ 的最近邻点。

【例 5.3】 通过 kd 树搜索点(3,4.5)的最近邻，搜索 kd 树如图 5.3 所示。

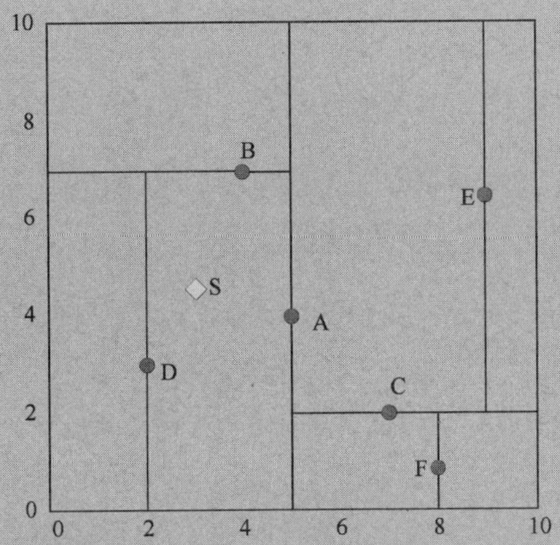

图 5.3　搜索 kd 树

解： 首先找到包含点 S 的叶节点 D，以 D 作为当前最近邻，真正的最近邻一定在以 S 为中心且过 D 的圆内。返回 D 的父节点 B，B 仅有一个子节点，向上回退至 A，A 为根节点，搜索结束。

5.2　逻辑斯蒂回归

一般情况下，我们关心的变量可能与多个自变量有关，这就是多元线性回归问题，即 $y = w_0 + w_1x_1 + \cdots + w_nx_n + b$，其中 y 是我们要回归的变量，b 是回归的残差，即用 $\boldsymbol{x}$ 的线性函数 $w_0 + w_1x_1 + \cdots + w_nx_n$ 估计 y 带来的误差。

系数 w_i 的直观解释是，当其他因素不变时，特征 x_i 增加一个单位给 y 带来的变化。

然而，在模式识别问题中，我们关心的是分类，譬如是否患某种病，这时不能用简单的线性回归方法研究特征与分类之间的关系。

考虑两分类任务。设 $\boldsymbol{x} \in R$ 是样本的特征，$y \in \{0,1\}$ 是样本的类标记，在这种情况下，很难用一个线性模型来表示 y 和 $\boldsymbol{x}$ 之间的关系，但是可以找到一个函数将分类任务的真实标记 y 与线性回归模型的预测值联系起来，即将线性回归模型产生的预测值 $z = \boldsymbol{w}^{\mathrm{T}}\boldsymbol{x} + b$ 转换为两分类的 0/1 值。例如，对于单位阶跃函数：

$$y = \begin{cases} 0, & z < 0 \\ 0.5, & z = 0 \\ 1, & z > 0 \end{cases} \tag{5.5}$$

当预测值 z 大于零时，类标记为 1；当预测值 z 小于零时，类标记为 0，当预测值 z 等于 0 时，可以任意判别。但是，单位阶跃函数不连续，因此需要找到一个既近似单位阶跃函数又单调可微的函数。下面的**逻辑斯蒂函数**（Logistic Function）满足这一要求：

$$y = \frac{1}{1+\mathrm{e}^{-z}} \tag{5.6}$$

逻辑斯蒂函数的图像如图 5.4 所示。

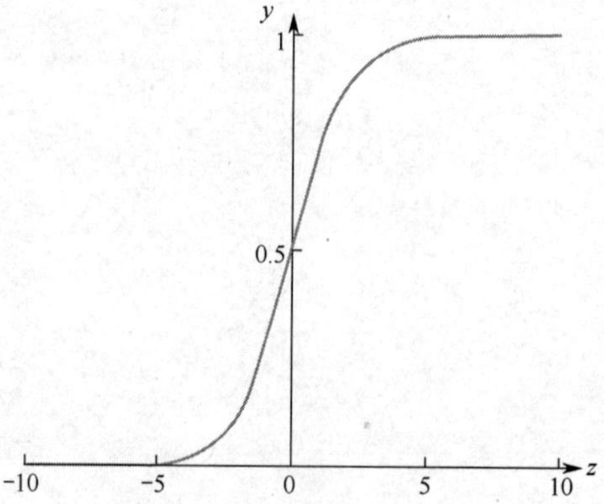

图 5.4 逻辑斯蒂函数的图像

将 $z = \boldsymbol{w}^{\mathrm{T}}\boldsymbol{x} + b$ 代入式（5.6）得

$$y = \frac{1}{1+\mathrm{e}^{-(\boldsymbol{w}^{\mathrm{T}}\boldsymbol{x}+b)}} \tag{5.7}$$

式（5.7）可以化为

$$\ln\frac{y}{1-y} = \boldsymbol{w}^{\mathrm{T}}\boldsymbol{x} + b \tag{5.8}$$

若将 y 视为样本 $\boldsymbol{x}$ 作为正例的可能性，则 $1-y$ 显然是样本 $\boldsymbol{x}$ 作为反例的可能性，两者的比值

$$\frac{y}{1-y} \tag{5.9}$$

称为**几率**，它反映了 $\boldsymbol{x}$ 作为正例的相对可能性。对几率取对数，可得到**对数几率**：

$$\ln\frac{y}{1-y} \tag{5.10}$$

可以看出，式（5.7）其实是用线性回归模型的预测结果去逼近真实标记的对数几率，因此，其对应的模型称为**对数几率回归**，也称**逻辑斯蒂回归**（Logistic Regression）。虽然该方法名为“回归”，但是一种分类学习方法。

这种方法的优点如下：直接对分类可能性进行建模，而不需要事先假设数据分布，避免了假设分布不准确所带来的问题；不直接预测出“类”，而得到近似概率预测，这对许多需要利用概率进行辅助决策的任务很有用；逻辑斯蒂函数是任意阶可导的凸函数，有很好的数学性质，现有的许多数值优化算法都可直接用于求取最优解。

在式（5.7）中，若将 y 视为类后验概率估计 $p(y=1\,|\,\boldsymbol{x})$，则式（5.8）可重写为

$$\ln\frac{p(y=1\,|\,\boldsymbol{x})}{p(y=0\,|\,\boldsymbol{x})}=\boldsymbol{w}^{\mathrm{T}}\boldsymbol{x}+b \tag{5.11}$$

显然，由式（5.11）有

$$p(y=1\,|\,\boldsymbol{x})=\frac{\mathrm{e}^{\boldsymbol{w}^{\mathrm{T}}\boldsymbol{x}+b}}{1+\mathrm{e}^{\boldsymbol{w}^{\mathrm{T}}\boldsymbol{x}+b}} \tag{5.12}$$

$$p(y=0\,|\,\boldsymbol{x})=\frac{1}{1+\mathrm{e}^{\boldsymbol{w}^{\mathrm{T}}\boldsymbol{x}+b}} \tag{5.13}$$

于是，我们采用“极大似然法”对 $\boldsymbol{w}$ 和 b 进行估计。给定数据集 $\{(\boldsymbol{x}_i,y_i)\}_{i=1}^{m}$，逻辑斯蒂回归模型最大化“对数似然”

$$\ell(\boldsymbol{w},b)=\sum_{i=1}^{m}\ln p(y_i\,|\,\boldsymbol{x}_i;\,\boldsymbol{w},b) \tag{5.14}$$

即令每个样本属于其真实标记的概率越大越好。为便于讨论，令 $\boldsymbol{\beta}=(\boldsymbol{w};b)$，$\hat{\boldsymbol{x}}=(\boldsymbol{x};1)$，则 $\boldsymbol{w}^{\mathrm{T}}\boldsymbol{x}+b$ 可以简写为 $\boldsymbol{\beta}^{\mathrm{T}}\hat{\boldsymbol{x}}$。

再令 $p_1(\hat{\boldsymbol{x}};\boldsymbol{\beta})=p(y=1\,|\,\hat{\boldsymbol{x}};\boldsymbol{\beta})$，$p_0(\hat{\boldsymbol{x}};\boldsymbol{\beta})=p(y=0\,|\,\hat{\boldsymbol{x}};\boldsymbol{\beta})=1-p_1(\hat{\boldsymbol{x}};\boldsymbol{\beta})$，则式（5.14）中的似然项 $p(y_i\,|\,\boldsymbol{x}_i;\boldsymbol{w},b)$ 可重写为

$$p(y_i\,|\,\boldsymbol{x}_i;\boldsymbol{w},b)=y_i p_1(\boldsymbol{x}_i;\boldsymbol{\beta})+(1-y_i)p_0(\boldsymbol{x}_i;\boldsymbol{\beta}) \tag{5.15}$$

将式（5.15）代入式（5.14），并根据式（5.12）和式（5.13）可知，最大化式（5.14）等价于最小化

$$\ell(\boldsymbol{\beta})=\sum_{i=1}^{m}(-y_i\boldsymbol{\beta}^{\mathrm{T}}\hat{\boldsymbol{x}}_i+\ln(1+\mathrm{e}^{\boldsymbol{\beta}^{\mathrm{T}}\hat{\boldsymbol{x}}_i})) \tag{5.16}$$

式（5.16）是关于 $\boldsymbol{\beta}$ 的高阶可导连续凸函数，根据凸优化理论，经典数值优化算法如梯度下降法、牛顿法都可以求得其最优解，于是可得

$$\boldsymbol{\beta}^*=\arg\min_{\boldsymbol{\beta}}\ell(\boldsymbol{\beta}) \tag{5.17}$$

使用牛顿法时，第 $t+1$ 轮迭代解的更新公式为

$$\boldsymbol{\beta}^{t+1}=\boldsymbol{\beta}^{t}-\left(\frac{\partial^2\ell(\boldsymbol{\beta})}{\partial\boldsymbol{\beta}\,\partial\boldsymbol{\beta}^{\mathrm{T}}}\right)^{-1}\frac{\partial\ell(\boldsymbol{\beta})}{\partial\boldsymbol{\beta}} \tag{5.18}$$

式（5.18）中关于 $\boldsymbol{\beta}$ 的一阶导数和二阶导数分别为

$$\frac{\partial\ell(\boldsymbol{\beta})}{\partial\boldsymbol{\beta}}=-\sum_{i=1}^{m}\hat{\boldsymbol{x}}_i(y_i-p_1(\hat{\boldsymbol{x}}_i;\boldsymbol{\beta})) \tag{5.19}$$

$$\frac{\partial^2\ell(\boldsymbol{\beta})}{\partial\boldsymbol{\beta}\,\partial\boldsymbol{\beta}^{\mathrm{T}}}=\sum_{i=1}^{m}\hat{\boldsymbol{x}}_i\hat{\boldsymbol{x}}_i^{\mathrm{T}}p_1(\hat{\boldsymbol{x}}_i;\boldsymbol{\beta})(1-p_1(\hat{\boldsymbol{x}}_i;\boldsymbol{\beta})) \tag{5.20}$$

5.3 决策树与随机森林

决策树是一种十分常用的分类方法。决策树是一个预测模型，代表对象属性与对象值之间的一种映射关系。通常使用 ID3、C4.5 和 CART 等算法生成树。

5.3.1 非数值特征

（1）**定名特征**：只能比较相同/不同，无法比较相似性/大小。例如，颜色、形状、性别、民族、职业、字符串中的字符、DNA 序列中的核酸类（A、C、G、T）等。

（2）**定序特征**：一种数值，可能有顺序，但不能视为欧氏空间中的数值，如序号、分级等。

（3）**定距特征**：与研究目标之间呈非线性关系的数值特征，需要分区段处理，可以比较大小，但没有“自然的”零，如年龄、考试成绩、温度等。

5.3.2 决策树

决策树是类似于流程图的树形结构，其中树的每个内部节点代表对一个属性（取值）的测试，每个分支代表测试的一个结果，每个叶节点代表一个类。树的最高层节点是根节

点。图 5.5 所示为示意性决策树，它描述的是购买电脑的分类模型，利用它可对一名学生是否在商场购买电脑进行分类预测。决策树的中间节点常用矩形表示，而叶节点常用椭圆表示。

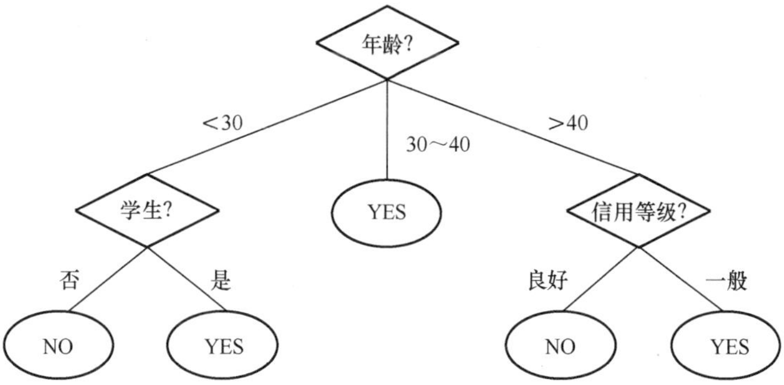

图 5.5　示意性决策树

为了对未知数据对象进行分类识别，可以根据决策树的结构对数据集中的属性值进行测试。从决策树的根节点到叶节点的一条路径，形成对相应对象的类预测。决策树可以很容易地转换为分类规则。

下面的算法 5.1 是学习构造决策树的一个基本归纳算法。构造决策树时，有许多由数据集中的噪声或异常数据产生的分支。树枝修剪（Tree Pruning）是指识别并消除这类分支，以帮助改善对未知对象分类的准确性。

算法 5.1（Generate_decision tree）

// 根据给定数据集产生一棵决策树

输入：训练样本，各属性均取离散值，可供归纳的候选属性集为 attribute_list。

输出：决策树。

处理流程：

（1）创建一个节点 N。

（2）若该节点中的所有样本均为同一类 C，则返回 N 作为一个叶节点并标记为类 C。

（3）若 attribute_list 为空，则返回 N 作为一个叶节点并标记为该节点所含样本中类数最多的类。

（4）从 attribute_list 中选择一个信息增益最大的属性 test_attribute，并将节点 N 标记为 test_attribute。

（5）对 test_attribute 中的每个已知取值 a_i，准备划分节点 N 所包含的样本集。

（6）根据条件 test_attribute = a_i 从节点 N 产生相应的一个分支，以表示该测试条件。

（7）设 s_i 为条件 test_attribute = a_i 所得的样本集。

（8）若 s_i 为空，则将相应叶节点标记为该节点所含样本中类数最多的类。否则，将相应叶节点标记为 Generate_decision tree(s_i, attribute_list-test_attribute)的返回值。

基本决策树算法是一种贪心算法，它采用自上而下、分而治之的递归方式来构造一棵决策树。算法 5.1 就是著名决策树算法 ID3 的基础版本。对算法 5.1 的若干改进将在稍后的几小节中介绍。

算法 5.1 的基本学习策略说明如下。

- 决策树最初作为一个单一节点（根节点）包含所有的训练样本集。
- 若一个节点的样本均为同一类，则该节点成为叶节点并标记为该类。
- 否则，该算法将采用信息熵方法（称为**信息增益**）作为启发知识来帮助选择合适的（分支）属性，以便将样本集划分为若干子集。这个属性就成为相应节点的“测试”属性。在算法 5.1 中，所有属性均为分类值，即离散值。因此，若有取连续值的属性，就必须首先将其离散化。
- 一个测试属性的每个值均对应一个要被创建的分支，同时也对应一个被划分的子集。
- 算法 5.1 递归地使用上述各处理过程；对得到的每个划分又都得到一棵决策（子）树。一个属性一旦出现在某个节点处，就不能出现在该节点之后产生的子树节点处。
- 算法 5.1 递归操作的停止条件如下：①一个节点的所有样本均为同一类；②若无属性可用于划分当前样本集，则利用投票原则（少数服从多数）将当前节点强制为叶节点，并标记为当前节点所含样本集中类数最多的类；③若没有样本满足 test_attribute = a_i，则创建一个叶节点并将其标记为当前节点所含样本集中类数最多的类。

5.3.3 属性选择方法

在决策树归纳方法中，通常使用信息增益方法来帮助确定生成每个节点时所应采用的合适属性。这样，就可以选择具有最高信息增益（熵减少的程度最大）的属性作为当前节点的测试属性，以便分类之后划分得到训练样本子集时所需要的信息最小，也就是说，利用该属性进行当前（节点所含）样本集划分，会使得产生的各样本子集中的“不同类混合程度”降至最低。因此，采用这样一种信息论方法可以有效减少对象分类所需的次数，确保产生的决策树最简单，尽管不一定是最简单的。

设 S 是一个包含 s 个数据样本的集合，且类属性可以取 m 个不同的值，它们对应于 m 个不同的类 C_i，$i \in \{1,2,3,\cdots,m\}$。假设 s_i 为类 C_i 中的样本数。于是，对一个给定数据对象进行分类所需的信息量为

$$I(s_1,s_2,\cdots,s_m) = -\sum_{i=1}^{m} p_i \operatorname{lb}(p_i) \tag{5.21}$$

式中，p_i 是任意一个数据对象属于类 C_i 的概率，可按 s_i/s 计算；之所以出现以 2 为底的对数，是因为在信息论中信息都是按位进行编码的。

设属性 A 取 v 个不同的值 $\{a_1,a_2,a_3,\cdots,a_v\}$。利用属性 A 可将集合 S 划分为 v 个子集 $\{S_1,S_2,S_3,\cdots,S_v\}$，其中 S_j 包含集合 S 中属性 A 取 a_j 值的数据样本。若属性 A 选为测试属性（用于对当前样本集进行划分），设 s_{ij} 为子集 S_j 中属于类 C_i 的样本数，则利用属性 A 划分当前样本集所需的信息（熵）计算如下：

$$E(A) = \sum_{j=1}^{v} \frac{s_{1j}+s_{2j}+\cdots+s_{mj}}{s} I(s_{1j},\cdots,s_{mj}) \tag{5.22}$$

式中，

$$\frac{s_{1j}+\cdots+s_{mj}}{s}$$

是第 j 个子集的权值，它等于所有子集中属性 A 取 a_j 值的样本数之和除以集合 S 中的样本总数。$E(A)$的计算结果越小，子集划分的结果就越纯（好）。对于给定的子集 S_j，其信息为

$$I(s_{1j},s_{2j},\cdots,s_{mj}) = -\sum_{i=1}^{m} p_{ij} \operatorname{lb}(p_{ij}) \tag{5.23}$$

式中，

$$p_{ij} = \frac{s_{ij}}{|S_j|}$$

即子集 S_j 中任意一个数据样本属于类 C_i 的概率。

这样，利用属性 A 对当前分支节点进行相应样本集划分得到的信息增益就是

$$\operatorname{Gain}(A) = I(s_1,s_2,\cdots,s_m) - E(A) \tag{5.24}$$

即 Gain(A)可视为根据属性 A 的取值进行样本集划分所得到的（信息）熵的减少（量）。

决策树归纳算法计算每个属性的信息增益，并从中挑选信息增益最大的属性作为给定集合 S 的测试属性，由此产生相应的分支节点。产生的节点被标记为相应的属性，并根据该属性的不同取值分别产生相应的（决策树）分支，每个分支代表一个被划分的样本子集。

【例 5.4】 决策树的归纳描述。表 5.1 所示为一个商场的顾客数据库（训练样本集）。

表 5.1 一个商场的顾客数据库（训练样本集）

rid	age	income	student	credit_rating	buys_compute
1	<30	High	No	Fair	No
2	<30	High	No	Excellent	No
3	30～40	High	No	Fair	Yes
4	>40	Medium	No	Fair	Yes
5	>40	Low	Yes	Fair	Yes
6	>40	Low	Yes	Excellent	No
7	30~40	Low	Yes	Excellent	Yes
8	<30	Medium	No	Fair	No
9	<30	Low	Yes	Fair	Yes
10	>40	Medium	Yes	Fair	Yes
11	<30	Medium	Yes	Excellent	Yes
12	30～40	Medium	No	Excellent	Yes
13	30～40	High	Yes	Fair	Yes
14	>40	Medium	No	Excellent	No

样本集的类属性为 buys_compute，它有两个不同的取值，即{yes, no}，因此有两个不同的类（$m=2$）。设 C_1 对应类 yes，C_2 对应类 no。C_1 包含 9 个样本，C_2 包含 5 个样本。为了计算每个属性的信息增益，首先用式（5.21）计算出所有（对给定样本进行分类所需要）的信息，具体计算过程如下：

$$I(s_1,s_2)=I(9,5)=-\frac{9}{14}\text{lb}\frac{9}{14}-\frac{5}{14}\text{lb}\frac{5}{14}=0.94 \tag{5.25}$$

接着计算每个属性的（信息）熵。假设先从属性 age 开始，根据属性 age 的每个取值在类 yes 和类 no 中的分布，就可计算出每个分布对应的信息：

对于 age ="<30"，　$s_{11}=2,\quad s_{21}=3,\quad I(s_{11},s_{21})=0.971$

对于 age ="30～40"，　$s_{12}=4,\quad s_{22}=0,\quad I(s_{11},s_{21})=0$

对于 age =">40"，　$s_{13}=3,\quad s_{23}=2,\quad I(s_{11},s_{21})=0.971$

然后利用式（5.22），就可计算出对一个数据对象进行分类所需要的信息熵：

$$E(\text{age})=\frac{5}{14}I(s_{11},s_{21})+\frac{4}{14}I(s_{11},s_{22})+\frac{5}{14}I(s_{13},s_{23})=0.694 \tag{5.26}$$

由此得到利用属性 age 对样本集进行划分所需要的信息增益：

$$\text{Gain}(\text{age})=I(s_1,s_2)-E(\text{age})=0.245 \tag{5.27}$$

类似地，可以得到

Gain(income) = 0.029，Gain(student) = 0.151，Gain(credit_rating) = 0.048

显然，选择属性 age 所得到的信息增益最大，因此作为测试属性用于产生当前分支节点。这个新产生的节点被标记为 age；同时根据属性 age 的三个不同取值产生三个不同的分支，当前的样本集被划分为三个子集，如图 5.6 所示。落入 age = 30～40 子集的样本类均为类 yes，因此在该分支末端产生一个叶节点并标记为类 yes。根据表 5.1 所示的训练样本集，最终产生一棵如图 5.5 所示的决策树。

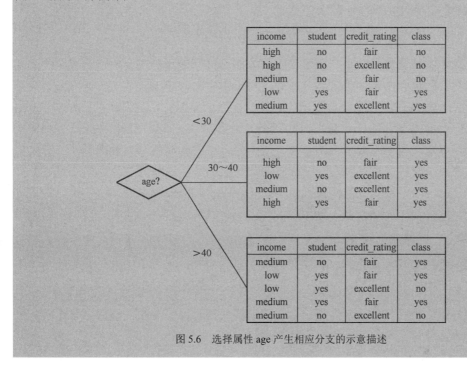

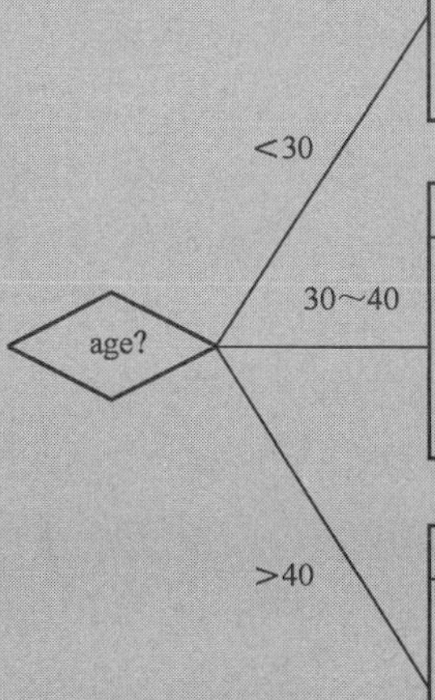

<30:

income	student	credit_rating	class
high	no	fair	no
high	no	excellent	no
medium	no	fair	no
low	yes	fair	yes
medium	yes	excellent	yes

30～40:

income	student	credit_rating	class
high	no	fair	yes
low	yes	excellent	yes
medium	no	excellent	yes
high	yes	fair	yes

>40:

income	student	credit_rating	class
medium	no	fair	yes
low	yes	fair	yes
low	yes	excellent	no
medium	yes	fair	yes
medium	no	excellent	no

图 5.6　选择属性 age 产生相应分支的示意描述

决策树归纳算法已广泛用于许多分类识别领域。这类算法不需要相关领域的知识，归纳学习与分类识别的处理速度都很快。对具有细长条分布性质的数据集来说，决策树归纳算法的分类准确率是相当高的。

5.3.4　过学习与决策树的剪枝

决策树建立后，许多分支都是根据训练样本集中的异常数据构造出来的。树枝修剪就是针对这类数据的过拟合问题而提出的。树枝修剪方法通常利用统计方法删去最不可靠的分支（树枝），以提高分类识别的速度和分类识别新数据的能力。

通常采用两种方法修剪树枝，具体如下。

1．事前修剪（Prepruning）方法

该方法提前停止分支生成过程，即在当前节点上判断是否需要继续划分该节点所含的训练样本集。一但停止分支，当前节点就成为一个叶节点，该叶节点中可能包含多个不同

类的训练样本。

在建造一棵决策树时，可以利用卡方检验或信息增益等来对分支生成情况（优劣）进行评估。在一个节点上划分样本集时，如果节点中的样本数少于指定的阈值，就要停止分解样本集。然而，确定这样一个合理的阈值通常比较困难。阈值过大会使得决策树过于简单化，阈值过小又会使得多余的树枝无法修剪。

2．事后修剪（Postpruning）方法

该方法从一棵“充分生长”树中修剪掉多余的树枝（分支）。

基于代价成本的修剪算法就是一种事后修剪方法。被修剪（分支）的节点成为一个叶节点，并标记为其所包含样本中类数最多的类。对于树中的每个非叶节点，计算出该节点（分支）被修剪后所发生的预期分类错误率，同时根据每个分支的分类错误率及每个分支的权重（样本分布），计算该节点不被修剪时的预期分类错误率；如果修剪导致预期分类错误率变大，就放弃修剪，保留相应节点的各个分支，否则就将相应的节点分支剪掉。产生一系列经过修剪的决策树候选后，利用一个独立的测试数据集对这些经过修剪的决策树的分类准确性进行评价，保留预期分类错误率最小的（修剪后）决策树。

除了利用预期分类错误率进行决策树修剪，还可利用决策树的编码长度来修剪决策树。所谓最佳修剪树，是指编码长度最短的决策树。该修剪方法利用**最短描述长度**（Minimum Description Length，MDL）原则来修剪决策树，基本思想是：最简单的就是最好的。与基于代价成本的方法相比，利用 MDL 进行决策树修剪不需要额外的独立测试数据集。

当然，事前修剪可以与事后修剪相结合，可以构成混合修剪方法。事后修剪比事前修剪需要更多的计算时间，因此可以获得更可靠的决策树。

5.3.5　随机森林

基于数据结构的模式识别方法面临着一个共同的问题，即数据的随机性问题。该方法的任何一次实现都是基于一定数据集的，这个数据集只是所有可能数据中的一次随机抽样。很多方法的结果受这种随机性的影响，训练得到的分类器也有一定的偶然性，当样本量比较少时，情况更是如此。

在训练过程中，决策树根据每个节点下的局部划分准则进行学习，受样本随机性的影响可能更大一些，容易导致过学习。

随机森林是指建立很多决策树，组成决策树的“森林”，通过多棵树投票来进行决策。理论和试验研究都表明，这种方法能够有效提高对新样本的分类准确度，也就是推广能力。随机森林方法的步骤如下。

（1）对样本数据进行采样，得到多个样本集。

（2）用每个样本集作为训练样本，构造一棵决策树。

（3）得到所需数量的决策树后，随机森林方法对这些树的输出进行投票，票数最多的类就是随机森林的决策。

5.4 小结

本章首先简要介绍了近邻法、逻辑斯蒂回归、决策树与随机森林，然后介绍了为快速求解近邻法而构造 kd 树的详细过程，以及逻辑斯蒂回归的原理和过程；最后描述了构造决策树的算法过程。

习题

1. 利用逻辑斯蒂回归对 Iris 数据集（鸢尾花数据集）进行分类。
2. 实现 ID3 决策树，并在 Iris 数据集上进行五折交叉验证。观测训练得到的决策树在训练集和测试集上的准确率，判断该决策树是否存在过拟合。在此基础上，实现事前剪枝和事后剪枝，比较事前剪枝树与事后剪枝树对训练集和测试集的准确率。
3. 试证明对于不含冲突数据（即特征向量完全相同但标记不同）的训练集，必定存在与训练集一致（即训练误差为 0）的决策树。
4. 分析使用“最小训练误差”作为决策树划分选择准则的缺陷。
5. 令 err、err*分别表示最近邻分类器和贝叶斯最优分类器的期望错误率，试证明

$$\mathrm{err} \leqslant \mathrm{err}\left(2-\frac{|y|}{|y-1|}\mathrm{err}^{*}\right)$$

6. k 近邻图和 ε 近邻图存在的短路和断路问题会给 ISOMAP（等距特征映射）造成困扰，试设计一种方法缓解该问题。

第 6 章　无监督学习和聚类

6.1　引言

前面在设计分类器时，一直假设训练样本集中每个样本的类标记都是已知的。这种利用已标记样本集的方法称为**监督方法**。本章介绍一些无监督方法，以处理未被标记样本类的样本集。

收集并标记大型样本集是件非常费力的事情，如果能够首先在一个较小的样本空间中粗略地训练一个分类器，然后让它自适应地处理大量的无监督样本，我们就可节省大部分时间和精力。此外，在一些应用中，因为我们往往不知道数据的具体情况，所以首先要用大量未标记的数据集自动地训练分类器，然后人工地标记数据分组的结果。这些问题都需要我们在未知样本标记的情况下建立一个分类器，以对样本集中的数据做一定的分类，或者得到样本集中数据的某种基本特征。

6.2　混合模型的估计

对于待研究的问题，我们假设概率模型完全是已知的，而只有参数未知。在很多应用中，我们通常做以下假设。

（1）样本的类数已知，即已知样本分别属于 c 个类中的某个类。

（2）已知每个类的先验概率 $p(\omega_j)$, $j=1,2,\cdots,c$ 。

（3）样本的条件概率具有确定的数学形式 $p(\boldsymbol{x}|\omega_j,\boldsymbol{\theta}_j), j=1,2,\cdots,c$ 。

（4）参数向量 $\boldsymbol{\theta}$ 未知，类标记未知。

根据上述假设，我们可以得到样本的产生概率为

$$p(\boldsymbol{x}|\boldsymbol{\theta})=\sum_{j=1}^{c}p(\boldsymbol{x}|\omega_j,\boldsymbol{\theta}_j)p(\omega_j)$$

式中，$\boldsymbol{\theta}=(\boldsymbol{\theta}_1,\boldsymbol{\theta}_2,\cdots,\boldsymbol{\theta}_c)^{\mathrm{T}}$ 是参数向量。这样的概率密度形式称为**混合密度**。这样，我们就能用从混合密度中取出的样本去估计未知的参数向量 $\boldsymbol{\theta}$ 。知道参数向量 $\boldsymbol{\theta}$ 后，就可将样本的混合密度分解为样本由某个类产生的概率，然后设计最大后验分类器，得到无监督最大似然估计。

6.2.1　无监督最大似然估计

考虑由 n 个样本组成的样本集 $\boldsymbol{D}=\{\boldsymbol{x}_1,\boldsymbol{x}_2,\cdots,\boldsymbol{x}_n\}$，这些样本都是未标记的，且是独立地对一个混合密度采样得到的。这个混合密度为

$$p(\boldsymbol{x}\mid\boldsymbol{\theta})=\sum_{j=1}^{c}p(\boldsymbol{x}\mid\omega_j,\boldsymbol{\theta}_j)p(\omega_j) \tag{6.1}$$

式中，参数向量 $\boldsymbol{\theta}$ 具有确定但未知的值。于是，样本集的似然函数就具有如下联合概率密度形式：

$$p(\boldsymbol{D}\mid\boldsymbol{\theta})=\prod_{k=1}^{n}p(\boldsymbol{x}_k\mid\boldsymbol{\theta}) \tag{6.2}$$

使得该密度函数最大的参数值 $\hat{\boldsymbol{\theta}}$ 就是 $\boldsymbol{\theta}$ 的最大似然估计值。

如果 $p(\boldsymbol{D}\mid\boldsymbol{\theta})$ 是关于 $\boldsymbol{\theta}$ 的可微函数，就存在 $\hat{\boldsymbol{\theta}}$ 的必要条件；也就是说，使似然函数的对数的导数为 0 的值，就是 $\boldsymbol{\theta}$ 的估计值。令 l 是似然函数的对数，则其表示为

$$l=\sum_{k=1}^{n}\ln p(\boldsymbol{x}_k\mid\boldsymbol{\theta}) \tag{6.3}$$

对 l 关于 $\boldsymbol{\theta}_i$ 求偏导得

$$\nabla_{\boldsymbol{\theta}_i}l=\sum_{k=1}^{n}\frac{1}{p(\boldsymbol{x}_i\mid\boldsymbol{\theta})}\nabla_{\boldsymbol{\theta}_i}\left[\sum_{j=1}^{c}p(\boldsymbol{x}_k\mid\omega_j,\boldsymbol{\theta}_j)p(\omega_j)\right] \tag{6.4}$$

假设参数向量 $\boldsymbol{\theta}_i$ 和 $\boldsymbol{\theta}_j$ 相互独立，其中 $i\neq j$，引入后验概率

$$p(\omega_i\mid\boldsymbol{x}_k,\boldsymbol{\theta})=\frac{p(\boldsymbol{x}_k\mid\omega_i,\boldsymbol{\theta}_i)p(\omega_i)}{p(\boldsymbol{x}_k\mid\boldsymbol{\theta})} \tag{6.5}$$

偏导数的公式就可变为

$$\nabla_{\boldsymbol{\theta}_i}l=\sum_{k=1}^{n}p(\omega_i\mid\boldsymbol{x}_k,\boldsymbol{\theta})\nabla_{\boldsymbol{\theta}_i}\ln p(\boldsymbol{x}_k\mid\omega_i,\boldsymbol{\theta}_i) \tag{6.6}$$

当 l 最大时，需要各个 $\boldsymbol{\theta}_i$ 方向上的偏导数都为 0，因此最大似然估计 $\hat{\boldsymbol{\theta}}$ 必须满足

$$\sum_{k=1}^{n}p(\omega_i\mid\boldsymbol{x}_k,\hat{\boldsymbol{\theta}})\nabla_{\boldsymbol{\theta}_i}\ln p(\boldsymbol{x}_k\mid\omega_i,\hat{\boldsymbol{\theta}}_i)=0 \qquad i=1,2,\cdots,c \tag{6.7}$$

对上述方程求解 $\hat{\boldsymbol{\theta}}_i$，就可得到最大似然估计的解。

将这些结果推广到求解先验概率 $p(\omega_i)$，问题就转化为找到 $\boldsymbol{\theta}$ 和 $p(\omega_i)$ 使得 $p(\boldsymbol{D}\mid\boldsymbol{\theta})$ 取最大值，并且同时满足

$$p(\omega_i) \geqslant 0, \ \sum_{i=1}^{c} p(\omega_i) = 1, \quad i = 1, 2, \cdots, c \tag{6.8}$$

令$\hat{\boldsymbol{\theta}}_i$为$\boldsymbol{\theta}_i$的最大似然估计，$\hat{p}(\omega_i)$为$p(\omega_i)$的最大似然估计，则在似然函数可微且$\hat{p}(\omega_i)$对每个$i$都不为0的条件下，$\hat{p}(\omega_i)$和$\hat{\boldsymbol{\theta}}_i$必须满足以下条件：

$$\hat{p}(\omega_i) = \frac{1}{n}\sum_{k=1}^{n} \hat{p}(\omega_i \mid \boldsymbol{x}_k, \hat{\boldsymbol{\theta}}) \tag{6.9}$$

$$\sum_{k=1}^{n} \hat{p}(\omega_i \mid \boldsymbol{x}_k, \hat{\boldsymbol{\theta}}) \nabla_{\boldsymbol{\theta}_i} \ln p(\boldsymbol{x}_k \mid \omega_i, \hat{\boldsymbol{\theta}}_i) = 0 \tag{6.10}$$

式中，

$$\hat{p}(\omega_i \mid \boldsymbol{x}_k, \hat{\boldsymbol{\theta}}) = \frac{p(\boldsymbol{x}_k \mid \omega_i, \hat{\boldsymbol{\theta}}_i)\hat{p}(\omega_i)}{\sum_{j=1}^{c} p(\boldsymbol{x}_k \mid \omega_j, \hat{\boldsymbol{\theta}}_j)\hat{p}(\omega_j)} \tag{6.11}$$

6.2.2 正态分布下的无监督参数估计

在很多情况下，我们都假设样本服从正态分布。在聚类分析中引入混合模型后，样本服从混合正态分布。分布的每个分量密度都是多元正态分布的，即$p(\boldsymbol{x} \mid \omega_i, \boldsymbol{\theta}_i) \sim \mathcal{N}(\boldsymbol{\mu}_i, \boldsymbol{\Sigma}_i)$。在混合正态分布的参数估计中，我们将引出几种不同情况下的参数估计：第一种是只有均值向量是未知的，而方差向量和类的先验知识是已知的；第二种是只有样本集中数据所属的类数是已知的，而每个类分布的均值、方差、类先验知识都是未知的；第三种是，第二种情况下样本集中数据所属的类数也是未知的。

1. 均值向量未知

如果所有参数中只有均值向量$\boldsymbol{\mu}_i$是未知的，那么$\boldsymbol{\theta}_i$中必然含有$\boldsymbol{\mu}_i$。因此，由最大似然估计方法得到似然函数为

$$\ln p(\boldsymbol{x} \mid \omega_i, \boldsymbol{\mu}_i) = -\ln\left[(2\pi)^{d/2}\left|\boldsymbol{\Sigma}_i\right|^{1/2}\right] - \frac{1}{2}(\boldsymbol{x} - \boldsymbol{\mu}_i)^{\mathrm{T}} \boldsymbol{\Sigma}_i^{-1} (\boldsymbol{x} - \boldsymbol{\mu}_i) \tag{6.12}$$

对上式求偏导得

$$\nabla_{\boldsymbol{\mu}_i} \ln p(\boldsymbol{x}_k \mid \omega_i, \boldsymbol{\mu}_i) = \boldsymbol{\Sigma}_i^{-1}(\boldsymbol{x} - \boldsymbol{\mu}_i) \tag{6.13}$$

由最大似然估计的特性，即似然函数取最大值时，似然函数在参数的各个方向上的导数等于零，最大似然估计$\hat{\boldsymbol{\mu}}_i$应该满足

$$\sum_{k=1}^{n} p(\omega_i \mid \boldsymbol{x}_k, \hat{\boldsymbol{\mu}}) \boldsymbol{\Sigma}_i^{-1} (\boldsymbol{x}_k - \hat{\boldsymbol{\mu}}_i) = 0, \ \hat{\boldsymbol{\mu}} = (\hat{\boldsymbol{\mu}}_i, \cdots, \hat{\boldsymbol{\mu}}_c)^{\mathrm{T}} \tag{6.14}$$

移项并整理得

$$\hat{\boldsymbol{\mu}}_i = \frac{\sum_{k=1}^{n} p(\omega_i \mid \boldsymbol{x}_k, \hat{\boldsymbol{\mu}})\boldsymbol{x}_k}{\sum_{k=1}^{n} p(\omega_i \mid \boldsymbol{x}_k, \hat{\boldsymbol{\mu}})} \tag{6.15}$$

由上式可知，对于当前的 $\hat{\boldsymbol{\mu}}$，$\hat{\boldsymbol{\mu}}_i$ 为样本的加权均值，$p(\omega_i \mid \boldsymbol{x}_k, \hat{\boldsymbol{\mu}})$ 描述的是第 k 个样本属于第 i 个类的概率，$\hat{\boldsymbol{\mu}}_i$ 的估计值就是所有样本属于第 i 个类的可能性为权值的加权均值。于是，我们就得到了一个很好的迭代过程，即若一直使用当前 $\boldsymbol{\mu}$ 的估计值 $\hat{\boldsymbol{\mu}}(j)$，则下一次迭代的结果为

$$\hat{\boldsymbol{\mu}}_i(j+1) = \frac{\sum_{k=1}^{n} p(\omega_i \mid \boldsymbol{x}_k, \hat{\boldsymbol{\mu}}(j))\boldsymbol{x}_k}{\sum_{k=1}^{n} p(\omega_i \mid \boldsymbol{x}_k, \hat{\boldsymbol{\mu}}(j))} \tag{6.16}$$

因此，给定一个较好的初始值 $\hat{\boldsymbol{\mu}}(0)$ 后，使用式（6.16）的梯度下降法进行迭代时，如果分量密度函数之间的重叠部分很少，就会得到很好的收敛结果，使得似然函数的导数值为零。但是，我们并不能保证梯度下降法得到的结果是全局最优解。

2．所有参数未知

如果参数 $\boldsymbol{\mu}_i, \boldsymbol{\Sigma}_i$ 和 $p(\omega_i)$ 都是未知的，且对协方差矩阵没有任何约束，那么通过最大似然方法得到的解可能是奇异解，即得到的解没有任何用处。下面用一个一维的例子来简单说明通过最大似然方法可能得到奇异解的问题。

令 $p(x \mid \mu, \sigma^2)$ 表示一个由两分量组成的混合密度：

$$p(x \mid \mu, \sigma^2) = \frac{1}{2\sqrt{2\pi}\sigma}\exp\left[-\frac{1}{2}\left(\frac{x-\mu}{\sigma}\right)^2\right] + \frac{1}{2\sqrt{2\pi}}\exp\left(-\frac{1}{2}x^2\right) \tag{6.17}$$

如果有 n 个样本来自这个混合密度，似然函数就是 n 个概率密度 $p(x_k \mid \mu, \sigma^2)$ 的乘积。令 $\mu = x_1$，对样本 x_1 有

$$p(x_1 \mid \mu, \sigma^2) = \frac{1}{2\sqrt{2\pi}\sigma} + \frac{1}{2\sqrt{2\pi}}\exp\left(-\frac{1}{2}x_1^2\right) \tag{6.18}$$

显然，对其他样本有

$$p(x_k \mid \mu, \sigma^2) \geqslant \frac{1}{2\sqrt{2\pi}}\exp\left(-\frac{1}{2}x_k^2\right) \tag{6.19}$$

从而有

$$p(x_1, \cdots, x_n \mid \mu, \sigma^2) \geqslant \left\{\frac{1}{\sigma} + \exp\left(-\frac{1}{2}x_1^2\right)\right\}\frac{1}{(2\sqrt{2\pi})^n}\exp\left(-\frac{1}{2}\sum_{k=2}^{n} x_k^2\right) \tag{6.20}$$

如果令 σ 任意地接近 0，似然函数就可以任意大，这时我们说这样的参数解是奇异解。

因此，对参数未知的高斯混合模型来说，最大似然估计方法得到的不一定是较好的解，

很多时候得到的可能是一个奇异解。然而，根据经验，如果我们只取似然函数的局部最优点中对应最大有界值的那个，仍然可以得到一个有意义的结果。得到局部最优解的一种较好方法是，采用 EM 算法迭代地计算出较好的结果。

由 EM 算法求解高斯混合模型的推导如下。

首先给出似然函数

$$\ln p(\boldsymbol{X}\mid\boldsymbol{\pi},\boldsymbol{\mu},\boldsymbol{\Sigma})=\sum_{n=1}^{N}\ln\left\{\sum_{k=1}^{K}\pi_k N(\boldsymbol{x}_n\mid\boldsymbol{\mu}_k,\boldsymbol{\Sigma}_k)\right\} \tag{6.21}$$

式中，$\pi_k=p(\omega_i)$，且满足

$$0\leqslant\pi_k\leqslant 1 \tag{6.22}$$

$$\sum_{k=1}^{K}\pi_k=1 \tag{6.23}$$

对式（6.21）关于 $\boldsymbol{\mu}_k$ 求导并令导数为零得

$$0=-\sum_{n=1}^{N}\frac{\pi_k N(\boldsymbol{x}_n\mid\boldsymbol{\mu}_k,\boldsymbol{\Sigma}_k)}{\boldsymbol{\Sigma}_j\pi_j N(\boldsymbol{x}_n\mid\boldsymbol{\mu}_j,\boldsymbol{\Sigma}_j)}\boldsymbol{\Sigma}_k(\boldsymbol{x}_n-\boldsymbol{\mu}_k) \tag{6.24}$$

移项并整理得

$$\boldsymbol{\mu}_k=\frac{1}{N_k}\sum_{n=1}^{N}\gamma(z_{nk})\boldsymbol{x}_n \tag{6.25}$$

式中，

$$\gamma(z_{nk})=\frac{\pi_k N(\boldsymbol{x}_n\mid\boldsymbol{\mu}_k,\boldsymbol{\Sigma}_k)}{\sum_{j=1}^{k}\pi_j N(\boldsymbol{x}_n\mid\boldsymbol{\mu}_j,\boldsymbol{\Sigma}_j)} \tag{6.26}$$

$$N_k=\sum_{n=1}^{N}\gamma(z_{nk}) \tag{6.27}$$

同理，似然函数对 $\boldsymbol{\Sigma}_k$ 求导数并令导数为零得

$$\boldsymbol{\Sigma}_k=\frac{1}{N_k}\sum_{n=1}^{N}\gamma(z_{nk})(\boldsymbol{x}_n-\boldsymbol{\mu}_k)(\boldsymbol{x}_n-\boldsymbol{\mu}_k)^{\mathrm{T}} \tag{6.28}$$

对于先验概率 π_k，因为 π_k 满足式（6.23）中的约束，我们使用拉格朗日乘子法将约束加入似然函数，得到新的似然函数

$$\ln p(\boldsymbol{X}\mid\boldsymbol{\pi},\boldsymbol{\mu},\boldsymbol{\Sigma})+\lambda\left(\sum_{k=1}^{K}\pi_k-1\right) \tag{6.29}$$

对 π_k 求导并令导数为零得

$$0=\sum_{n=1}^{N}\frac{N(\boldsymbol{x}_n\mid\boldsymbol{\mu}_k,\boldsymbol{\Sigma}_k)}{\sum_{j=1}^{k}\pi_j N(\boldsymbol{x}_n\mid\boldsymbol{\mu}_j,\boldsymbol{\Sigma}_j)}+\lambda \tag{6.30}$$

首先移项并在等式两边同时乘以 π_k ，然后相加，利用 π_k 的约束得到 $\lambda=-N$ ，进而得到 π_k 的估计结果为

$$\pi_k=\frac{N_k}{N} \tag{6.31}$$

根据上述推导，在已知某组 $\boldsymbol{\mu}_k,\boldsymbol{\Sigma}_k,\pi_k$ 的情况下，我们得到了更符合所给样本分布的一组 $\boldsymbol{\mu}_k,\boldsymbol{\Sigma}_k,\pi_k$ 。于是，我们就可在给定一组 $\boldsymbol{\mu}_k,\boldsymbol{\Sigma}_k,\pi_k$ 的条件下，采用迭代方法得到一组更符合样本模型的未知参数的估计结果。

EM 算法求解高斯混合模型的基本步骤如下。

（1）初始化均值向量 $\boldsymbol{\mu}_k$ 、协方差矩阵 $\boldsymbol{\Sigma}_k$ 和先验概率 π_k ，并且计算在该初始化条件下的似然函数的值。

（2）通过当前的参数估计值计算每个样本的后验概率，即

$$\gamma(z_{nk})=\frac{\pi_k N(\boldsymbol{x}_n\mid\boldsymbol{\mu}_k,\boldsymbol{\Sigma}_k)}{\sum_{j=1}^{k}\pi_j N(\boldsymbol{x}_n\mid\boldsymbol{\mu}_j,\boldsymbol{\Sigma}_j)} \tag{6.32}$$

（3）通过样本的后验概率重新计算未知参数的估计值：

$$\boldsymbol{\mu}_k^{\text{new}}=\frac{1}{N_k}\sum_{n=1}^{N}\gamma(z_{nk})\boldsymbol{x}_n \tag{6.33}$$

$$\boldsymbol{\Sigma}_k^{\text{new}}=\frac{1}{N_k}\sum_{n=1}^{N}\gamma(z_{nk})(\boldsymbol{x}_n-\boldsymbol{\mu}_k^{\text{new}})(\boldsymbol{x}_n-\boldsymbol{\mu}_k^{\text{new}})^{\mathrm{T}} \tag{6.34}$$

$$\pi_k^{\text{new}}=\frac{N_k}{N} \tag{6.35}$$

式中， $N_k=\sum_{n=1}^{N}\gamma(z_{nk})$ 。

（4）计算当前未知参数的估计值条件下的似然函数值，检测似然函数对每个未知参数是否收敛，如果似然函数未收敛，则返回步骤（2）。

6.3　动态聚类算法

在聚类分析中，动态聚类算法被普遍采用，该算法首先选择某种样本相似性度量和适当的聚类准则函数，使用迭代算法，在初始划分的基础上逐步优化聚类结果，使准则函数达到极值。

对于动态聚类算法，要解决的关键问题如下。

（1）首先选择有代表性的点作为起始聚类中心。若类数已知，则选择代表点的数量等于类数 K；若 K 未知，则聚类过程要形成的类数就是值得研究的问题。

（2）代表点选好后，如何将所有样本区分到以代表点为初始聚类中心的范围内，形成初始划分，是算法的另一个关键问题。

6.3.1 均值聚类算法

c 均值聚类算法使用的聚类准则函数是误差平方和准则 J_c：

$$J_c = \frac{1}{2}\sum_{j=1}^{c}\sum_{k=1}^{n} r_{kj}\left\|\boldsymbol{x}_k - \boldsymbol{m}_j\right\|^2 \tag{6.36}$$

$$r_{kj} = \begin{cases} 1, & k = \arg\min\limits_{j}\left\|\boldsymbol{x}_k - \boldsymbol{m}_j\right\| \\ 0, & \text{其他} \end{cases} \tag{6.37}$$

式中，$\boldsymbol{X} = \{\boldsymbol{x}_i, i = 1,2,\cdots,N\}$ 是所给样本集的 N 个样本，r_{kj} 表示样本 $\boldsymbol{x}_k$ 是否被分配到以 $\boldsymbol{m}_j$ 为聚类中心的聚类中，$\boldsymbol{M} = \{\boldsymbol{m}_j, j = 1,2,\cdots,K\}$ 是需要求解的 c 个聚类中心。为了优化聚类结果，应使准则 J_c 最小。同样，对准则函数求导并令导数为零得

$$\frac{\partial J_c}{\partial \boldsymbol{m}_j} = \sum_{k=1}^{n} r_{kj}(\boldsymbol{x}_k - \boldsymbol{m}_j) \tag{6.38}$$

整理上式得

$$\boldsymbol{m}_j = \frac{\sum_k r_{kj}\boldsymbol{x}_k}{\sum_k r_{kj}} \tag{6.39}$$

观察上式发现，每个聚类中心都是分配到该聚类中的样本均值。下面给出 c 均值算法的两种计算过程。

1. c 均值算法的计算过程一

这个计算过程具体如下：

（1）给出 n 个混合样本，令 $I = 1$，表示迭代运算次数，选取 c 个初始聚类中心 $\boldsymbol{Z}_j(1)$，$j = 1,2,\cdots,c$。

（2）计算每个样本到聚类中心的距离：

$$D(\boldsymbol{x}_k, \boldsymbol{Z}_j(I)),\quad k = 1,2,\cdots,n,\quad j = 1,2,\cdots,c$$

若

$$D(\boldsymbol{x}_k, \boldsymbol{Z}_i(I)) = \min_{j=1,2,\cdots,c}\{D(\boldsymbol{x}_k, \boldsymbol{Z}_j(I)), k=1,2,\cdots,n\}$$

则 $\boldsymbol{x}_k \in \omega_i$ 。

（3）计算 c 个新的聚类中心：

$$\boldsymbol{Z}_j(I+1) = \frac{1}{n_j}\sum_{k=1}^{n_j}\boldsymbol{x}_k^{(j)}, \quad j=1,2,\cdots,c$$

（4）若 $\boldsymbol{Z}_j(I+1) \neq \boldsymbol{Z}_j(I)$, $j=1,2,\cdots,c$ ，则 $I=I+1$ ，返回步骤（2），否则算法结束。

这种算法的特点如下：

（1）每次迭代时都要检查每个样本的分类是否正确，若不正确，就要对其进行调整，调整全部样本后，再修改聚类中心，进入下一次迭代。若某次迭代运算时所有样本都被正确分类，则不调整样本，聚类中心无变化，即算法收敛。

（2）c 个初始聚类中心的选择对聚类结果有较大的影响。在算法迭代过程中，因为样本分类不断调整，所以误差平方和 J_c 逐步减小，直到没有样本调整为止，此时 J_c 不再变化，聚类达到最优。然而，上述算法中未计算 J_c 值，即 J_c 不是算法结束的明显依据。

下面按照样本移动对 J_c 的影响来修改上述算法。

假设 $\boldsymbol{x}_k^{(i)}$ 由样本的子集 $\boldsymbol{X}_i$ 移入另一个子集 $\boldsymbol{X}_j$ ，那么这次移动只影响两个类 ω_i 和 ω_j 的聚类中心 $\boldsymbol{Z}_i$ 和 $\boldsymbol{Z}_j$ ，以及两个类的类内误差平方和 J_{c_i} 和 J_{c_j} 。

移动后的聚类中心为

$$\begin{aligned}\boldsymbol{Z}_i(I+1) &= \frac{1}{n_i+1}\left[n_i \cdot \boldsymbol{Z}_i(I) - \boldsymbol{x}_k^{(i)}\right] = \boldsymbol{Z}_i(I) + \frac{1}{n_i-1}\left[\boldsymbol{Z}_i(I) - \boldsymbol{x}_k^{(i)}\right] \\ \boldsymbol{Z}_j(I+1) &= \frac{1}{n_j+1}\left[n_j \cdot \boldsymbol{Z}_j(I) - \boldsymbol{x}_k^{(i)}\right] = \boldsymbol{Z}_j(I) + \frac{1}{n_j-1}\left[\boldsymbol{Z}_j(I) - \boldsymbol{x}_k^{(i)}\right]\end{aligned} \tag{6.40}$$

于是有

$$J_{c_i}(I+1) = J_{c_i}(I) - \frac{n_i}{n_i-1}\left\|\boldsymbol{x}_k^{(i)} - \boldsymbol{Z}_i(I)\right\|^2 \tag{6.41}$$

$$J_{c_j}(I+1) = J_{c_j}(I) + \frac{n_j}{n_j+1}\left\|\boldsymbol{x}_k^{(i)} - \boldsymbol{Z}_j(I)\right\|^2 \tag{6.42}$$

如果

$$\frac{n_j}{n_j+1}\left\|\boldsymbol{x}_k^{(i)} - \boldsymbol{Z}_j(I)\right\|^2 < \frac{n_i}{n_i-1}\left\|\boldsymbol{x}_k^{(i)} - \boldsymbol{Z}_i(I)\right\|^2$$

那么 J_c 的值减小为

$$J_c(I+1)=J_c(I)-\left[\frac{n_i}{n_i-1}\left\|\boldsymbol{x}_k^{(i)}-\boldsymbol{Z}_i(I)\right\|^2-\frac{n_j}{n_j+1}\left\|\boldsymbol{x}_k^{(i)}-\boldsymbol{Z}_j(I)\right\|^2\right] \tag{6.43}$$

根据上述分析，对 c 均值算法做出改进，就变成 c 均值算法的计算过程二，如下所示。

2．c 均值算法的计算过程二

（1）给定 n 个混合样本，令 $I=1$（迭代次数），选取 c 个初始聚类中心 $\boldsymbol{Z}_j(1)$，$j=1,2,\cdots,c$。

（2）计算每个样本与每个聚类中心的距离 $D(\boldsymbol{x}_k,\boldsymbol{Z}_j(I))$，$k=1,2,\cdots,n$，$j=1,2,\cdots,c$。若

$$D(\boldsymbol{x}_k,\boldsymbol{Z}_i(1))=\min_{j=1,2,\cdots,c}\{D(\boldsymbol{x}_k,\boldsymbol{Z}_j(1)),k=1,2,\cdots,n\}$$

则 $\boldsymbol{x}_k\in\omega_i$。

（3）令 $I=I+1=2$，计算新的聚类中心：

$$\boldsymbol{Z}_j(2)=\frac{1}{n_j}\sum_{k=1}^{n_j}\boldsymbol{x}_k^{(j)}\text{，}\quad j=1,2,\cdots,c \tag{6.44}$$

计算误差平方和 J_c：

$$J_c(2)=\sum_{j=1}^{c}\sum_{k=1}^{n_j}\left\|\boldsymbol{x}_k^{(i)}-\boldsymbol{Z}_i(2)\right\|^2 \tag{6.45}$$

（4）对每个聚类中的每个样本，计算 J_c 的减小部分 ρ_{ii}，

$$\rho_{ii}=\frac{n_i}{n_i-1}\left\|\boldsymbol{x}_k^{(i)}-\boldsymbol{Z}_i(I)\right\|^2\text{，}\quad i=1,2,\cdots,c \tag{6.46}$$

并且计算 J_c 的增大部分 ρ_{ij}，

$$\rho_{ij}=\frac{n_j}{n_j+1}\left\|\boldsymbol{x}_k^{(i)}-\boldsymbol{Z}_j(I)\right\|^2\text{，}\quad j=1,2,\cdots,c\text{，}\quad j\neq i \tag{6.47}$$

令 $\rho_{il}=\min\limits_{j\neq i}\{\rho_{ij}\}$。若 $\rho_{il}<\rho_{ii}$，则将样本 $\boldsymbol{x}_k^{(i)}$ 移到聚类中心 ω_l 中并修改聚类中心和 J_c 值：

$$\boldsymbol{Z}_i(I+1)=\boldsymbol{Z}_i(I)+\frac{1}{n_i-1}\left[\boldsymbol{Z}_i(I)-\boldsymbol{x}_k^{(i)}\right] \tag{6.48}$$

$$\boldsymbol{Z}_l(I+1)=\boldsymbol{Z}_j(I)+\frac{1}{n_l+1}\left[\boldsymbol{Z}_l(I)-\boldsymbol{x}_k^{(i)}\right] \tag{6.49}$$

$$J_c(I+1)=J_c(I)-(\rho_{ii}-\rho_{il}) \tag{6.50}$$

（5）若 $J_c(I+1)<J_c(I)$，则 $I=I+1$，返回步骤（4），否则算法结束。

【例 6.1】 混合样本集 $\boldsymbol{X}$ 共有 20 个样本，样本分布如图 6.1 所示，类数 $c=2$。试用 c 均值算法进行聚类分析。

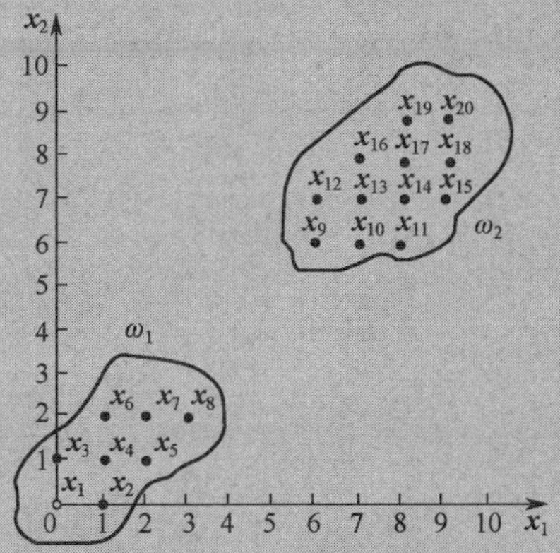

图 6.1　混合样本分布

解：（1）$c=2$，选择两个聚类中心

$$\boldsymbol{Z}_1(1)=\boldsymbol{x}_1,\quad \boldsymbol{Z}_2(1)=\boldsymbol{x}_2$$

则有

$$\boldsymbol{Z}_1(1)=(0,0)^{\mathrm{T}},\quad \boldsymbol{Z}_2(1)=(1,0)^{\mathrm{T}}$$

令 $I=1$。

（2）选用欧氏距离作为相似性度量，计算各个样本到 $\boldsymbol{Z}_1(1)$ 和 $\boldsymbol{Z}_2(1)$ 的距离，并将 $\boldsymbol{x}_k$ 分给最近的聚类范围，有

$$\|\boldsymbol{x}_1-\boldsymbol{Z}_1(1)\|<\|\boldsymbol{x}_1-\boldsymbol{Z}_2(1)\| \Rightarrow \boldsymbol{x}_1\in\boldsymbol{Z}_1(1)$$

$$\|\boldsymbol{x}_2-\boldsymbol{Z}_2(1)\|<\|\boldsymbol{x}_2-\boldsymbol{Z}_1(1)\| \Rightarrow \boldsymbol{x}_2\in\boldsymbol{Z}_2(1)$$

$$\|\boldsymbol{x}_3-\boldsymbol{Z}_1(1)\|<\|\boldsymbol{x}_3-\boldsymbol{Z}_2(1)\| \Rightarrow \boldsymbol{x}_3\in\boldsymbol{Z}_1(1)$$

……

得到

$$\omega_1:\boldsymbol{X}_1=\{\boldsymbol{x}_1,\boldsymbol{x}_3\},n_1=2$$

$$\omega_2:\boldsymbol{X}_2=\{\boldsymbol{x}_2,\boldsymbol{x}_4,\boldsymbol{x}_5,\cdots,\boldsymbol{x}_{20}\},n_2=18$$

（3）计算新的聚类中心：

$$\boldsymbol{Z}_1(2)=\frac{1}{2}(\boldsymbol{x}_1+\boldsymbol{x}_3)=(0,0.5)^{\mathrm{T}}$$

$$\boldsymbol{Z}_2(2)=\frac{1}{18}\sum_{x\in X_2}\boldsymbol{x}=\left(\frac{3+4+3+12+21+32+2}{18},\frac{2+6+18+28+24+18}{18}\right)^{\mathrm{T}}=(5.67,5.33)^{\mathrm{T}}$$

（4）判断 $\boldsymbol{Z}_j(2)\neq\boldsymbol{Z}_j(1), j=1,2$。令 $I=I+1=2$，返回步骤（2）。

（5）计算各样本到 $\boldsymbol{Z}_j(2), j=1,2$ 的欧氏距离，有

$$\|\boldsymbol{x}_k-\boldsymbol{Z}_1(2)\|<\|\boldsymbol{x}_k-\boldsymbol{Z}_2(2)\|,\ k=1,2,\cdots,8$$

$$\|\boldsymbol{x}_k-\boldsymbol{Z}_2(2)\|<\|\boldsymbol{x}_k-\boldsymbol{Z}_1(2)\|,\ k=9,10,\cdots,20$$

得到新的聚类：

$$\omega_1:\boldsymbol{X}_1=\{\boldsymbol{x}_1,\boldsymbol{x}_2,\cdots,\boldsymbol{x}_8\},n_1=8$$

$$\omega_2:\boldsymbol{X}_2=\{\boldsymbol{x}_9,\boldsymbol{x}_{10},\cdots,\boldsymbol{x}_{20}\},n_2=12$$

（6）计算聚类中心：

$$\begin{aligned}Z_1(3)&=\frac{1}{n_1}\sum_{x\in X_1}\boldsymbol{x}\\&=\frac{1}{8}(\boldsymbol{x}_1+\boldsymbol{x}_2+\cdots+\boldsymbol{x}_8)\\&=\left(\frac{3+4+3}{8},\frac{3+6}{8}\right)^{\mathrm{T}}\\&=(1.25,1.13)^{\mathrm{T}}\end{aligned},\qquad \begin{aligned}Z_2(3)&=\frac{1}{n_2}\sum_{x\in X_2}\boldsymbol{x}\\&=\frac{1}{12}(\boldsymbol{x}_9+\boldsymbol{x}_{10}+\cdots+\boldsymbol{x}_{20})\\&=\left(\frac{12+21+32+27}{12},\frac{18+28+24+18}{12}\right)^{\mathrm{T}}\\&=(7.67,7.33)^{\mathrm{T}}\end{aligned}$$

（7）判断 $\boldsymbol{Z}_j(3)\neq\boldsymbol{Z}_j(2), j=1,2$。令 $I=I+1=2$，返回步骤（2）。

（2）聚类结果无变化。

（3）聚类中心无变化，$\boldsymbol{Z}_1(4)=\boldsymbol{Z}_1(3)$，$\boldsymbol{Z}_2(4)=\boldsymbol{Z}_2(3)$。

（4）判断 $\boldsymbol{Z}_j(4)=\boldsymbol{Z}_j(3), j=1,2$，算法结束。

聚类结果如图 6.1 所示。

3. J_c-c 关系曲线

在上述 c 均值算法中，类数已知为 c。当 c 未知时，可让 c 逐渐增大，如 $c=1,2,\cdots$。使用 c 均值算法时，误差平方和 J_c 随 c 的增大而单调减小。最初，由于 c 较小，类的分裂使 J_c 迅速减小，但当 c 增大到一定的数值时，J_c 减小的速度变慢，直到 $c=n$ 时 $J_c=0$。J_c-c 关系曲线如图 6.2 所示，其中拐点 A 对应于接近最优的 c 值。

并非所有情况都容易找到 J_c-c 关系曲线的拐点，此时 c 值无法确定。下面介绍一种确定类数 c 的方法。

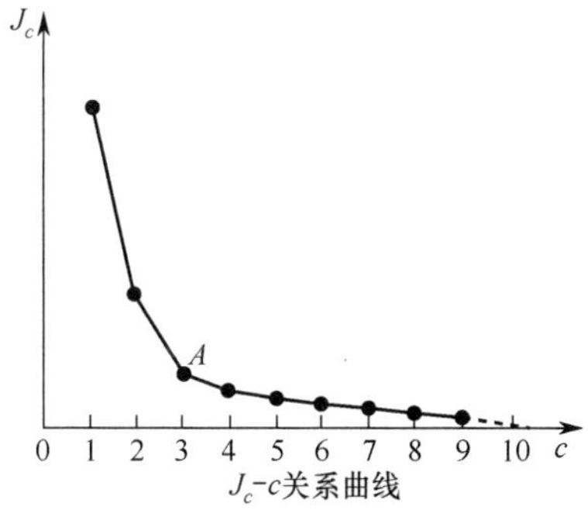

图 6.2　J_c-c 关系曲线

6.3.2　ISODATA 聚类算法

ISODATA 算法：英文全称为 Iterative Self-Organizing Data Analysis Techniques Algorithm，中文全称为迭代自组织数据分析技术算法。

ISODATA 算法的特点：可以通过类的自动合并与分裂得到较合理的类数 c 。

ISODATA 算法的具体步骤如下。

（1）给定控制参数。

K ：预期的聚类中心数量。

θ_n ：每个聚类中最少的样本数，如果少于该数就不能作为一个独立的聚类。

θ_s ：一个聚类域中样本距离分布的标准差（阈值）。

θ_c ：两个聚类中心间的最小距离，如果小于该数，那么两个聚类合并。

L ：每次迭代允许合并的最大聚类对数。

I ：允许的最多迭代次数。

给定 n 个混合样本，令 $J=1$ （迭代次数），预选 c 个起始聚类中心 $\boldsymbol{Z}_j(J)$ ，$j=1,2,\cdots,c$ 。

（2）计算每个样本到聚类中心的距离 $D(\boldsymbol{x}_k,\boldsymbol{Z}_j(J))$ 。

若 $D(\boldsymbol{x}_k,\boldsymbol{Z}_j(J))=\min\limits_{j=1,2,\cdots,c}\{D(\boldsymbol{x}_k,\boldsymbol{Z}_j(J)),k=1,2,\cdots,n\}$ ，则 $\boldsymbol{x}_k\in\omega_i$ 。

将全部样本分给 c 个聚类，n_j 表示各子集 $\boldsymbol{X}_j$ 中的样本数。

（3）判断：若 $n_j<\theta_n, j=1,2,\cdots,c$ ，则舍去子集 $\boldsymbol{X}_j$ ，$c=c-1$ ，返回步骤（2）。

（4）计算并修改聚类中心：

$$\boldsymbol{Z}_j(J)=\frac{1}{n_j}\sum_{k=1}^{n_j}\boldsymbol{x}_k^{(j)}\,,\quad j=1,2,\cdots,c$$

（5）计算类内距离均值 $\bar{D}_j$：

$$\bar{D}_j=\frac{1}{n_j}\sum_{k=1}^{n_j}D(\boldsymbol{x}_k^{(j)},\boldsymbol{Z}_j(J))\,,\quad j=1,2,\cdots,c$$

（6）计算类内总平均距离 $\bar{D}$（全部样本到相应聚类中心的总平均距离）：

$$\bar{D}=\frac{1}{n}\sum_{j=1}^{c}n_j\cdot\bar{D}_j$$

（7）判别分裂、合并及迭代运算。

① 若迭代次数已达 I 次，即最后一次迭代，置 $\theta_c=0$，转到步骤（11），运算结束。

② 若 $c\leqslant K/2$，即聚类中心的数量等于或不到规定值的一半，则转到步骤（8），分裂已有的聚类。

③ 若迭代次数是偶数，或者 $c\geqslant 2K$，则不分裂，跳到步骤（11）；若不符合上述两个条件，则进入步骤（8），进行分裂处理。

（8）计算每个聚类的标准差向量：

$$\boldsymbol{\sigma}_j=(\sigma_{j1},\sigma_{j2},\cdots,\sigma_{jd})^{\mathrm{T}}$$

每个分量为

$$\sigma_{ji}=\sqrt{\frac{1}{n_j}\sum_{\boldsymbol{x}\in X_j}(x_i-Z_{ji}(J))^2}\,,\quad i=1,2,\cdots,d\,,\quad j=1,2,\cdots,c$$

式中，x_i 表示 $\boldsymbol{x}$ 的第 i 个分量，Z_{ji} 表示 $\boldsymbol{Z}_j$ 的第 i 个分量，d 为维数。

（9）求出每个聚类的最大标准差分量 $\sigma_{j\max}$：

$$\sigma_{j\max}=\max_{i=1,2,\cdots,d}\{\sigma_{ji}\}\,,\quad j=1,2,\cdots,c$$

（10）检查 $\sigma_{j\max}, j=1,2,\cdots,c$，若 $\sigma_{j\max}>\theta_c$，且同时满足以下两条件之一：

① $\overline{D_j}>\overline{D}$ 及 $n_j>2(\theta_n+1)$（样本数超过规定值一倍以上）。

② $c\leqslant K/2$。

则将该集合分为两个新的聚类，聚类中心分别为

$$\boldsymbol{Z}_j^{+}(J)=\boldsymbol{Z}_j(J)+\boldsymbol{r}_j\,,\quad \boldsymbol{Z}_j^{-}(J)=\boldsymbol{Z}_j(J)-\boldsymbol{r}_j$$

式中，$r_j = k\sigma_j$ 或 $\boldsymbol{r}_j = k[0,0,\cdots,\sigma_{j\max},0,\cdots,0]^{\mathrm{T}}$，$0 < k \leqslant 1$。

令 $c = c+1$，$J = J+1$，返回步骤（2）。

其中，K 的选择很重要，既要使 $\boldsymbol{X}_j$ 中的样本到 $\boldsymbol{Z}_j^+(J)$ 和 $\boldsymbol{Z}_j^-(J)$ 的距离不同，又要使样本全部在这两个集合中。

（11）计算两个聚类中心之间的距离 D_{ij}：

$$D_{ij} = D(\boldsymbol{Z}_i(J), \boldsymbol{Z}_j(J)),\quad i = 1,2,\cdots,c-1,\quad j = i+1,\cdots,c$$

（12）比较 D_{ij} 与 θ_c，并将小于 θ_c 的 D_{ij} 按递增顺序排列：

$$D_{i1j1} < D_{i2j2} < \cdots < D_{iLjL}，\ L\text{ 为给定的合并参数}$$

（13）检查步骤（12）中的不等式，对每个 D_{iLjL}，对应有两个聚类中心 $\boldsymbol{Z}_{iL}$ 和 $\boldsymbol{Z}_{jL}$。如果在同一次迭代中还未将 $\boldsymbol{Z}_{iL}$ 和 $\boldsymbol{Z}_{jL}$ 合并，则将两者合并，合并后的中心为

$$\boldsymbol{Z}_L(J) = \frac{1}{n_{iL} + n_{jL}}[n_{iL} \cdot \boldsymbol{Z}_{iL}(J) + n_{jL} \cdot \boldsymbol{Z}_{jL}(J)]，\ 令\ c = c+1$$

（14）若 $J < I$，则 $J = J+1$。如果修改给定参数，则返回步骤（1）；如果不修改参数，则返回步骤（2）。否则，$J = I$，算法结束。

注意：步骤（8）至（10）实现分裂，步骤（11）至（13）实现合并。

【例 6.2】一个混合样本集的分布如图 6.3 所示，试用 ISODATA 进行聚类分析。

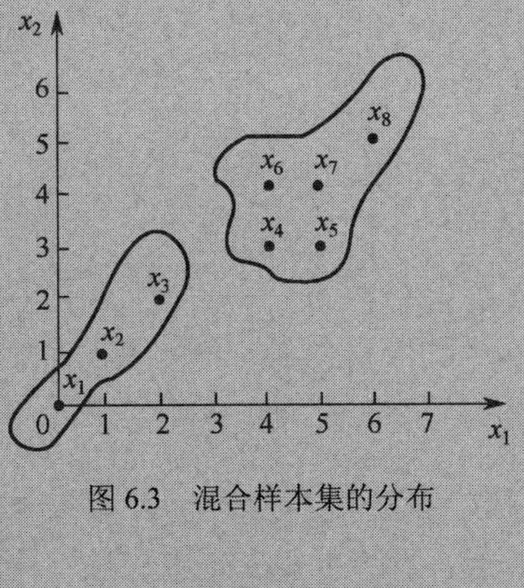

图 6.3　混合样本集的分布

解：如图所示，样本数 $n = 8$，取类数的初始值 $c = 1$，执行 ISODATA 算法。

（1）给定参数（可以通过迭代过程修正这些参数）：

$$K = 2, \theta_n = 2, \theta_s = 1, \theta_c = 4, L = 0, I = 4$$

预选 $\boldsymbol{x}_1$ 为聚类中心，即 $\boldsymbol{Z}_1 = (0,0)^{\mathrm{T}}$。令迭代次数 $J = 1$。

（2）聚类：因为只有一个聚类中心 $\boldsymbol{Z}_1=(0,0)^{\mathrm{T}}$，所以 $\omega_1:\boldsymbol{X}_1=\{\boldsymbol{x}_1,\boldsymbol{x}_2,\cdots,\boldsymbol{x}_8\},n_1=8$。

（3）因为 $n_1=8>\theta_n$，所以无子集被抛弃。

（4）计算新聚类中心：

$$\boldsymbol{Z}_1=\frac{1}{8}\sum_{x\in X_1}\boldsymbol{x}=\left(\frac{1+2+8+10+6}{8},\frac{1+2+6+8+5}{8}\right)=(3.38,2.75)^{\mathrm{T}}$$

（5）计算类内平均距离：

$$\begin{aligned}\overline{D_1}&=\frac{1}{n_1}\sum_{x\in X_1}\|\boldsymbol{x}-\boldsymbol{Z}_1\|\\&=\frac{1}{8}\Big[\sqrt{\left(\tfrac{27}{8}\right)^2+\left(\tfrac{22}{8}\right)^2}+\sqrt{\left(\tfrac{19}{8}\right)^2+\left(\tfrac{14}{8}\right)^2}+\sqrt{\left(\tfrac{11}{8}\right)^2+\left(\tfrac{6}{8}\right)^2}+\sqrt{\left(\tfrac{5}{8}\right)^2+\left(\tfrac{2}{8}\right)^2}+\\&\quad\sqrt{\left(\tfrac{13}{8}\right)^2+\left(\tfrac{2}{8}\right)^2}+\sqrt{\left(\tfrac{5}{8}\right)^2+\left(\tfrac{10}{8}\right)^2}+\sqrt{\left(\tfrac{13}{8}\right)^2+\left(\tfrac{10}{8}\right)^2}+\sqrt{\left(\tfrac{21}{8}\right)^2+\left(\tfrac{18}{8}\right)^2}\\&=2.26\end{aligned}$$

（6）计算类内总平均距离：$\overline{D}=\overline{D_1}=2.26$。

（7）不是最后一次迭代，且 $c=K/2$，转至步骤（8）

（8）计算聚类 $\boldsymbol{X}_1$ 中的标准差 σ_1：

$$\sigma_1=(\sigma_{11},\sigma_{12})^{\mathrm{T}}$$

$$\begin{aligned}\sigma_{11}&=\sqrt{\frac{1}{8}\sum_{x\in X_j}(x_1-Z_{ji}(J))^2}\\&=\sqrt{\frac{1}{8}\begin{bmatrix}\left(0-\frac{27}{8}\right)^2+\left(1-\frac{27}{8}\right)^2+\left(2-\frac{27}{8}\right)^2+\left(4-\frac{27}{8}\right)^2+\\\left(5-\frac{27}{8}\right)^2+\left(4-\frac{27}{8}\right)^2+\left(5-\frac{27}{8}\right)^2+\left(6-\frac{27}{8}\right)^2\end{bmatrix}}\\&=\sqrt{3.98}=1.99\end{aligned}$$

$$\sigma_{12}=\sqrt{\frac{1}{8}\left[\left(\tfrac{22}{8}\right)^2+\left(\tfrac{14}{8}\right)^2+\left(\tfrac{6}{8}\right)^2+\left(\tfrac{2}{8}\right)^2+\left(\tfrac{22}{8}\right)^2+\left(\tfrac{10}{8}\right)^2+\left(\tfrac{10}{8}\right)^2+\left(\tfrac{18}{8}\right)^2\right]}=1.56$$

（9）σ_1 中的最大偏差分量为 $\sigma_{11}=1.99$，即 $\sigma_{1\max}=1.99$。

（10）因为 $\sigma_{1\max}>\theta_s$ 且 $c=K/2$，所以将聚类分裂成两个子集，$K=0.5$，则 $\boldsymbol{r}_1=(1,0)^{\mathrm{T}}$，所以新的聚类中心分别为

$$\boldsymbol{Z}_1^+=(4.38,2.75)^{\mathrm{T}},\quad \boldsymbol{Z}_1^-=(2.38,2.75)^{\mathrm{T}}$$

为方便起见，将 $\boldsymbol{Z}_1^+$ 和 $\boldsymbol{Z}_1^-$ 改写为 $\boldsymbol{Z}_1$ 和 $\boldsymbol{Z}_2$，令 $c=c+1,J=J+1=2$，返回步骤（2）。

（2）重新聚类：

$$\omega_1 : \boldsymbol{X}_1 = \{\boldsymbol{x}_4, \boldsymbol{x}_5, \boldsymbol{x}_6, \boldsymbol{x}_7, \boldsymbol{x}_8\}, n_1 = 5$$

$$\omega_2 : \boldsymbol{X}_2 = \{\boldsymbol{x}_1, \boldsymbol{x}_2, \boldsymbol{x}_3\}, n_2 = 3$$

（3）因为$n_1 > \theta_n$，$n_2 > \theta_n$，无子集被抛弃。

（4）重新计算聚类中心：

$$\boldsymbol{Z}_1 = \frac{1}{n_1}\sum_{x\in X_1}\boldsymbol{x} = (4.8, 3.8)^{\mathrm{T}}, \qquad \boldsymbol{Z}_2 = \frac{1}{n_2}\sum_{x\in X_2}\boldsymbol{x} = (1.06, 1)^{\mathrm{T}}$$

（5）计算类内平均距离：

$$\overline{D_1} = \frac{1}{n_1}\sum_{x\in X_1}\|\boldsymbol{x} - \boldsymbol{Z}_1\| = 0.8, \qquad \overline{D_2} = \frac{1}{n_2}\sum_{x\in X_2}\|\boldsymbol{x} - \boldsymbol{Z}_2\| = 0.94$$

（6）计算类内总平均距离：

$$\overline{D} = \frac{1}{n}\sum_{j=1}^{2} n_j \cdot \overline{D_j} = \frac{1}{8}(5\times 0.8 + 3\times 0.94) = 0.85$$

（7）因为是偶数次迭代，所以转向步骤（11）。

（11）计算两个聚类中心间的距离：

$$D_{12} = \|\boldsymbol{Z}_1 - \boldsymbol{Z}_2\| = 4.72$$

（12）判断$D_{12} > \theta_c$。

（13）聚类中心不合并。

（14）因为不是最后一次迭代，令$J = J + 1 = 3$，考虑是否修改参数。

考虑：① 已获得合理的聚类数量；② 两个聚类中心间的距离大于类内总平均距离；

③ 每个聚类内部有足够比例的样本数。

不必修改控制参数，返回步骤（2）。

（2）～（6）与上次迭代的相同。

（7）所列情况均不满足，继续执行。

（8）计算两个聚类的标准差：

$$\boldsymbol{\sigma}_1 = (0.75, 0.75)^{\mathrm{T}}, \boldsymbol{\sigma}_2 = (0.82, 0.82)^{\mathrm{T}}$$

（9）$\sigma_{1\max} = 0.75, \sigma_{2\max} = 0.82$。

（10）$c = K/2$，且n_1和n_2均小于$2(\theta_n + 1)$，分裂条件不满足，继续执行步骤（11）。

（11）～（13）与前一次迭代的结果相同。

（14）因为$J<I$，令$J=J+1=4$，无显著变化，返回步骤（2）。

（2）～（6）与前一次迭代的相同。

（7）因为$J=I$，是最后一次迭代，所以令$\theta_c=0$，转至步骤（11）。

（11）～（12）与前一次迭代的相同。

（13）无合并发生。

（14）因为$J=I$，聚类过程结束。结果图 6.3 所示。

在 ISODATA 算法中，起始聚类中心的选取对聚类过程和结果都有较大的影响，选择得好，算法收敛的速度快，聚类质量高。

注意，ISODATA 算法和c均值算法的异同点如下：

① 都是动态聚类算法。

② c均值算法简单，ISODATA 算法复杂。

③ c均值算法中的类数是固定的，而 ISODATA 算法中的类数是可变的。

ISODATA 算法的流程框图如图 6.4 所示。

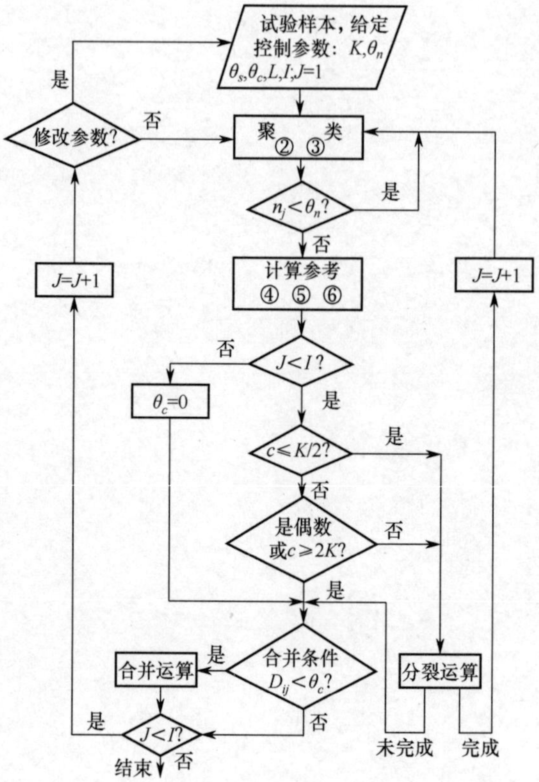

图 6.4 ISODATA 算法的流程框图

6.4 层次聚类算法

本节介绍层次聚类算法，这种算法逐步将样本聚类，类由多到少，直到满足分类要求。层次聚类算法分为自底向上的分裂和自顶向下的凝聚两种方案。

6.4.1 凝聚的层次聚类算法

自底向上的层次聚类过程是相似类之间的凝聚过程，它首先将每个对象作为一个类，然后将这些类合并为越来越大的类，直到所有样本都在同一个类中，或者满足某个终止条件。

层次聚类算法的基本步骤如下：

（1）设有 n 个样本，每个样本自成一个类，共有 n 个类：$G_1^0, G_2^0, \cdots, G_n^0$（右上角的数字标记聚类次数，右下角的数字标记类）。计算各个类间的距离，得到 $n \times n$ 维距离矩阵 $\boldsymbol{D}^0$。

（2）求得 $\boldsymbol{D}^m$ 后，求出 $\boldsymbol{D}^m$ 中最小的元素，若它对应于 G_i^m 和 G_j^m，则将 G_i^m 和 G_j^m 合并为一个类，得到新类 $G_1^{m+1}, G_2^{m+2}, \cdots$。计算 $\boldsymbol{D}^{m+1}$。

（3）若 $\boldsymbol{D}^{m+1}$ 中最小的元素小于阈值 d，或者所有样本都在同一个类中，算法停止，所得分类即为聚类结果，否则转到步骤（2）。在步骤（2）中，将 G_i^m 和 G_j^m 合并为一个类，记为 G_{ij}^m，然后计算新距离矩阵 $\boldsymbol{D}^{m+1}$。

聚类矩阵的计算方法很多，下面给出几种距离计算方法。

1. 最短距离法

定义 $D_{h,k}$ 为类 h 中所有样本与类 k 中所有样本间的最小距离，即

$$D_{h,k} = \min\{d_{uv}\}$$

式中，d_{uv} 表示类 h 中的样本 u 与类 k 中所有样本 v 之间的距离。

若 k 是由类 i 和 j 合并得到的，则有

$$D_{h,i} = \min\{d_{um}\}, \quad u \in h, m \in i$$

$$D_{h,j} = \min\{d_{un}\}, \quad u \in h, n \in j$$

递推可得

$$D_{h,ij} = \min\{D_{h,i}, D_{h,j}\} \tag{6.51}$$

2. 最长距离法

类似地，定义 $D_{h,k}$ 为类 h 中所有样本与类 k 中所有样本间的最大距离，则有

$$D_{h,k} = \max\left\{d_{uv}\right\}$$

式中，d_{uv} 的定义与最短距离法中的定义相同，于是递推可得

$$D_{h,ij} = \max\left\{D_{h,i}, D_{h,j}\right\} \tag{6.52}$$

3. 中间距离法

若类 k 由类 i 和类 j 合并而成，则类 h 和 k 间的中间距离为

$$D_{h,ij} = D_{h,k} = \left\{\frac{1}{2}D_{h,i}^2 + \frac{1}{2}D_{h,j}^2 - \frac{1}{4}D_{i,j}^2\right\}^{1/2} \tag{6.53}$$

中间距离介于最短距离和最长距离之间，其中 $D_{h,i}, D_{h,\mathrm{j}}, D_{i,j}$ 可由式（6.51）、式（6.52）计算。

4. 重心法

以上定义的类间的距离并未考虑每个类中的样本数。若设类 i 有 n_i 个样本，类 j 有 n_j 个样本，并用 $n_i/(n_i+n_j), n_j/(n_i+n_j)$ 替代式（6.53）中的系数，则有

$$D_{h,ij} = D_{h,k} = \left\{\frac{n_i}{n_i+n_j}D_{h,i}^2 + \frac{n_j}{n_i+n_j}D_{h,j}^2 - \frac{n_i n_j}{(n_i+n_j)^2}D_{i,j}^2\right\}^{1/2} \tag{6.54}$$

5. 类平均距离法

若类 k 由类 i 和 j 合并而成，$D_{h,i}$ 为类 h 和 i 间所有距离的平均距离，$D_{h,j}$ 为类 h, j 间所有距离的平均距离，即

$$D_{h,i} = \left(\frac{1}{n_h n_i}\sum_{u\in h, m\in i} d_{um}^2\right)^{1/2}, \qquad D_{h,j} = \left(\frac{1}{n_h n_j}\sum_{u\in h, n\in j} d_{un}^2\right)^{1/2}$$

则递推可得

$$D_{h,ij} = D_{h,k} = \left\{\frac{n_i}{n_i+n_j}D_{h,i}^2 + \frac{n_j}{n_i+n_j}D_{h,j}^2\right\}^{1/2} \tag{6.55}$$

6.4.2 分裂的层次聚类算法

分裂的层次聚类算法与凝聚的层次聚类算法相反。这种算法采用自顶向下的策略，首先将所有样本设为同一个类，然后逐渐细分为越来越多的小类，直到每个样本都自成一个类，或者达到某个终止条件。图 6.5 显示了凝聚和分裂的层次聚类。

层次聚类避免了均值的计算，适用于某些不可计算均值的样本聚类计算，如文档间的距离、字符串间的距离等。

凝聚和分裂的层次聚类

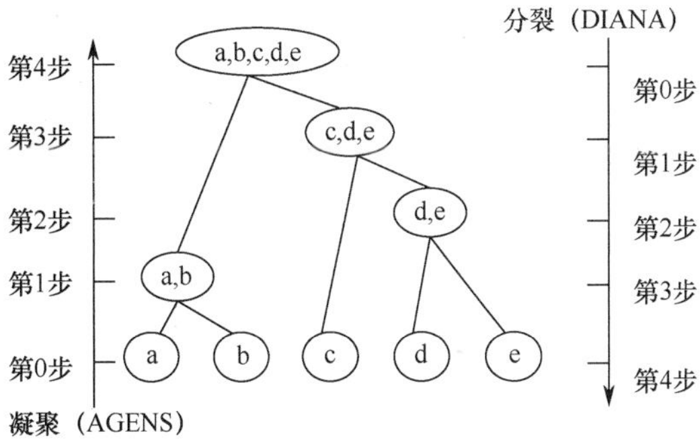

图 6.5　凝聚和分裂的层次聚类

【例 6.3】 令 $\boldsymbol{X}=\{\boldsymbol{x}_i, i=1,2,\cdots,5\}$，其中 $\boldsymbol{x}_1=(1,1)^{\mathrm{T}}$, $\boldsymbol{x}_2=(2,1)^{\mathrm{T}}$, $\boldsymbol{x}_3=(5,4)^{\mathrm{T}}$, $\boldsymbol{x}_4=(6,5)^{\mathrm{T}}$, $\boldsymbol{x}_5=(6.5,6)^{\mathrm{T}}$，执行最长距离法的凝聚层次聚类算法。

解： $\boldsymbol{X}$ 的样本矩阵为

$$\boldsymbol{D}(\boldsymbol{X})=\begin{pmatrix}1 & 2 & 5 & 6 & 6.5\\ 1 & 1 & 4 & 5 & 6\end{pmatrix}^{\mathrm{T}}$$

使用欧氏距离时，相应的不相似矩阵为

$$\boldsymbol{P}_0(\boldsymbol{X})=\begin{pmatrix}0 & 1 & 5 & 6.4 & 7.4\\ 1 & 0 & 4.2 & 5.7 & 6.7\\ 5 & 4.2 & 0 & 1.4 & 2.5\\ 6.4 & 5.7 & 1.4 & 0 & 1.1\\ 7.4 & 6.7 & 2.5 & 1.1 & 0\end{pmatrix}$$

由上述不相似矩阵可知，$\boldsymbol{x}_1,\boldsymbol{x}_2$ 之间的不相似性最低，因此将 $\boldsymbol{x}_1,\boldsymbol{x}_2$ 聚类为一个类，得到新的聚类结果 $\{\{\boldsymbol{x}_1,\boldsymbol{x}_2\},\boldsymbol{x}_3,\boldsymbol{x}_4,\boldsymbol{x}_5\}$，进而得到新的不相似矩阵为

$$\boldsymbol{P}_1(\boldsymbol{X})=\begin{pmatrix}0 & 4.2 & 5.7 & 6.7\\ 4.2 & 0 & 1.4 & 2.5\\ 5.7 & 1.4 & 0 & 1.1\\ 6.7 & 2.5 & 1.1 & 0\end{pmatrix}$$

在新的不相似矩阵中，$\boldsymbol{x}_4,\boldsymbol{x}_5$ 的不相似性最低，因此将 $\boldsymbol{x}_4,\boldsymbol{x}_5$ 聚类为一个类，得到新的聚类结果 $\{\{\boldsymbol{x}_1,\boldsymbol{x}_2\},\boldsymbol{x}_3,\{\boldsymbol{x}_4,\boldsymbol{x}_5\}\}$，进而得到新的不相似矩阵为

$$\boldsymbol{P}_2(\boldsymbol{X})=\begin{pmatrix}0 & 4.2 & 5.7\\ 4.2 & 0 & 1.4\\ 5.7 & 1.4 & 0\end{pmatrix}$$

在新的不相似矩阵中，$\boldsymbol{x}_3$ 与 $\{\boldsymbol{x}_4,\boldsymbol{x}_5\}$ 的不相似性最低，因此将 $\boldsymbol{x}_3$ 与 $\{\boldsymbol{x}_4,\boldsymbol{x}_5\}$ 聚类为一个类回最，得到新的聚类结果 $\{\{\boldsymbol{x}_1,\boldsymbol{x}_2\},\{\boldsymbol{x}_3,\boldsymbol{x}_4,\boldsymbol{x}_5\}\}$，进而得到新的不相似矩阵为

$$\boldsymbol{P}_3(\boldsymbol{X})=\begin{pmatrix}0 & 4.2\\ 4.2 & 0\end{pmatrix}$$

最后将两个类聚类为一个类，得到最终的聚类结果 $\{\boldsymbol{x}_1,\boldsymbol{x}_2,\boldsymbol{x}_3,\boldsymbol{x}_4,\boldsymbol{x}_5\}$。

6.5 谱聚类

谱聚类是一种基于图论的聚类方法，它使用关联矩阵的谱分解所传达的信息，选择合适的特征向量聚类不同的数据点。

谱聚类算法将数据集中的每个样本都视为图的一个顶点 $\boldsymbol{V}$，将顶点间的相似性度量作为相应顶点连接边 $\boldsymbol{E}$ 的权值，得到一个基于相似度的无向加权图，进而将聚类问题转化为图的划分问题。基于图论的最优划分准则使得所划分的子图内部相似度最大，子图之间的相似度最小。

基于图的聚类方法的步骤如下：

（1）创建一个图 $G(\boldsymbol{V},\boldsymbol{E})$，图中的各点分别对应于集合 $\boldsymbol{X}$ 中的点 $\boldsymbol{x}_i, i=1,2,\cdots,n$。进一步假设图 G 为无向连通图。

（2）用权值 $\boldsymbol{W}(i,j)$ 为图的每条边赋权值 e_{ij}，其中 $\boldsymbol{W}$ 用来度量图 G 中各点 $\boldsymbol{v}_i,\boldsymbol{v}_j$ 之间的相似性。权值的几何定义了 $N\times N$ 维相似矩阵 $\boldsymbol{W}$。

（3）选择一个合适的聚类准则划分该图。

（4）采用一个有效的算法策略划分数据的谱，如 c 均值算法。

下面介绍二分类的谱聚类问题。图的二分问题是指将图划分成两部分 A 和 B。

根据最优划分准则，我们得到下面的损失函数：

$$\text{cut}(A,B)=\sum_{i\in s,\, j\in t}\boldsymbol{W}(i,j) \tag{6.56}$$

$$\text{cut}(A,B)=\boldsymbol{W}(1,5)+\boldsymbol{W}(3,4)=0.3$$

选择 A 和 B 时，要让最小化 $\text{cut}(A,B)$ 的方法使得边集有最小的权值总和，即使得 A 和 B 中的点与其他划分相比有最小的相似性。然而，该准则会形成由孤立点组成的小聚类。如图 6.6 所示，最小划分准则会使得两个聚类被虚线分开，但实线是更优的划分。事实上，实线是最优的划分，虚线是最小化式（6.63）的划分。

为了最小化划分损失函数，同时保持每个类中的样本数较大，对于图中的每个点 $\boldsymbol{v}_i\in V$，定义度量

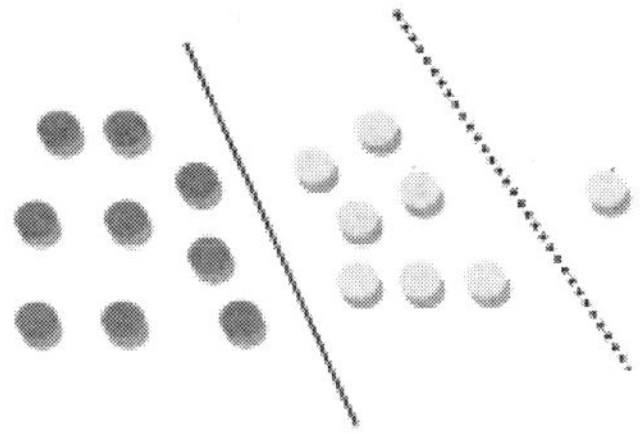

图 6.6 谱聚类的最小划分与实际划分

$$\boldsymbol{D}_{ii}=\sum_{j\in V}\boldsymbol{W}(i,j) \tag{6.57}$$

以测量每个节点 $\boldsymbol{v}_i, i=1,2,\cdots,N$ 的有效性。$\boldsymbol{D}_{ii}$ 的值越大，第 i 个节点与其他节点的相似性就越高；低 $\boldsymbol{D}_{ii}$ 值意味着一个孤立点。给定一个数据的划分集合 A，A 中所有点的总有效值的度量为

$$V(A)=\sum_{i\in S}\boldsymbol{D}_{ii}=\sum_{i\in s,\, j\in V}\boldsymbol{W}(i,j) \tag{6.58}$$

式中，$V(A)$ 是 A 的容量或度。显然，对于孤立的小聚类，$V(S)$ 较小。因此，可将损失函数重新定义为

$$\mathrm{Ncut}(A,B)=\frac{\mathrm{cut}(A,B)}{V(A)}+\frac{\mathrm{cut}(A,B)}{V(A)} \tag{6.59}$$

容易看出，对于小聚类，容易产生较大的值，这时 $\mathrm{cut}(A,B)$ 会占 $V(A)$ 的很大比例。

最小化 $\mathrm{Ncut}(A,B)$ 将引出一个 NP 困难任务。为了降低任务的难度，下面重新描述这个问题，使其有效地逼近解。定义 $\boldsymbol{y}=[y_1,y_2,\cdots,y_N]^{\mathrm{T}}$，其中

$$y_i=\begin{cases}\dfrac{1}{V(A)}, & i\in A\\ -\dfrac{1}{V(B)}, & i\in B\end{cases} \tag{6.60}$$

每个 y_i 都可视为相应点 $\boldsymbol{x}_i, i=1,2,\cdots,N$ 的聚类类标签。分析式（6.60）可以看出

$$\begin{aligned}\boldsymbol{y}^{\mathrm{T}}\boldsymbol{L}\boldsymbol{y}&=\frac{1}{2}\sum_{i\in V}\sum_{j\in V}(y_i-y_j)^2\boldsymbol{W}(i,j)\\&=\sum_{i\in S}\sum_{j\in T}\left(\frac{1}{V(S)}+\frac{1}{V(T)}\right)^2\mathrm{cut}(A,B)\\&\propto\left(\frac{1}{V(A)}+\frac{1}{V(B)}\right)^2\mathrm{cut}(A,B)\end{aligned} \tag{6.61}$$

式中，$\boldsymbol{L}=\boldsymbol{D}-\boldsymbol{W}$，$\boldsymbol{D}=\mathrm{diag}\{\boldsymbol{D}_{ii}\}$ 是图的拉普拉斯矩阵。$\propto$ 是正比符号，因为对于同一类的数据点来说，y_i-y_j 的值为零。另外，我们有

$$\begin{aligned}\boldsymbol{y}^{\mathrm{T}}\boldsymbol{D}\boldsymbol{y}&=\sum_{i\in S}{y_i}^2\boldsymbol{D}_{ii}+\sum_{j\in T}{y_j}^2\boldsymbol{D}_{jj}\\&=\frac{1}{V(A)^2}V(A)+\frac{1}{V(B)^2}V(B)\\&=\frac{1}{V(A)}+\frac{1}{V(B)}\end{aligned} \tag{6.62}$$

合并式（6.61）和式（6.62），结果表明最小化 $\text{Ncut}(S,T)$ 相当于最小化

$$J=\frac{\boldsymbol{y}^{\mathrm{T}}\boldsymbol{L}\boldsymbol{y}}{\boldsymbol{y}^{\mathrm{T}}\boldsymbol{D}\boldsymbol{y}} \tag{6.63}$$

约束条件为

$$y_i\in\left\{\frac{1}{V(A)},-\frac{1}{V(B)}\right\}$$

因此有

$$\boldsymbol{y}^{\mathrm{T}}\boldsymbol{D}\boldsymbol{1}=0 \tag{6.64}$$

其中，**1** 是所有元素都为 1 的向量。于是，在式（6.64）的约束下，最小化式（6.63）就解决了图的最优划分问题。假设位置变量为 $y_i, i=1,2,\cdots,N$ ，同时定义

$$\boldsymbol{z}\equiv\boldsymbol{D}^{1/2}\boldsymbol{y}$$

式（6.63）就变为

$$J=\frac{\boldsymbol{y}^{\mathrm{T}}\boldsymbol{L}\boldsymbol{y}}{\boldsymbol{y}^{\mathrm{T}}\boldsymbol{D}\boldsymbol{y}}=\frac{\boldsymbol{z}^{\mathrm{T}}\bar{\boldsymbol{L}}\boldsymbol{z}}{\boldsymbol{z}^{\mathrm{T}}\boldsymbol{z}},\quad \text{st.}\ \boldsymbol{z}^{\mathrm{T}}\boldsymbol{D}\boldsymbol{1}=0 \tag{6.65}$$

式中， $\tilde{\boldsymbol{L}}=\boldsymbol{D}^{-1/2}\boldsymbol{L}\boldsymbol{D}^{-1/2}$ 是图的归一化拉普拉斯矩阵。

容易证明， $\tilde{\boldsymbol{L}}$ 具有如下性质：

（1）它是对称的、半正定的矩阵。因此，它的所有特征值都是非负的，且对应的特征向量是相互正交的。

（2）向量 $\boldsymbol{z}$ 使式（6.64）中的瑞利熵最小，约束条件为 $\boldsymbol{z}^{\mathrm{T}}\boldsymbol{D}\boldsymbol{1}=0$ ，最优解是对应于 $\tilde{\boldsymbol{L}}$ 的第二个最小特征值的特征向量。

综上，谱聚类算法的基本步骤小结如下：

（1）已知一个点集 $\boldsymbol{x}_1,\boldsymbol{x}_2,\cdots,\boldsymbol{x}_N$ ，建立无向加权图 $G(\boldsymbol{V},\boldsymbol{E})$ 。采用某种相似性准则构造近邻矩阵 $\boldsymbol{W}$ 。

（2）构造矩阵 $\boldsymbol{D}$, $\boldsymbol{L}=\boldsymbol{D}-\boldsymbol{W}$ 和 $\tilde{\boldsymbol{L}}$ 。应用特征值分析式 $\tilde{\boldsymbol{L}}\boldsymbol{z}=\lambda\boldsymbol{z}$ 构造归一化拉普拉斯矩阵 $\tilde{\boldsymbol{L}}$ 。计算对应的前两个最小特征值 λ_1,λ_2 的特征向量 $\boldsymbol{z}_1,\boldsymbol{z}_2$ ，并且计算向量

$y = D^{-1/2} z$。

（3）根据阈值离散化 y 的元素。因为步骤（2）中求解的 y 是连续的实数值，而我们要求的解是离散的，所以要离散化求解的 y。离散化的方法很多，如阈值可被设为零。另一种阈值选择是采用特征向量元素的中间值。另外，可以选择最小切割值的阈值。

综上，下面给出二分图的推理与实现过程。对于多类问题，假设数据是从 K 个数据模型抽样得到的，按从小到大的顺序排列拉普拉斯矩阵的特征值，选择前 K 个特征值对应的特征向量组成的 $N \times K$ 维矩阵，其中 N 表示数据个数。将每一行视为一个数据对应的特征，使用 c 均值算法进行聚类。在聚类的结果中，每行所属的类就是原图中节点所属的类。

相似矩阵的构造方法有很多，常用的构造方法是

$$\boldsymbol{W}(i,j) = \begin{cases} \exp\left(-\left\|\boldsymbol{x}_i - \boldsymbol{x}_j\right\|^2 \big/ 2\sigma^2\right), & \left\|\boldsymbol{x}_i - \boldsymbol{x}_j\right\| < \varepsilon \\ 0, & \text{其他} \end{cases}$$

例如，给定 $\boldsymbol{X} = \{\boldsymbol{x}_i, i = 1,2,\cdots,6\}$，其中每个样本之间的相似性矩阵为

$$\boldsymbol{W} = \begin{pmatrix} 0 & 0.8 & 0.6 & 0 & 0.1 & 0 \\ 0.8 & 0 & 0.8 & 0 & 0 & 0 \\ 0.6 & 0.8 & 0 & 0.2 & 0 & 0 \\ 0 & 0 & 0.2 & 0 & 0.8 & 0.7 \\ 0.1 & 0 & 0 & 0.8 & 0 & 0.8 \\ 0 & 0 & 0 & 0.7 & 0.8 & 0 \end{pmatrix}$$

根据式（6.57），得到矩阵 $\boldsymbol{D}$ 为

$$\boldsymbol{D} = \begin{pmatrix} 1.5 & 0 & 0 & 0 & 0 & 0 \\ 0 & 1.6 & 0 & 0 & 0 & 0 \\ 0 & 0 & 1.6 & 0 & 0 & 0 \\ 0 & 0 & 0 & 1.7 & 0 & 0 \\ 0 & 0 & 0 & 0 & 1.7 & 0 \\ 0 & 0 & 0 & 0 & 0 & 1.5 \end{pmatrix}$$

根据 $\boldsymbol{L} = \boldsymbol{D} - \boldsymbol{W}$，得到拉普拉斯矩阵 $\boldsymbol{L}$ 为

$$\boldsymbol{L} = \begin{pmatrix} 1.5 & -0.8 & -0.6 & 0 & -0.1 & 0 \\ -0.8 & 1.6 & -0.8 & 0 & 0 & 0 \\ -0.6 & -0.8 & 1.6 & -0.2 & 0 & 0 \\ 0 & 0 & -0.2 & 1.7 & -0.8 & -0.7 \\ 0 & 0 & 0 & -0.8 & 1.7 & -0.8 \\ 0 & 0 & 0 & -0.7 & -0.8 & 1.5 \end{pmatrix}$$

根据 $\tilde{\boldsymbol{L}} = \boldsymbol{D}^{-1/2} \boldsymbol{L} \boldsymbol{D}^{-1/2}$，得到归一化拉普拉斯矩阵为

$$\tilde{\boldsymbol{L}}=\begin{pmatrix}1 & -0.52 & -0.3 & 0 & -0.08 & 0\\ -0.52 & 1 & -0.5 & 0 & 0 & 0\\ -0.3 & -0.5 & 1 & -0.12 & 0 & 0\\ 0 & 0 & -0.12 & 1 & -0.47 & -0.44\\ -0.08 & 0 & 0 & -0.47 & 1 & -0.5\\ 0 & 0 & 0 & -0.44 & -0.5 & 1\end{pmatrix}$$

计算归一化拉普拉斯矩阵的特征值和相应的特征向量：

$$\boldsymbol{\Lambda}=\begin{pmatrix}0\\0.4\\2.2\\2.3\\2.5\\3.0\end{pmatrix},\quad \boldsymbol{X}=\begin{pmatrix}0.4 & 0.2 & 0.1 & 0.4 & -0.2 & -0.9\\ 0.4 & 0.2 & 0.1 & 0.0 & 0.4 & 0.3\\ 0.4 & 0.2 & -0.2 & 0.0 & -0.2 & 0.6\\ 0.4 & -0.4 & 0.9 & 0.2 & -0.4 & -0.6\\ 0.4 & -0.7 & -0.4 & -0.8 & -0.6 & -0.2\\ 0.4 & -0.7 & -0.2 & 0.5 & 0.8 & 0.9\end{pmatrix}$$

第二小的特征值为 0.4，相应的特征向量为$(0.2\ 0.2\ 0.2\ -0.4\ -0.7\ -0.7)^{\mathrm{T}}$，将该特征向量按照是否大于 0 进行聚类，得到最终结果为$\{\{\boldsymbol{x}_1,\boldsymbol{x}_2,\boldsymbol{x}_3\},\{\boldsymbol{x}_4,\boldsymbol{x}_5,\boldsymbol{x}_6\}\}$。

6.6　模糊聚类方法

前几章中介绍的聚类算法主要分为两大类：一类算法根据已知样本分布概率密度的基本形式来估计概率密度的各个参数，使得某个样本以一定的概率属于某个类，如高斯混合模型；另一类算法不使用概率密度，但每个样本都确定地属于某个类，而在其他类中没有分布，如 c 均值聚类。基于概率的聚类方法的难点是，使用概率密度函数时要假设合适的模型，不易处理聚类不致密的情形。对于 c 均值聚类来说，确定地将某个样本归入某个类可能会引入错误。模糊聚类算法可以摆脱这些限制。模糊聚类算法与概率算法的主要不同是，前者中的向量可以同时属于多个聚类，而后者中的每个向量只能属于一个类。

6.6.1　模糊集基本知识

模糊集的定义如下：设U是一个论域，U到区间$[0,1]$的一个映射$\mu:U\to[0,1]$确定U的一个模糊子集A。映射μ称为A的**隶属函数**，记为$\mu_A(u)$。对于任意$u\in U$，$\mu_A(u)\in[0,1]$称为u属于模糊子集A的程度，简称**隶属度**。论域U上的模糊集A一般记为

$$A=\{\mu_A(u_1)/u_1,\mu_A(u_2)/u_2,\mu_A(u_3)/u_3,\cdots\} \tag{6.66}$$

或

$$A=\mu_A(u_1)/u_1+\mu_A(u_2)/u_2+\mu_A(u_3)/u_3,\cdots$$

模糊集可用于元素属于或不属于某个集合这种不能明确定义的情况。由此，可以考虑某个元素属于某个集合的隶属度。隶属度取 0 和 1 之间的值。$\mu_A(u)$越接近 1，u属于A的程度就越高；$\mu_A(u)$越接近 0，u属于A的程度就越低。

6.6.2　模糊 c 均值算法

大多数模糊聚类算法是通过使如下代价函数式最小得到的：

$$J_q(\boldsymbol{\theta},\boldsymbol{U})=\sum_{i=1}^{N}\sum_{j=1}^{C}u_{ij}^q d(\boldsymbol{x}_i,\boldsymbol{\theta}_j) \tag{6.67}$$

式中：$\boldsymbol{\theta}=(\boldsymbol{\theta}_1^{\mathrm{T}},\cdots,\boldsymbol{\theta}_C^{\mathrm{T}})^{\mathrm{T}}$；$\boldsymbol{U}$ 是一个 $N\times C$ 维矩阵，其 (i,j) 元素为 $u_j(\boldsymbol{x}_i)$；$d(\boldsymbol{x}_i,\boldsymbol{\theta}_j)$ 是 $\boldsymbol{x}_i$ 和 $\boldsymbol{\theta}_j$ 之间的距离（或不相似性）；$q(>1)$ 是模糊性参数。约束条件为

$$\sum_{j=1}^{C}u_{ij}=1,\quad i=1,2,\cdots,N \tag{6.68}$$

式中，

$$u_{ij}\in[0,1],\quad i=1,\cdots,N,\quad j=1,\cdots,C \tag{6.69}$$

$$0<\sum_{i=1}^{N}u_{ij}<N,\quad j=1,2,\cdots,C \tag{6.70}$$

在式（6.67）中，q 取不同的值，使得 $J_q(\boldsymbol{\theta},\boldsymbol{U})$ 或者属于模糊聚类，或者属于硬聚类。具体地说，固定 $\boldsymbol{\theta}$，若 $q=1$，则 $J_q(\boldsymbol{\theta},\boldsymbol{U})$ 的非模糊聚类比最好的硬聚类还好；然而，若 $q>1$，则模糊聚类比最好的硬聚类得到的 $J_q(\boldsymbol{\theta},\boldsymbol{U})$ 值还低。

下面介绍 $J_q(\boldsymbol{\theta},\boldsymbol{U})$ 的最小化。

根据拉格朗日乘子法，$J_q(\boldsymbol{\theta},\boldsymbol{U})$ 加入约束条件后，得到如下拉格朗日函数：

$$J(\boldsymbol{\theta},\boldsymbol{U})=\sum_{i=1}^{N}\sum_{j=1}^{C}u_{ij}^q d(\boldsymbol{x}_i,\boldsymbol{\theta}_j)+\sum_{i=1}^{N}\lambda_i\left(\sum_{j=1}^{C}u_{ij}-1\right) \tag{6.71}$$

对 $J(\boldsymbol{\theta},\boldsymbol{U})$ 求 u_{ij} 的偏导数得

$$\frac{\partial J(\boldsymbol{\theta},\boldsymbol{U})}{\partial u_{ij}}=qu_{ij}^{q-1}d(\boldsymbol{x}_i,\boldsymbol{\theta}_j)-\lambda_i \tag{6.72}$$

令偏导数等于零得

$$u_{ij}=\left(\frac{\lambda_i}{qd(\boldsymbol{x}_i,\boldsymbol{\theta}_j)}\right)^{\frac{1}{q-1}},\quad j=1,2,\cdots,C \tag{6.73}$$

将上面的方程代入约束条件 $\sum_{j=1}^{C}u_{ij}=1$ 得到

$$\sum_{j=1}^{C}\left(\frac{\lambda_i}{qd(\boldsymbol{x}_i,\boldsymbol{\theta}_j)}\right)^{\frac{1}{q-1}}=1 \tag{6.74}$$

进而得到

$$\lambda_i=\frac{1}{\left(\sum_{j=1}^{C}\left(\frac{1}{qd(\boldsymbol{x}_i,\boldsymbol{\theta}_j)}\right)^{\frac{1}{q-1}}\right)^{q-1}} \tag{6.75}$$

将上式代入式（6.73）得

$$u_{ij}=\frac{1}{\sum_{c=1}^{C}\left(\frac{d(\boldsymbol{x}_i,\boldsymbol{\theta}_j)}{d(\boldsymbol{x}_i,\boldsymbol{\theta}_c)}\right)^{\frac{1}{q-1}}},\quad i=1,2,\cdots,N,\ j=1,2,\cdots,C \tag{6.76}$$

对$J(\boldsymbol{\theta},\boldsymbol{U})$求$\theta_j$的偏导数并令偏导数等于零得

$$\frac{\partial J(\boldsymbol{\theta},\boldsymbol{U})}{\partial \boldsymbol{\theta}_j}=\sum_{i=1}^{N}u_{ij}^{q}\frac{\partial d(\boldsymbol{x}_i,\boldsymbol{\theta}_j)}{\partial \boldsymbol{\theta}_j}=\boldsymbol{0},\quad j=1,2,\cdots,C \tag{6.87}$$

通过上面的推导，我们得到了在当前$J(\boldsymbol{\theta},\boldsymbol{U})$下$u_{ij}$和$\boldsymbol{\theta}_j$的更新公式，于是就可通过迭代算法得到$\boldsymbol{U}$和$\boldsymbol{\theta}$的估计值，进而给出通用的模糊$c$均值聚类算法：

（1）随机初始化u_{ij},st. $u_{ij}\in[0,1]$, $\sum_{j=1}^{C}u_{ij}=1$。

（2）计算出当前C个聚类中心$\theta_j, j=1,2,\cdots,C$。

（3）根据式（6.67）计算代价函数的值，如果它小于某个确定的阈值，或者它相对于上次迭代的代价函数的变化量小于一定的阈值，那么迭代停止。

（4）根据当前的C个聚类中心$\theta_j, j=1,2,\cdots,C$，利用式（6.76）重新计算新的$\boldsymbol{U}$矩阵，并返回步骤（2）。

6.7　相似性传播聚类

相似性传播聚类算法是以因子图上的最大积置信传播为基础的聚类算法。该算法根据样本与样本构成的相似矩阵，构建有向连通图$G=(\boldsymbol{V},\boldsymbol{E})$（相似矩阵为对称矩阵时，可将该矩阵视为无向连通图），其中$\boldsymbol{V}$表示图中的所有顶点集，$\boldsymbol{E}$表示图中的所有边集，边的权值为节点之间的相似度。相似性传播聚类算法同时将所有样本点视为潜在的聚类中心，得到一个较好的聚类中心集。在每次迭代过程中，各个点传递的信息量反映当前一个数据

点支持另一个数据点作为其聚类中心的程度。

相似性传播聚类算法的输入是待聚类数据点集 $\boldsymbol{X}=\{\boldsymbol{x}_1,\boldsymbol{x}_2,\cdots,\boldsymbol{x}_n\}$ 的相似度矩阵 $\boldsymbol{s}$，$\boldsymbol{s}$ 的非对角线元素是元素之间的相似度，$s(i,k)$ 反映数据点 k 有多适合作为数据点 i 的聚类中心。当目标是最小化平方误差时，每个相似性描述通过负平方误差来描述，即

$$s(i,k)=-\|\boldsymbol{x}_i-\boldsymbol{x}_k\|^2$$

在相似性传播聚类算法中，相似性描述方法可以根据实际情况做一定的调整。

相似性传播聚类算法预先设置每个数据的聚类偏向值 $s(k,k)$，即相似矩阵的对角线元素值。$s(k,k)$ 越大，表示样本 k 越适合作为一个聚类中心；$s(k,k)$ 越小，表示样本 k 越适合归入一个聚类。如果所有数据点等适合地成为一个聚类中心，那么偏向值应设为同一个值。偏向值设置得越大，产生的聚类数就越多，极端情况下所有数据自成一个类；偏向值设置得越小，产生的聚类数就越少，极端情况下所有数据聚类为一个类。

在相似性传播聚类算法中，吸引度和归属性这两种信息在每对数据点之间传递，每种信息都考虑一种不同的竞争方式。两种信息可以在迭代的任意阶段决定哪些点作为聚类中心，以及每个点应该属于哪个类。

吸引度 $r(i,k)$ 由点 i 向候选聚类中心 k 传递信息，反映点 k 适合作为点 i 的聚类中心的程度，$r(i,k)$ 越大，k 就越适合作为点 i 的聚类中心。

归属性 $a(i,k)$ 由候选聚类中心 k 向其所有的潜在聚类成员 i 传递信息，反映点 i 适合作为点 k 的聚类成员的程度，$a(i,k)$ 越大，点 i 就越适合作为点 k 的聚类成员。$a(i,k)$ 最初时设为 0。

吸引度和归属性的更新规则如下：

$$\begin{aligned}r(i,k)&=s(i,k)-\max_{k'\,\mathrm{s.t.}\,k'\neq k}\{a(i,k')+s(i,k')\}\\a(i,k)&=\min\{0,r(k,k)+\sum_{i'\,\mathrm{s.t.}\,i'\notin\{i,k\}}\max\{0,r(i',k)\}\}\\a(k,k)&=\sum_{i'\,\mathrm{s.t.}\,i'\notin\{i,k\}}\max\{0,r(i',k)\}\end{aligned}\tag{6.78}$$

为了避免在迭代过程中产生振荡，在迭代过程中引入 $\lambda(0<\lambda<1)$：

$$\begin{aligned}r_{\mathrm{new}}(i,k)&=\lambda r_{\mathrm{old}}(i,k)+(1-\lambda)r(i,k)\\a_{\mathrm{new}}(i,k)&=\lambda a_{\mathrm{old}}(i,k)+(1-\lambda)a(i,k)\end{aligned}\tag{6.79}$$

对于每次迭代，都可通过下面的方法得到样本点 i 的聚类中心：

$$k=\arg\max_k\{a(i,k)+r(i,k)\}\tag{6.80}$$

若 $i=k$，则点 i 本身为聚类中心；若 $i\neq k$，则点 k 是点 i 的聚类中心。如果多次迭代的聚类中心没有变动，或者迭代次数达到预设的最大次数，则停止迭代。

相似性传播聚类算法相对于前几章中介绍的聚类算法来说，可以给定不同的偏向值得到不同的聚类结果。另外，相似性矩阵的构造不再局限于欧氏距离，而可以根据优化准则设计相应的相似性构造方式。相似性传播聚类算法受给定偏向值的影响较大，偏向值的大小决定了聚类数量与聚类中心。

6.8 小结

本章介绍了无监督学习中的分布参数估计方法和聚类方法。当不确定每个训练样本的类属性而又要对分类器进行训练时，就要采用无监督训练。本章首先介绍了无监督训练中的分布参数估计方法，主要针对随机模式分类器，包含无监督最大似然估计和正态分布情况下的无监督参数估计。训练结果是完全确定 c 个类的分量密度，进而完全确定分类器的性能。

然而，当预先不知道类数时，或者使用参数估计或非参数估计难以分辨不同类的类概率密度函数时，为了确定分类性能，可以采用聚类分析方法。本章介绍了几种比较成熟的聚类算法，包括动态聚类算法、层次聚类算法、谱聚类算法、模糊聚类算法和相似性传播聚类算法。对于动态聚类算法，介绍了均值聚类算法和 ISODATA 算法。对于层次聚类算法，介绍了基于凝聚和分裂的层次聚类算法。在介绍这些算法的同时，着重说明了对聚类方法有较大影响的关键问题。

习题

1．在 Iris 数据集上，利用 K 均值算法实现数据的分类。

2．在 Iris 数据集上，利用 ISODATA 算法实现数据的分类。

3．在 Iris 数据集上，利用分层聚类算法实现数据的分类。

4．在 c 均值聚类算法中，初始类中心点如何选取？

5．c 均值聚类算法与 ISODATA 聚类算法的区别是什么？

6．常用的聚类划分方式有哪些？请列举代表性算法。

第 7 章　核方法和支持向量机

7.1　引言

在机器学习与模式识别中，如在回归与分类问题的线性参数模型中，从输入 $\boldsymbol{x}$ 到输出 y 的映射 $y(\boldsymbol{x},\boldsymbol{w})$ 由自适应参数 $\boldsymbol{w}$ 控制。在学习阶段，一组训练数据被用于参数向量的点估计，或用于判别参数向量的后验分布。然后，丢弃训练数据，对新输入的预测仅依赖于被学习的参数向量 $\boldsymbol{w}$ 。这一方法同样适用于非线性参数模型，如神经网络。

然而，在另一类模式识别技术中，训练数据点或者其中的一个子集在预测阶段仍被保留或应用。例如，Parzen 概率密度模型包含核函数的线性组合，其中的每个核函数都以一个训练数据点为中心。类似地，“最近邻域”这样的简单分类技术对每个新测试向量分配训练集中与其最接近例子的相同标签。基于记忆的方法存储整个数据集，以便对未来数据点做出预测。这类方法的特点是，需要预先定义一个度量标准来测量输入空间中两个向量的相似度，训练速度通常很快，但对测试数据点做出预测的速度很慢。

7.2　核学习机

大多数线性参数模型都采用对偶形式表达为核函数的形式，其中预测根据核函数的线性组合得到，核函数则通过训练数据点估计。如将要看到的那样，对于依赖不变非线性特征空间的映射 $\phi(\boldsymbol{x})$，核函数由如下关系式给出：

$$k(\boldsymbol{x},\boldsymbol{x}') = \phi(\boldsymbol{x})^{\mathrm{T}}\phi(\boldsymbol{x}') \tag{7.1}$$

由以上定义可以看出，核是关于其参数的一个对称函数，于是有 $k(\boldsymbol{x},\boldsymbol{x}') = k(\boldsymbol{x}',\boldsymbol{x})$ 。考虑式（7.1）中特征空间的恒等映射，即 $\phi(\boldsymbol{x}) = \boldsymbol{x}$ ，有 $k(\boldsymbol{x},\boldsymbol{x}') = \boldsymbol{x}^{\mathrm{T}}\boldsymbol{x}'$ ，我们将其称为**线性核**，这是最简单的核函数。

核被表述为特征空间内积的概念可让我们扩展许多被人熟知的算法，方法是采用**核决策**或者**核置换**。

核方法是解决非线性模式分析问题的有效途径之一，其核心思想如下：首先，通过某个非线性映射将原始数据嵌入合适的高维特征空间；然后，利用通用线性学习器在这个新空间中分析和处理模式。核方法基于如下假设：在低维空间中不能线性分割的点集，转换为高维空间中的点集后，很可能变成线性可分的。

相对于使用通用非线性学习器直接在原始数据上进行分析的范式，核方法具有如下优点：首先，通用非线性学习器不便反映具体应用问题的特性，而核方法的非线性映射因面向具体应用问题设计而便于集成问题相关的先验知识。线性学习器相对于非线性学习器有更好的过拟合控制，因此可以更好地保证泛化性能。核方法还是实现高效计算的途径，它可利用核函数将非线性映射隐含在线性学习器中执行同步计算，使得计算复杂度与高维特征空间的维数无关。

核函数有不同的参数，如 $k(\boldsymbol{x},\boldsymbol{x}')=k(\boldsymbol{x}-\boldsymbol{x}')$ 称为**不变核**，因为它对于输入空间的解释是不变的。更特殊的核包含均匀核，也称**径向基函数**，它只依赖于距离这个参数（代表性距离有欧氏距离），因此有 $k(\boldsymbol{x},\boldsymbol{x}')=k\left(\|\boldsymbol{x}-\boldsymbol{x}'\|\right)$。在普通应用中，核函数有多种形式，下面列出一些常用的核函数。

（1）径向基函数核：

$$k(\boldsymbol{r})=\exp\left(-\frac{\boldsymbol{r}^2}{2\sigma^2}\right) \tag{7.2}$$

式中，$\boldsymbol{r}=\|\boldsymbol{x}-\boldsymbol{x}'\|$ 是径向基函数核的超参数，它定义学习样本之间相似性的特征长度，即权重空间视角下特征空间映射前后样本间的距离的比例。

（2）二次有理函数核：

$$k(\boldsymbol{r})=\left(1+\frac{\boldsymbol{r}^2}{2\alpha l^2}\right)^{-\alpha}, \quad \alpha,l>0 \tag{7.3}$$

式中，α,l 为超参数。可以证明，二次有理函数核是无穷个径向基函数核的线性叠加，当径向基函数的数量趋于无穷时，二次有理函数核等价于一维特征尺度的径向基函数核。

（3）多项式核函数：

$$k\left(\boldsymbol{x},\boldsymbol{x}'\right)=\left(\boldsymbol{x}^{\mathrm{T}}\sigma_w^2\boldsymbol{x}'\right)^p \tag{7.4}$$

多项式核函数也称**内积核函数**，其中 p 表示多项式的阶数。

（4）周期核函数：

$$k=k\left[\sin\left(\tfrac{\pi}{p}\boldsymbol{r}\right)\right] \tag{7.5}$$

上式是由平稳核函数构建的周期核函数，其中 p 表示核函数的周期，如由径向基函数核得到的周期核为

$$k(\boldsymbol{r})=\exp\left[-\sin\left(\tfrac{\pi}{p}\boldsymbol{r}\right)\Big/2\sigma^2\right] \tag{7.6}$$

7.3 支持向量机

支持向量机（Support Vector Machines）是一种二分类模型，目的是寻找一个超平面来分割样本，分割的原则是间隔最大化，最终转换为一个凸二次规划问题来求解。由简至繁

的模型包括：

- 当训练样本线性可分时，通过硬间隔最大化，学习一个线性可分支持向量机。
- 当训练样本近似线性可分时，通过软间隔最大化，学习一个线性支持向量机。
- 当训练样本线性不可分时，通过核技巧和软间隔最大化，学习一个非线性支持向量机。

7.3.1　线性可分支持向量机

回顾可知，二类分类器问题使用的线性模型为

$$y(\boldsymbol{x}) = \boldsymbol{w}^{\mathrm{T}}\phi(\boldsymbol{x}) + b \tag{7.7}$$

式中，$\phi(\boldsymbol{x})$ 代表一个固定的特征空间变换，b 是显式表示的偏置参数。注意，下面将引入一种以核函数形式表达的对偶表示。训练数据集由 N 个输入向量 $\boldsymbol{x}_1,\cdots,\boldsymbol{x}_N$ 组成，对应的目标值是 $t_1,\cdots,t_N$，其中 $t_n \in \{-1,1\}$，新数据点 $\boldsymbol{x}$ 按照 $y(\boldsymbol{x})$ 的符号进行分类。

暂时假设训练数据集在特征空间中是线性可分的，以便参数 $\boldsymbol{w}$ 和 b 至少有一种选择使得形如式（7.7）的函数满足如下条件：对 $t_n = +1$ 的点满足 $y(\boldsymbol{x}_n) > 0$；对 $t_n = -1$ 的点满足 $y(\boldsymbol{x}_n) < 0$。因此，对所有的训练数据点都有 $t_n y(\boldsymbol{x}_n) > 0$。

当然，也许存在许多这样准确分类的解。前面详细介绍了感知器算法，它能在有限的步骤内找到一个解。然而，找到的解依赖于 $\boldsymbol{w}$ 和 b 的（任意）初始值，以及数据点出现的顺序。如果有多个解，且所有解都能准确地对训练数据集进行分类，就尝试找到一个具有最小标准误差的解。支持向量机通过间隔的概念来解决这个问题，间隔定义为两个异类支持向量到超平面的距离之和，如图 7.1 所示。

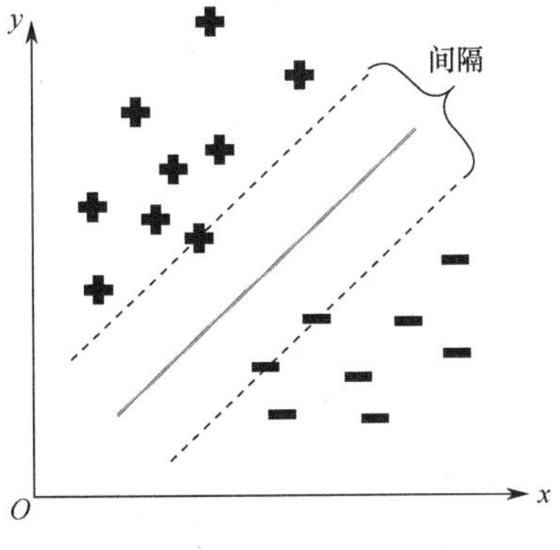

图 7.1　支持向量与间隔

在支持向量机中，决策边界选为间隔最大的那个。最大间隔的解受计算学习理论的推动。然而，了解最大间隔的起源后，就会发现早在 2000 年它就被 Tong 和 Koller 提出——他们考虑了一个基于生成和判别方法的分类框架。首先，他们用 Parzen 密度估计和具有一般参数 σ^2 的高斯核，对每个类在输入向量 $\boldsymbol{x}$ 的分布上建模。连同该类的先验，定义一个最

优的误分类率决策边界。然而，他们不使用该最优化边界，而通过最小化相对于学习密度模型的错误概率来确定最优超平面。当$\sigma^2 \to 0$时，最优超平面是具有最大间隔的一个超平面。这一结果的直觉是，随着σ^2减小，相对于较远的数据点来说，较近的点对超平面的控制逐渐起主要作用。当$\sigma^2 \to 0$时，超平面就独立于那些不是支持向量的数据点。

点$\boldsymbol{x}$到由$y(\boldsymbol{x})=0$定义的超平面的垂直距离是$|y(\boldsymbol{x})|/\|\boldsymbol{w}\|$，其中$y(\boldsymbol{x})$取式（7.2）的形式。此外，我们只对那些正确分类数据点的解感兴趣，因此对所有n来说有$t_n y(\boldsymbol{x}_n)>0$。点$\boldsymbol{x}_n$到决策面的距离为

$$\frac{t_n y(\boldsymbol{x}_n)}{\|\boldsymbol{w}\|}=\frac{t_n(\boldsymbol{w}^{\mathrm{T}}\phi(\boldsymbol{x}_n)+b)}{\|\boldsymbol{w}\|} \tag{7.8}$$

间隔由数据集到最近点$\boldsymbol{x}_n$的垂直距离给出，我们希望通过优化参数$\boldsymbol{w}$和b来最大化该距离。因此，最大间隔的解可由下式得出：

$$\underset{\boldsymbol{w},b}{\arg\max}\left\{\frac{1}{\|\boldsymbol{w}\|}\min_n\left[t_n(\boldsymbol{w}^{\mathrm{T}}\phi(\boldsymbol{x}_n)+b)\right]\right\} \tag{7.9}$$

$\boldsymbol{w}$不依赖于n，因此可将因子$1/\|\boldsymbol{w}\|$从n上的最优解中提出去。直接求解这个优化问题非常复杂，为此我们将其转换为一个容易求解的等价问题。观察发现，执行尺度变换$\boldsymbol{w}\to k\boldsymbol{w}$和$b\to kb$后，任意点$\boldsymbol{x}_n$到决策面的距离$t_n y(\boldsymbol{x}_n)/\|\boldsymbol{w}\|$不变。于是，我们设

$$t_n(\boldsymbol{w}^{\mathrm{T}}\phi(\boldsymbol{x}_n)+b)=1 \tag{7.10}$$

这时，所有数据点都满足下面的约束条件：

$$t_n(\boldsymbol{w}^{\mathrm{T}}\phi(\boldsymbol{x}_n)+b)\geqslant 1,\ \ n=1,2,\cdots,N \tag{7.11}$$

这就是决策超平面的标准化表示。对于等式成立的数据点，约束条件称为**有效约束条件**，对于等式不成立的点，约束条件称为**无效约束条件**。根据定义，至少有一个条件是有效约束条件，因为总有一个最近点，且一旦最大化间隔，就至少有两个有效约束条件。最优化问题只需要我们最大化$\|\boldsymbol{w}\|^{-1}$，而这相当于最小化$\|\boldsymbol{w}\|^2$，所以必须解满足约束条件即式（7.11）的最优化问题：

$$\underset{\boldsymbol{w},b}{\arg\min}\frac{1}{2}\|\boldsymbol{w}\|^2 \tag{7.12}$$

为方便起见，我们在（7.12）中引入了因子1/2。这是二次规划问题的一个实例。我们正在试图最小化二次函数，使其满足一组线性不等式约束。偏置参数b看起来已从最优化过程中消失。然而，它由约束条件隐式地确定，因为需要求b来补偿$\|\boldsymbol{w}\|$。

为了解决带有约束条件的最优化问题，我们引入拉格朗日乘子$a_n\geqslant 0$，以及一个满足约束条件即式（7.11）的乘子a_n，得到的拉格朗日函数为

$$L(\boldsymbol{w},b,\boldsymbol{a})=\frac{1}{2}\|\boldsymbol{w}\|^2-\sum_{n=1}^{N}a_n\{t_n(\boldsymbol{w}^{\mathrm{T}}\phi(\boldsymbol{x}_n)+b)-1\} \tag{7.13}$$

式中，$\boldsymbol{a}=(a_1,\cdots,a_n)^{\mathrm{T}}$。注意，拉格朗日乘子项的前面之所以有负号，是因为我们是对 $\boldsymbol{w}$ 和 b 最小化、对 $\boldsymbol{a}$ 最大化的。设 $L(\boldsymbol{w},b,\boldsymbol{a})$ 关于 $\boldsymbol{w}$ 和 b 的导数为零，则有

$$\boldsymbol{w}=\sum_{n=1}^{N}a_n t_n \phi(\boldsymbol{x}_n) \tag{7.14}$$

$$0=\sum_{n=1}^{N}a_n t_n \tag{7.15}$$

使用上面的两个条件消去 $L(\boldsymbol{w},b,\boldsymbol{a})$ 中的 $\boldsymbol{w}$ 和 b 后，取最大化间隔问题的对偶表示，并且最大化

$$\tilde{L}(\boldsymbol{a})=\sum_{n=1}^{N}a_n-\frac{1}{2}\sum_{n=1}^{N}\sum_{m=1}^{N}a_n a_m t_n t_m k(\boldsymbol{x}_n,\boldsymbol{x}_m) \tag{7.16}$$

使其满足约束条件

$$a_n\geqslant 0,\quad n=1,2,\cdots,N \tag{7.17}$$

$$\sum_{n=1}^{N}a_n t_n=0 \tag{7.18}$$

其中，核函数由 $k(\boldsymbol{x},\boldsymbol{x}')=\phi(\boldsymbol{x})^{\mathrm{T}}\phi(\boldsymbol{x}')$ 定义。这里再次使用二次规划问题的形式优化了 $\boldsymbol{a}$ 的二次函数，使其满足一组不等式约束条件。

有 M 个变量的二次规划问题的解的计算复杂度通常是 $O(M^3)$。在讨论对偶公式时，我们会将在 M 个变量上最小化式（7.12）的原始优化问题转换为对偶问题即（7.16），它有 N 个变量。对于给定的一组基函数，变量的个数 M 小于数据点数 N，这对对偶问题不利。然而，它允许模型用核的形式重新表示，因此最大间隔分类器能被有效地用于特征空间，而该特征空间的维数超过数据点数，包括无限特征空间。核公式还清楚地解释了核函数 $k(\boldsymbol{x},\boldsymbol{x}')$ 是正定的这个约束条件的作用，因为这可保证拉格朗日函数 $\tilde{L}(\boldsymbol{a})$ 有上界，进而产生良定的最优化问题。

为了用训练模型对新数据点分类，我们使用式（7.7）来确定 $y(\boldsymbol{x})$ 的符号。这可用参数形式 $\{a_n\}$ 表达，通过式（7.14）使用核函数替换 $\boldsymbol{w}$ 得到：

$$y(\boldsymbol{x})=\sum_{n=1}^{N}a_n t_n k(\boldsymbol{x},\boldsymbol{x}_n)+b \tag{7.19}$$

前面的推导假设满足 KKT（Karush-Kuhn-Tucker）条件：

$$a_n\geqslant 0 \tag{7.20}$$

$$t_n y(\boldsymbol{x}_n)-1\geqslant 0 \tag{7.21}$$

$$a_n\{t_n y(\boldsymbol{x}_n)-1\}=0 \tag{7.22}$$

因此，对所有数据点，要么 $a_n = 0$，要么 $t_n y(\boldsymbol{x}_n) = 1$。$a_n = 0$ 的任何数据点不会出现在式（7.19）中，因此在对新数据点做出预测时不起作用。剩余的数据点称为**支持向量**，因为它们满足 $t_n y(\boldsymbol{x}_n) = 1$。支持向量对应于特征空间中最大间隔超平面上的点，如图 7.1 所示。这个性质对支持向量机的实用性非常重要。一旦该模型被训练，绝大部分数据点就可被剔除，而只保留支持向量。

于是，我们就解决了二次规划问题，找出了 $\boldsymbol{a}$ 的值。由满足 $t_n y(\boldsymbol{x}_n) = 1$ 的任何支持向量 $\boldsymbol{x}_n$，可以确定偏置参数 b。由式（7.19）有

$$t_n\left(\sum_{m\in S} a_m t_m k(\boldsymbol{x}_n, \boldsymbol{x}_m) + b\right) = 1 \tag{7.23}$$

式中，S 表示支持向量的指数集合。尽管我们可以使用任意选择的支持向量 $\boldsymbol{x}_n$ 解关于 b 的方程，但更稳定的数值求解方法是首先乘以 t_n 并利用 $t_n^2 = 1$，然后对这些方程在所有支持向量上求均值，得出 b：

$$b = \frac{1}{N_S}\sum_{m\in S}\left(t_n - \sum_{m\in S} a_m t_m k(\boldsymbol{x}_n, \boldsymbol{x}_m)\right) \tag{7.24}$$

7.3.2 软间隔线性支持向量机

在前面的讨论中，我们假设训练样本在样本空间或特征空间中是线性可分的，但在现实任务中往往很难确定合适的核函数使训练集在特征空间中线性可分，即使找到了这样的核函数使得样本在特征空间中线性可分，也很难判断其是否由过拟合造成。因此，人们提出了线性支持向量机（软间隔支持向量机）。

线性不可分意味着某些样本点 $(\boldsymbol{\Phi}(\boldsymbol{x}_n), t_n)$ 不满足间隔大于或等于 1 的条件，而落在超平面与边界之间。为了解决该问题，可对每个样本点引入一个松弛变量（见图 7.2）$\xi_n > 0$，使间隔加上松弛变量后大于或等于 1，进而使得约束条件变为

$$t_n\left(\boldsymbol{w}^{\mathrm{T}}\boldsymbol{\Phi}(\boldsymbol{x}_n) + b\right) \geqslant 1 - \xi_n \tag{7.25}$$

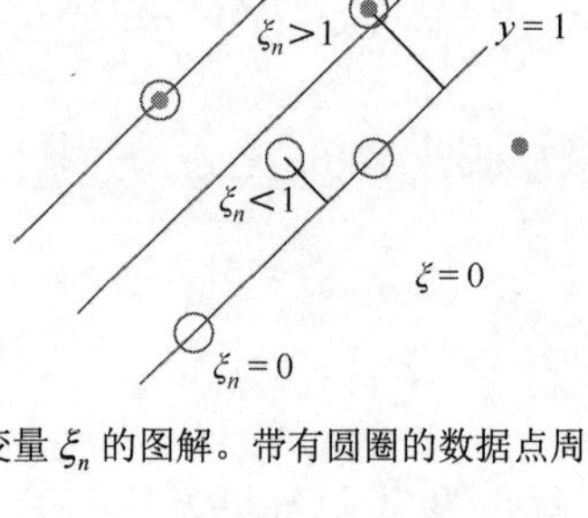

图 7.2　松弛变量 ξ_n 的图解。带有圆圈的数据点周围是支持向量

同时，对每个松弛变量 $\xi_n > 0$ 支付一个代价 $\xi_n > 0$，目标函数变为

$$\frac{1}{2}\|\boldsymbol{w}\|^2 + C\sum_{n=1}^{N}\xi_n \tag{7.26}$$

其中，$C > 0$ 为惩罚参数，其值大时对误分类的惩罚就大，其值小时对误分类的惩罚就小。式（7.26）的含义是，在使得 $\frac{1}{2}\|\boldsymbol{w}\|^2$ 尽量小即间隔尽量大的同时，使误分类点的数量尽量少，C 是调和两者的系数。

有了式（7.26），就可以像线性可分支持向量机一样考虑线性支持向量机的学习过程。此时，线性支持向量机的学习问题变成了如下凸二次规划问题的求解：

$$\min_{\boldsymbol{w},b}\frac{1}{2}\|\boldsymbol{w}\|^2 + C\sum_{n=1}^{N}\xi_n,\ \ \text{s.t.}\ t_n\left(\boldsymbol{w}^{\mathrm{T}}\boldsymbol{\Phi}(\boldsymbol{x}_n)+b\right)\geqslant 1-\xi_n,\ \ n=1,2,\cdots,N \tag{7.27}$$

与线性可分支持向量机的对偶问题解法一致，式（7.26）的拉格朗日函数为

$$L\left(\boldsymbol{w},b,a,\xi,\mu\right)=\frac{1}{2}\|\boldsymbol{w}\|^2 + C\sum_{n=1}^{N}\xi_n + \sum_{n=1}^{N}a_n\left(1-\xi_n-t_n\left(\boldsymbol{w}^{\mathrm{T}}\boldsymbol{\Phi}(\boldsymbol{x}_n)+b\right)\right)-\sum_{n=1}^{N}\mu_n\xi_n \tag{7.28}$$

式中，$a_n > 0, \mu_n > 0$ 是拉格朗日乘子。令 $L\left(\boldsymbol{w},b,a,\xi,\mu\right)$ 关于 $\boldsymbol{w},b,\xi$ 的偏导数为零得

$$\begin{cases}\boldsymbol{w}=\sum_{n=1}^{N}a_n t_n\boldsymbol{\Phi}(\boldsymbol{x}_n)\\ \sum_{n=1}^{N}a_n t_n = 0\\ C=\alpha_n+\mu_n\end{cases} \tag{7.29}$$

将式（7.29）代入式（7.28），得到对偶问题：

$$\max_{a}\sum_{n=1}^{N}a_n - \frac{1}{2}\sum_{n=1}^{N}\sum_{m=1}^{N}a_n a_m t_n t_m\boldsymbol{\Phi}(\boldsymbol{x}_n)\boldsymbol{\Phi}(\boldsymbol{x}_m) \tag{7.30}$$

$$\text{s.t.}\ \sum_{n=1}^{N}a_n t_n = 0,\ a_n\geqslant 0,\ \mu_n\geqslant 0,\ C=a_n+\mu_n,\ n=1,2,\cdots,N$$

解出 a 后，根据式（7.14）和式（7.15）可以求得 $\boldsymbol{w}$ 和 b，进而得到模型

$$f(\boldsymbol{x})=\boldsymbol{w}^{\mathrm{T}}\boldsymbol{x}+b=\sum_{n=1}^{N}a_n t_n\boldsymbol{\Phi}(\boldsymbol{x}_n)^{\mathrm{T}}\boldsymbol{x}+b \tag{7.31}$$

因此，上述过程的 KKT 条件为

$$\begin{cases}a_n\geqslant 0\\ t_n f\left(\boldsymbol{\Phi}(\boldsymbol{x}_n)\right)\geqslant 1-\xi_n\\ a_n\left(t_n f\left(\boldsymbol{\Phi}(\boldsymbol{x}_n)-1+\xi_n\right)\right)=0\\ \xi_n\geqslant 0,\mu_n\xi_n=0\end{cases} \tag{7.32}$$

7.3.3 非线性支持向量机

到目前为止，我们都假设训练数据点在特征空间 $\phi(\boldsymbol{x})$ 中是线性可分的。尽管相应的决策边界是非线性的，支持向量机的结果仍会在原始输入空间 $\boldsymbol{x}$ 中给出训练数据的准确分类。实际上，类条件分布可能是重叠的，这时训练数据的准确分类会导致较差的推广。对于非线性问题，线性可分支持向量机并不能有效地解决，需要使用非线性模型。非线性问题往往不好求解，因此希望能用解线性分类问题的方法求解。于是，我们可以采用非线性变换将非线性问题变换成线性问题。

对于这样的问题，可将训练样本从原始空间映射到一个高维空间，使样本在高维空间中线性可分。如果原始空间的维数是有限的，即属性是有限的，就一定存在一个高维特征空间是样本可分的。令 $\phi(\boldsymbol{x})$ 表示映射 $\boldsymbol{x}$ 后的特征向量。于是，在特征空间中划分超平面对应的模型就可以表示为

$$y(\boldsymbol{x})=\boldsymbol{w}^{\mathrm{T}}\phi(\boldsymbol{x})+b \tag{7.33}$$

最小化函数为

$$\min_{\boldsymbol{w},b}\frac{1}{2}\|\boldsymbol{w}\|^2,\quad \text{s.t. } t_n\left(\boldsymbol{w}^{\mathrm{T}}\boldsymbol{\Phi}(\boldsymbol{x}_n)+b\right)\geqslant 1,\ \ n=1,2,\cdots,N \tag{7.34}$$

对偶问题为

$$\max_{a}\sum_{n=1}^{N}a_n-\frac{1}{2}\sum_{n=1}^{N}\sum_{m=1}^{N}a_na_mt_nt_m\boldsymbol{\Phi}(\boldsymbol{x}_n)^{\mathrm{T}}\boldsymbol{\Phi}(\boldsymbol{x}_m) \tag{7.35}$$

$$\text{s.t. }\sum_{n=1}^{N}a_nt_n=0, a_n\geqslant 0,\quad n=1,2,\cdots,N$$

要求解式（7.35），就要计算 $\boldsymbol{\Phi}(\boldsymbol{x}_n)^{\mathrm{T}}\boldsymbol{\Phi}(\boldsymbol{x}_m)$，后者是样本 $\boldsymbol{x}_n$ 和 $\boldsymbol{x}_m$ 映射到特征空间后的内积。因为最初我们将训练样本从原始空间映射到了一个高维空间，所以直接计算 $\boldsymbol{\Phi}(\boldsymbol{x}_n)^{\mathrm{T}}\boldsymbol{\Phi}(\boldsymbol{x}_m)$ 非常困难，但是可以使用如下函数：

$$\kappa(\boldsymbol{x}_n,\boldsymbol{x}_m)=\left\langle\boldsymbol{\Phi}(\boldsymbol{x}_n),\ \boldsymbol{\Phi}(\boldsymbol{x}_m)\right\rangle=\boldsymbol{\Phi}(\boldsymbol{x}_n)^{\mathrm{T}}\boldsymbol{\Phi}(\boldsymbol{x}_m) \tag{7.36}$$

即样本 $\boldsymbol{x}_n$ 和 $\boldsymbol{x}_m$ 在特征空间中的内积等于它们在原始样本空间中通过函数 $\kappa(\boldsymbol{x}_n,\boldsymbol{x}_m)$ 计算的函数值。于是，式（7.35）可以写为

$$\max_{a}\sum_{n=1}^{N}a_n-\frac{1}{2}\sum_{n=1}^{N}\sum_{m=1}^{N}a_na_mt_nt_m\left\langle\boldsymbol{\Phi}(\boldsymbol{x}_n),\boldsymbol{\Phi}(\boldsymbol{x}_m)\right\rangle \tag{7.37}$$

$$\text{s.t. }\sum_{n=1}^{N}a_nt_n=0,\quad a_n\geqslant 0, n=1,2,\cdots,N$$

求解得

$$
\begin{aligned}
f(\boldsymbol{x}) &= \boldsymbol{w}^{\mathrm{T}} \Phi(\boldsymbol{x}) + b \\
&= \sum_{n=1}^{N}\sum_{m=1}^{N} a_n t_n \Phi(\boldsymbol{x}_n)^{\mathrm{T}} \Phi(\boldsymbol{x}_m) + b \\
&= \sum_{n=1}^{N}\sum_{m=1}^{N} a_n t_n \kappa(\boldsymbol{x}_n, \boldsymbol{x}_m) + b
\end{aligned} \tag{7.38}
$$

式中，$\kappa(\boldsymbol{x}_n, \boldsymbol{x}_m)$ 就是核函数。在实际应用中，人们通常从一些常用的核函数中选择一个核函数。

7.4　支持向量回归机

下面将支持向量机扩展到回归问题，同时保留稀疏性。在简单的线性回归中，我们用式（7.39）最小化一个正规化误差函数：

$$
\frac{1}{2}\sum_{n=1}^{N}\{y_n - t_n\}^2 + \frac{\lambda}{2}\|\boldsymbol{w}\|^2 \tag{7.39}
$$

为了获得稀疏解，我们用一个 ε 不敏感误差函数代替二次误差函数（Vapnik，1995），如果预测 $y(\boldsymbol{x})$ 和目标值 t 之差的绝对值小于 ε（$\varepsilon > 0$），就得到零误差。ε 不敏感误差函数的一个简单例子如下，它与不敏感区域外的误差相比有一个线性损失，如图 7.3 所示：

$$
E_{\varepsilon}(y(\boldsymbol{x}) - t) = \begin{cases} 0, & |y(\boldsymbol{x}) - t| < \varepsilon \\ |y(\boldsymbol{x}) - t| - \varepsilon, & \text{其他} \end{cases} \tag{7.40}
$$

因此，我们最小化由下式给出的正规化误差函数：

$$
C\sum_{n=1}^{N} E_{\varepsilon}(y(\boldsymbol{x}_n) - t_n) + \frac{1}{2}\|\boldsymbol{w}\|^2 \tag{7.41}
$$

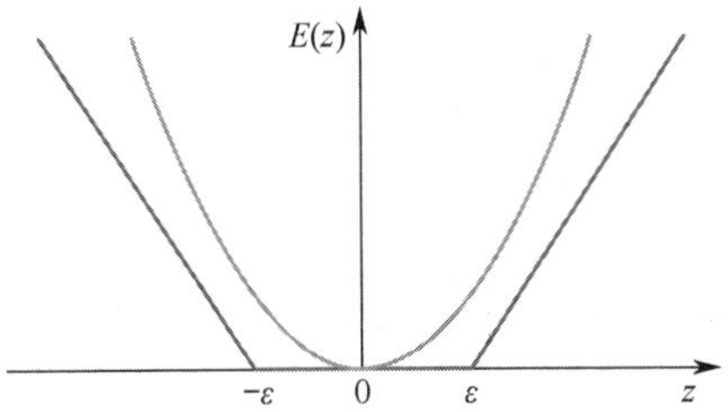

图 7.3　ε 不敏感误差函数图示。超出不敏感区域时，误差线性递增。为便于对比，画出了二次误差函数

式中，$y(\boldsymbol{x})$ 由式（7.7）给出。按照约定，（逆）正则化参数记为 C，它出现在误差项之前。

如前所述，我们可以引入松弛变量来重新描述优化问题。对于每个数据点 $\boldsymbol{x}_n$，现在需

要两个松弛变量$\xi_n \geqslant 0$和$\hat{\xi}_n \geqslant 0$，其中$\xi_n \geqslant 0$对应于满足$t_n > y(\boldsymbol{x}_n)+\varepsilon$的一个点，$\hat{\xi}_n > 0$对应于满足$t_n < y(\boldsymbol{x}_n)-\varepsilon$的一个点，如图 7.4 所示。

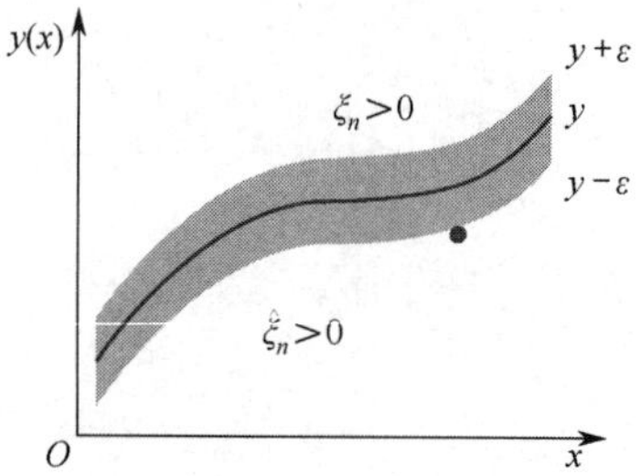

图 7.4　奇异值分解回归示意图

一个目标点位于“ε管道”内的条件是$y_n-\varepsilon \leqslant t_n \leqslant y_n+\varepsilon$，其中$y_n = y(\boldsymbol{x}_n)$。假设松弛变量非零，则引入的这些松弛变量将使点位于“ε管道”外，且对应的条件是

$$t_n \leqslant y(\boldsymbol{x}_n)+\varepsilon+\xi_n,\quad t_n \geqslant y(\boldsymbol{x}_n)-\varepsilon-\xi_n, \tag{7.42}$$

支持向量回归的误差函数可以写成

$$C\sum_{n=1}^{N} E_{\varepsilon}(\xi_n+\hat{\xi}_n)+\frac{1}{2}\|\boldsymbol{w}\|^2 \tag{7.43}$$

它必须最小化，以满足$\xi_n \geqslant 0$和$\hat{\xi} \geqslant 0$的限制。引入拉格朗日乘子α ,$\hat{a}_n \geqslant 0$和$\mu_n \geqslant 0$可以做到这一点。最优化拉格朗日算子

$$\begin{aligned}L = C\sum_{n=1}^{N}(\xi_n+\hat{\xi}_n)+\frac{1}{2}\|\boldsymbol{w}\|^2-\sum_{n=1}^{N}(\mu\xi_n+\hat{\mu}\hat{\xi}_n)-\\ \sum_{n=1}^{N}a_n(\varepsilon+\xi_n+y_n-t_n)-\sum_{n=1}^{N}\hat{a}_n(\varepsilon+\hat{\xi}_n-y_n+t_n)\end{aligned} \tag{7.44}$$

现在用式（7.7）替换$y(\boldsymbol{x})$，分别令拉格朗日乘子关于$\boldsymbol{w}, b,\ \xi_n$和$\hat{\xi}_n$的导数为零得

$$\frac{\partial L}{\partial \boldsymbol{w}}=0 \Rightarrow \boldsymbol{w}=\sum_{n=1}^{N}(a_n-\hat{a}_n)\phi(\boldsymbol{x}_n) \tag{7.45}$$

$$\frac{\partial L}{\partial b}=0 \Rightarrow \sum_{n=1}^{N}(a_n-\hat{a}_n)=0 \tag{7.46}$$

$$\frac{\partial L}{\partial \xi_n}=0 \Rightarrow a_n+\mu_n=C \tag{7.47}$$

$$\frac{\partial L}{\partial \hat{\xi}_n}=0 \ \Rightarrow \hat{a}_n+\hat{\mu}_n=C \tag{7.48}$$

利用这些结论可以消除来自拉格朗日乘子的对应变量。观察发现，对偶问题包括最大

化 $\{a_n\}$ 和 $\{\hat{a}_n\}$，即

$$\begin{aligned}\hat{L}(\boldsymbol{a},\hat{\boldsymbol{a}}) = -\frac{1}{2}\sum_{n=1}^{N}\sum_{m=1}^{N}(a_n-\hat{a}_n)(a_m-\hat{a}_m)k(\boldsymbol{x}_n,\boldsymbol{x}_m) - \\ \varepsilon\sum_{n=1}^{N}(a_n+\hat{a}_n)+\sum_{n=1}^{N}(a_n-\hat{a}_n)\ t_n\end{aligned} \tag{7.49}$$

式中引入了核 $k(\boldsymbol{x},\boldsymbol{x}')=\phi(\boldsymbol{x})^{\mathrm{T}}\phi(\boldsymbol{x}')$。再次重申，这是一个约束最大化。为了找到这些约束，观察发现需要 $a_n \geqslant 0$ 和 $\hat{a}_n \geqslant 0$，因为它们是拉格朗日乘子。另外，$\mu_n \geqslant 0$，$\hat{\mu}_n \geqslant 0$ 及式(7.46)和式（7.47）要求 $a_n \leqslant C$ 和 $\hat{a}_n \leqslant C$，连同条件即式（7.49）就得到了一个框限制：

$$0 \leqslant a_n \leqslant C \tag{7.50}$$

$$0 \leqslant \hat{a}_n \leqslant C \tag{7.51}$$

将式（7.45）代入式（7.7），通过下式就可对新输入进行预测：

$$y(\boldsymbol{x})=\sum_{n=1}^{N}(a_n-\hat{a}_n)k(\boldsymbol{x},\boldsymbol{x}_n)+b \tag{7.52}$$

对应的 KKT 条件规定，在解的结果中，对偶变量与约束的乘积必须消失：

$$a_n(\varepsilon+\xi_n+y_n-t_n)=0 \tag{7.53}$$

$$\hat{a}_n(\varepsilon+\hat{\xi}_n-y_n+t_n)=0 \tag{7.54}$$

$$(C-a_n)\xi_n=0 \tag{7.55}$$

$$(C-\hat{a}_n)\hat{\xi}_n=0 \tag{7.56}$$

由此，我们可以得到一些有用的结果。首先，观察发现，若 $\varepsilon+\xi_n+y_n-t_n=0$，则系数 a_n 只能是非零的，这意味着数据点要么位于“ε 管道”的上边界（$\xi_n=0$）上，要么位于上边界的上方（$\xi_n>0$）。同样，$\hat{a}_n$ 非零意味着 $\varepsilon+\hat{\xi}_n-y_n+t_n=0$，且这样的点必定位于“$\varepsilon$ 管道”的下边界上或者下边界的下方。

此外，约束 $\varepsilon+\xi_n+y_n-t_n=0$ 和 $\varepsilon+\hat{\xi}_n-y_n+t_n=0$ 互不相容：将它们相加后，发现 ξ_n 和 $\hat{\xi}_n$ 是非负的，而 ε 是严格正的，所以对每个数据点 $\boldsymbol{x}_n$，a_n 或 $\hat{a}_n$ 必须为零。

支持向量是式（7.52）给出的有助于预测的数据点，即满足 $a_n \neq 0$ 或 $\hat{a}_n \neq 0$ 的那些点。这些点位于“ε 管道”的边界上或者边界外。管道内的所有点都满足 $a_n=\hat{a}_n=0$。于是，我们再次得到了一个稀疏解。在预测模型即式（7.52）中，必须估计的项是包含支持向量的那些项。

考虑满足 $0<a_n<C$ 的数据点，可以求出参数 b。对式（7.55）必须满足 $\xi_n=0$，而对式（7.53）必须满足 $\varepsilon+y_n-t_n=0$。利用式（7.52）求解参数 b 得

$$b = t_n - \varepsilon - \boldsymbol{w}^{\mathrm{T}}\phi(\boldsymbol{x}_n) = t_n - \varepsilon - \sum_{m=1}^{N}(a_m - \hat{a}_m)k(\boldsymbol{x}_n, \boldsymbol{x}_m) \tag{7.57}$$

其中用到了式（7.46）。考虑满足 $0 < \hat{a}_n < C$ 的数据点，可以得到类似的结果。实际上，最好平均 b 的所有这些估计值。

伴随分类情况，存在一个针对回归支持向量机的公式，其调整复杂度的参数有更多直观的解释（Scholkopf 等，2000）。例如，我们通过固定一个参量 ν 而非不敏感区域的宽度 ε 来限制管道外侧的一小部分点，包括最大化

$$\tilde{L}(\boldsymbol{a}, \hat{\boldsymbol{a}}) = -\frac{1}{2}\sum_{n=1}^{N}\sum_{m=1}^{N}(a_n - \hat{a}_n)(a_m - \hat{a}_m)k(\boldsymbol{x}_n, \boldsymbol{x}_m) + \sum_{n=1}^{N}(a_n - \hat{a}_n)\, t_n \tag{7.58}$$

使其满足约束条件

$$0 \leqslant a_n \leqslant C/N \tag{7.59}$$

$$0 \leqslant \hat{a}_n \leqslant C/N \tag{7.60}$$

$$\sum_{n=1}^{N}(a_n - \hat{a}_n) = 0 \tag{7.61}$$

$$\sum_{n=1}^{N}(a_n + \hat{a}_n) \leqslant \nu C \tag{7.62}$$

这可证明至多有 νN 个数据点落在不敏感管道的外部，同时至少有 νN 个数据点是支持向量，它们位于“ε 管道”的外部或内部。

图 7.5 采用正弦数据集显示了如何用支持向量机解决回归分析问题，其中参数 ν 和 C 是人为选择的。实际上，它们的值通常需要相互确认。

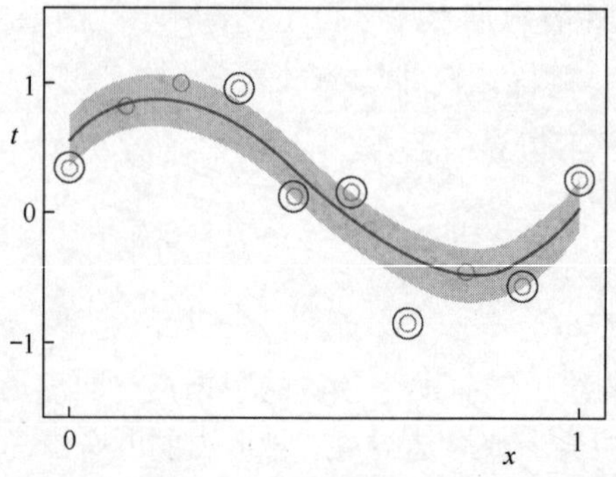

图 7.5　用支持向量机解决回归分析问题。预测回归曲线由实线表示，“ε 管道”对应于阴影区域，数据点由小圆圈表示，支持向量由大圆圈表示

7.5　小结

本章介绍了核方法和支持向量机的相关知识，并且基于核学习机的定义和核函数重点介绍了支持向量机在分类核回归问题上的应用，即线性可分支持向量机、线性与非线性支持向量机和线性与非线性支持向量回归机。

习题

1．在 MNIST 数据集上，训练 SVM 实现手写数字识别。

2．在 Iris 数据集上，利用 SVM 实现数据的分类。

3．在波斯顿房价数据集上训练一个 SVM 回归模型。

4．给定正例点 $\boldsymbol{x}_1=(3,3)^{\mathrm{T}},\boldsymbol{x}_2=(4,5)^{\mathrm{T}}$ 和负例点 $\boldsymbol{x}_3=(1,1)^{\mathrm{T}}$，求线性可分支持向量机。

5．支持向量机的基本思想是什么？

6．如何计算最优超平面？

第 8 章　神经网络和深度学习

8.1　引言

简单来说，人工神经网络是指模仿生物大脑的结构和功能，采用数学和物理方法进行研究而构成的一种信息处理系统或计算机。

人是地球上具有最高智慧的生物，而人的智能均来自大脑，人类靠大脑进行思考、联想、记忆和推理判断，这些功能是任何被称为**电脑**的计算机都无法取代的。长期以来，很多科学家一直致力于人脑内部结构和功能的研究，试图建立模仿人类大脑的计算机。截至目前，虽然人们对大脑的内部工作原理还不甚清楚，但对其结构已有所了解。

粗略地讲，大脑是由大量神经细胞或神经元组成的，每个神经元都可视为一个小处理单元，这些神经元又按照某种方式互相连接起来，形成大脑内部的生物神经元网络。这些神经元随着所接收到的多个激励信号的综合大小而呈现兴奋或抑制状态。现在已经明确的是，大脑的学习过程就是神经元之间连接强度随外部激励信息做自适应变换的过程，而大脑处理信息的结果则由神经元的状态表现出来。

人工神经网络已经完全不同于一般的计算机。在一般的计算机中，通常有一个中央处理器，它可以访问存储器。中央处理器可以取一条指令和该指令所需的数据，并且执行该指令，最后将计算结果存入指定的存储单元，其中的任何动作都是预先确定的，并且按照串行的方式进行。而人工神经网络中的操作却不是串行的，也不是预先确定的，因为它根本就没有确定的存储器，而由许多互相连接的简单处理单元组成，其中每个处理单元的功能只是计算所有输入信号的加权和。当和值超过一定的阈值时，输出呈现兴奋状态；而当和值低于一定的阈值时，输出呈现抑制状态。人工神经网络并不执行任何指令序列，它对并行加载的输入信号按照并行方式进行处理和响应，结果也不保存在特定的存储单元中。当人工神经网络达到某种平衡状态后，这个平衡状态就是所要的结果。

人工神经网络的操作通常分为两类：一类是训练学习操作；另一类是正常操作或回忆操作。执行训练学习操作时，以教给神经网络的信息为神经网络的输入和输出，并使网络按照某种规则调节各个处理单元之间的连接权值，直到在输入端输入给定信息，神经网络能够产生给定的输出为止。这时，各个连接权值已调节好，网络训练完成。而正常操作是针对已训练好的神经网络进行的，为训练好的神经网络输入一个信号，就可以回忆出相应的输出结果。

8.2　感知器

感知器（Perceptron）是具有单层计算单元的人工神经网络。感知器训练算法就是由这种神经网络演变而来的。

8.2.1　感知器的概念

美国学者 F. Rosenblatt 在 1957 年提出了感知器模型，如图 8.1 所示。

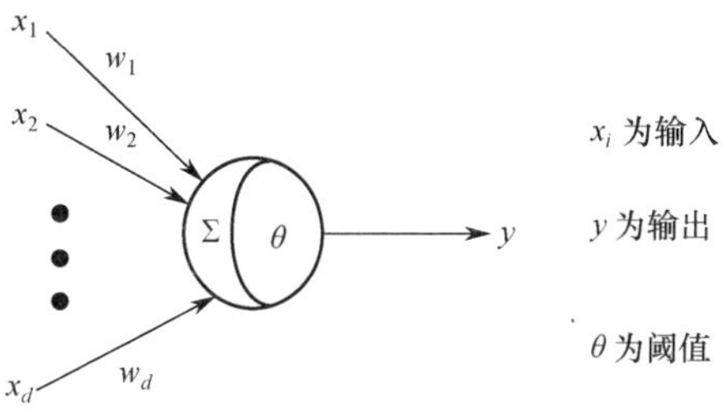

图 8.1　感知器模型

感知器实质上是一种神经元模型，是一个多输入/单输出的非线性器件。用数学表达式表示，感知器就是

$$y = f\left(\sum_{i=1}^{d} w_i x_i - \theta\right) \tag{8.1}$$

这种神经元没有内部状态的转变，而且函数 f 是一个阶跃函数，即阈值型函数。因此，它实质上是一种线性阈值计算单元，如图 8.2 所示。

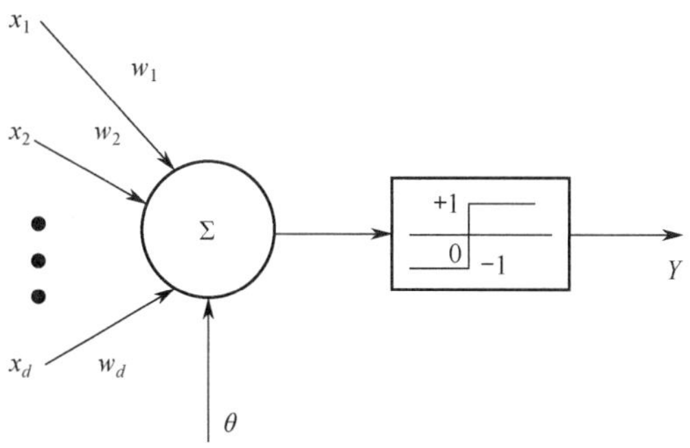

图 8.2　线性阈值计算单元

输出表达式为

$$Y = \begin{cases} 1, & \sum_{i=1}^{d} w_i x_i - \theta > 0 \\ -1, & \sum_{i=1}^{d} w_i x_i - \theta \leqslant 0 \end{cases} \tag{8.2}$$

也可写为

$$Y = \mathrm{sgn}(\boldsymbol{w}_0^{\mathrm{T}}\boldsymbol{x} - \theta) \tag{8.3}$$

式中，

$$\boldsymbol{w}_0^{\mathrm{T}} = (w_1, w_2, \cdots, w_d), \qquad \boldsymbol{x} = (x_1, x_2, \cdots, x_d)^{\mathrm{T}}$$

若令

$$\boldsymbol{w}^{\mathrm{T}} = (w_1, w_2, \cdots, w_d, -\theta), \qquad \boldsymbol{x} = (x_1, x_2, \cdots, x_d, 1)^{\mathrm{T}}$$

则有

$$y = \mathrm{sgn}(\boldsymbol{w}^{\mathrm{T}}\boldsymbol{x}) \tag{8.4}$$

式中，

$$\mathrm{sgn}(x) = \begin{cases} 1, & x > 0 \\ -1, & x \leqslant 0 \end{cases} \tag{8.5}$$

与其他神经元模型相比，感知器模型的一个重要特点是神经元之间的耦合度可变，各个权值 w_i 可以通过训练/学习来调整，从而实现线性可分函数。

当感知器用于两类模式的分类时，相当于在高维样本的特征空间中用一个超平面将两类区域分开。Rosenblatt 已经证明，如果两类模式是线性可分的，算法一定收敛。这就确定了一种自组织、自学习的思想。由此引导出的感知器算法至今仍是最有效的算法之一。

8.2.2　感知器训练算法及其收敛性

在式（8.3）中，若令 $w_{d+1} = -\theta$，$\boldsymbol{w}_0^{\mathrm{T}} = (w_1, w_2, \cdots, w_d)$ 和 $g(\boldsymbol{x}) = \boldsymbol{w}_0^{\mathrm{T}}\boldsymbol{x} + w_{d+1}$，并令 $y=1$，$y=-1$ 分别表示两个类，则感知器判别函数变为

$$\text{若 } g(\boldsymbol{x})\begin{cases} > 0 \\ \leqslant 0 \end{cases}，\text{则 } \boldsymbol{x} \in \begin{cases} \omega_i \\ \omega_j \end{cases}$$

通过上面的定义，感知器问题就变成了 ω_i/ω_j 两类问题。因此，感知器的自组织、自学习思想可用于确定性分类器的训练。这就是感知器训练方法。

针对 ω_i/ω_j 两类问题，可以利用增广模式向量、增广加权向量和判决规则

$$\text{若 } \boldsymbol{w}^{\mathrm{T}}\boldsymbol{x}\begin{cases} > 0 \\ \leqslant 0 \end{cases}，\text{则 } \boldsymbol{x} \in \begin{cases} \omega_i \\ \omega_j \end{cases}$$

来说明感知器的训练步骤。

设训练样本集 $\boldsymbol{X} = \{\boldsymbol{x}_1, \boldsymbol{x}_2, \cdots, \boldsymbol{x}_n\}$，其中样本 $\boldsymbol{x}_k, k = 1, 2, \cdots, n$ 分别属于类 ω_i 或类 ω_j，且

$\boldsymbol{x}_k$ 的属性已知。为了确定加权向量 $\boldsymbol{w}^*$，执行：

（1）给定初始值：置 $k=0$，分别给每个加权向量赋任意值，可选常数 $c>0$。

（2）输入训练样本 $\boldsymbol{x}_k$，$\boldsymbol{x}_k \in \{\boldsymbol{x}_1, \boldsymbol{x}_2, \cdots, \boldsymbol{x}_n\}$。

（3）计算判决函数值：$g(\boldsymbol{x}_k)=[\boldsymbol{w}(k)]^{\mathrm{T}}\boldsymbol{x}_k$。

（4）修正加权向量 $\boldsymbol{w}(k)$，修正规则如下：

$$若\ \boldsymbol{x}_k \in \omega_i\ 和\ g(\boldsymbol{x}_k) \leqslant 0，则\ \boldsymbol{w}(k+1)=\boldsymbol{w}(k)+c\boldsymbol{x}_k$$

$$若\ \boldsymbol{x}_k \in \omega_j\ 和\ g(\boldsymbol{x}_k) > 0，则\ \boldsymbol{w}(k+1)=\boldsymbol{w}(k)-c\boldsymbol{x}_k$$

如果类 ω_j 的训练样本 $\boldsymbol{x}_k$ 的各分量均乘以(-1)，则修正规则统一为

$$若\ g(\boldsymbol{x}_k) \leqslant 0，则\ \boldsymbol{w}(k+1)=\boldsymbol{w}(k)+c\boldsymbol{x}_k$$

（5）令 $k=k+1$，返回步骤（2）。当 $\boldsymbol{w}$ 对所有训练样本均稳定不变时，结束。一般情况下有 $0<c\leqslant 1$，它会影响收敛速度和稳定性：c 太小时收敛速度慢，c 太大时会使 $\boldsymbol{w}(k)$ 的值不稳定。

【例 8.1】 一个两类问题的 4 个训练样本如下所示，用感知器求加权向量 $\boldsymbol{w}^*$。

$$\omega_1:(0,0)^{\mathrm{T}},(0,1)^{\mathrm{T}} \qquad \omega_2:(1,0)^{\mathrm{T}},(1,1)^{\mathrm{T}}$$

解： 将训练样本变为增广的。ω_2 的样本乘以(-1)得到样本集 $\boldsymbol{X}=\{\boldsymbol{x}_1,\boldsymbol{x}_2,\boldsymbol{x}_3,\boldsymbol{x}_4\}$。增广向量为

$$\boldsymbol{x}_1=(0,0,1)^{\mathrm{T}},\quad \boldsymbol{x}_2=(0,1,1)^{\mathrm{T}},\quad \boldsymbol{x}_3=(-1,0,-1)^{\mathrm{T}},\quad \boldsymbol{x}_4=(-1,-1,-1)^{\mathrm{T}}$$

$$g(\boldsymbol{x})=\boldsymbol{w}^{\mathrm{T}}\boldsymbol{x}=(w_1,w_2,\cdots,w_d,w_{d+1},)\begin{pmatrix}x_1\\ \vdots\\ x_d\\ 1\end{pmatrix}$$

取初值 $\boldsymbol{w}(0)=(1,1,1)^{\mathrm{T}}$，$c=1$。

$$k=0,\ \boldsymbol{x}_k=\boldsymbol{x}_1,\ g(\boldsymbol{x}_k)=\boldsymbol{w}^{\mathrm{T}}(k)\boldsymbol{x}_k=(1,1,1)\begin{pmatrix}0\\0\\1\end{pmatrix}=1>0,\ \boldsymbol{w}(1)=\boldsymbol{w}(0),\ \boldsymbol{w}\ 不变$$

$$k=1,\ \boldsymbol{x}_k=\boldsymbol{x}_2,\ g(\boldsymbol{x}_k)=\boldsymbol{w}^{\mathrm{T}}(k)\boldsymbol{x}_k=(1,1,1)\begin{pmatrix}0\\1\\1\end{pmatrix}=2>0,\ \boldsymbol{w}(2)=\boldsymbol{w}(1)$$

$$k=2,\ \boldsymbol{x}_k=\boldsymbol{x}_3,\ g(\boldsymbol{x}_k)=\boldsymbol{w}^{\mathrm{T}}(k)\boldsymbol{x}_k=(1,1,1)\begin{pmatrix}-1\\0\\-1\end{pmatrix}=-2<0,\ \boldsymbol{w}(3)=\boldsymbol{w}(2)+\boldsymbol{x}_3=(0,1,0)^{\mathrm{T}}$$

$$k=3,\ \boldsymbol{x}_k=\boldsymbol{x}_4,\ g(\boldsymbol{x}_k)=\boldsymbol{w}^{\mathrm{T}}(k)\boldsymbol{x}_k=(0,1,0)\begin{pmatrix}-1\\-1\\-1\end{pmatrix}=-1<0,\ \boldsymbol{w}(4)=\boldsymbol{w}(3)+\boldsymbol{x}_4=(-1,0,-1)^{\mathrm{T}}$$

$$k=4,\ \boldsymbol{x}_k=\boldsymbol{x}_1,\ g(\boldsymbol{x}_k)=\boldsymbol{w}^{\mathrm{T}}(k)\boldsymbol{x}_k=(-1,0,-1)\begin{pmatrix}0\\0\\1\end{pmatrix}=-1<0,\ \boldsymbol{w}(5)=\boldsymbol{w}(4)+\boldsymbol{x}_1=(-1,0,0)^{\mathrm{T}}$$

$$k=5,\ \boldsymbol{x}_k=\boldsymbol{x}_2,\ g(\boldsymbol{x}_k)=\boldsymbol{w}^{\mathrm{T}}(k)\boldsymbol{x}_k=(-1,0,0)\begin{pmatrix}0\\1\\1\end{pmatrix}=0,\ \boldsymbol{w}(6)=\boldsymbol{w}(5)+\boldsymbol{x}_2=(-1,1,1)^{\mathrm{T}}$$

$$k=6,\ \boldsymbol{x}_k=\boldsymbol{x}_3,\ g(\boldsymbol{x}_k)=\boldsymbol{w}^{\mathrm{T}}(k)\boldsymbol{x}_k=(-1,1,1)\begin{pmatrix}-1\\0\\-1\end{pmatrix}=0,\ \boldsymbol{w}(7)=\boldsymbol{w}(6)+\boldsymbol{x}_3=(-2,1,0)^{\mathrm{T}}$$

$$k=7,\ \boldsymbol{x}_k=\boldsymbol{x}_4,\ g(\boldsymbol{x}_k)=\boldsymbol{w}^{\mathrm{T}}(k)\boldsymbol{x}_k=(-2,1,0)\begin{pmatrix}-1\\-1\\-1\end{pmatrix}=1>0,\ \boldsymbol{w}(8)=\boldsymbol{w}(7)$$

$$k=8,\ \boldsymbol{x}_k=\boldsymbol{x}_1,\ g(\boldsymbol{x}_k)=\boldsymbol{w}^{\mathrm{T}}(k)\boldsymbol{x}_k=(-2,1,0)\begin{pmatrix}0\\0\\1\end{pmatrix}=0,\ \boldsymbol{w}(9)=\boldsymbol{w}(8)+\boldsymbol{x}_1=(-2,1,1)^{\mathrm{T}}$$

$$k=9,\ \boldsymbol{x}_k=\boldsymbol{x}_2,\ g(\boldsymbol{x}_k)=\boldsymbol{w}^{\mathrm{T}}(k)\boldsymbol{x}_k=(-2,1,1)\begin{pmatrix}0\\1\\1\end{pmatrix}=2>0,\boldsymbol{w}(10)=\boldsymbol{w}(9)$$

$$k=10,\ \boldsymbol{x}_k=\boldsymbol{x}_3,\ g(\boldsymbol{x}_k)=\boldsymbol{w}^{\mathrm{T}}(k)\boldsymbol{x}_k=(-2,1,1)\begin{pmatrix}-1\\0\\-1\end{pmatrix}=1>0,\ \boldsymbol{w}(11)=\boldsymbol{w}(10)$$

$$k=11,\ \boldsymbol{x}_k=\boldsymbol{x}_4,\ g(\boldsymbol{x}_k)=\boldsymbol{w}^{\mathrm{T}}(k)\boldsymbol{x}_k=(-2,1,1)\begin{pmatrix}-1\\-1\\-1\end{pmatrix}=0,\ \boldsymbol{w}(12)=\boldsymbol{w}(11)+\boldsymbol{x}_4=(-3,0,0)^{\mathrm{T}}$$

$$k=12,\ \boldsymbol{x}_k=\boldsymbol{x}_1,\ g(\boldsymbol{x}_k)=\boldsymbol{w}^{\mathrm{T}}(k)\boldsymbol{x}_k=(-3,0,0)\begin{pmatrix}0\\0\\1\end{pmatrix}=0,\ \boldsymbol{w}(13)=\boldsymbol{w}(12)+\boldsymbol{x}_1=(-3,0,1)^{\mathrm{T}}$$

$$k=13,\ \boldsymbol{x}_k=\boldsymbol{x}_2,\ g(\boldsymbol{x}_k)=\boldsymbol{w}^{\mathrm{T}}(k)\boldsymbol{x}_k=(-3,0,1)\begin{pmatrix}0\\1\\1\end{pmatrix}=1>0,\ \boldsymbol{w}(14)=\boldsymbol{w}(13)$$

$$k=14,\ \ \boldsymbol{x}_k=\boldsymbol{x}_3,\ \ g(\boldsymbol{x}_k)=\boldsymbol{w}^{\mathrm{T}}(k)\boldsymbol{x}_k=(-3,0,1)\begin{pmatrix}-1\\0\\-1\end{pmatrix}=2>0,\ \boldsymbol{w}(15)=\boldsymbol{w}(14)$$

$$k=15,\ \ \boldsymbol{x}_k=\boldsymbol{x}_4,\ \ g(\boldsymbol{x}_k)=\boldsymbol{w}^{\mathrm{T}}(k)\boldsymbol{x}_k=(-3,0,1)\begin{pmatrix}-1\\-1\\-1\end{pmatrix}=2>0,\ \boldsymbol{w}(16)=\boldsymbol{w}(15)$$

$$k=16,\ \ \boldsymbol{x}_k=\boldsymbol{x}_1,\ \ g(\boldsymbol{x}_k)=\boldsymbol{w}^{\mathrm{T}}(k)\boldsymbol{x}_k=(-3,0,1)\begin{pmatrix}0\\0\\1\end{pmatrix}=1>0,\ \boldsymbol{w}(17)=\boldsymbol{w}(16)$$

从 $k=13\sim16$ 的结果可以看出，使用 $\boldsymbol{w}(13)$ 已能正确地分类所有训练样本，即算法收敛于 $\boldsymbol{w}(13)$，因此 $\boldsymbol{w}(13)$ 即为解向量。

$$\boldsymbol{w}^*=(-3,0,1)^{\mathrm{T}},\ g(\boldsymbol{x})=\boldsymbol{w}^*\boldsymbol{x}=(-3,0,1)\begin{pmatrix}x_1\\x_2\\1\end{pmatrix}=-3x_1+1$$

分界面 $g(\boldsymbol{x})=0$，即 $x_1=1/3$，如图 8.3 所示。$\boldsymbol{w}^*$ 是不唯一的，$\boldsymbol{w}^*$ 属于解集空间。

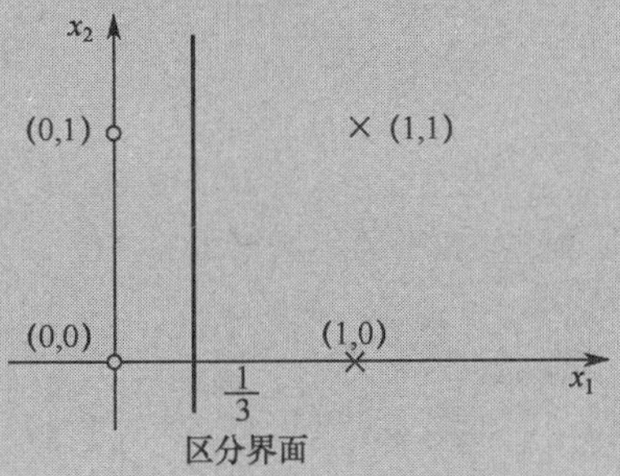

图 8.3　例 8.1 的分界面

若训练样本是线性可分的，则感知器训练算法在有限次迭代后可收敛到正确的解向量。下面证明这一收敛性。

假设：①归一化每个样本，使其变为单位向量。$\|\boldsymbol{x}_k\|=1$，$k=1,2,\cdots,n$。②取常数 $c=0$，取初值 $\boldsymbol{w}(0)=\boldsymbol{0}$。③将来自 ω_j 的训练样本的各个分量均乘以(−1)。

将感知器训练算法变更如下：

（1）置 $k=0$，选初值 $\boldsymbol{w}(0)=\boldsymbol{0}$，$c=1$，给出较小正数 T。

（2）输入训练样本 $\boldsymbol{x}_k$，$\boldsymbol{x}_k\in\{\boldsymbol{x}_1,\boldsymbol{x}_2,\cdots,\boldsymbol{x}_n\}$。

（3）计算：$g(\boldsymbol{x}_k)=[\boldsymbol{w}(k)]^{\mathrm{T}}\boldsymbol{x}_k$。

（4）判断：若 $g(\boldsymbol{x}_k) > T$，则返回步骤（2），否则继续。

（5）令 $\boldsymbol{w}(k+1) = \boldsymbol{w}(k) + \boldsymbol{x}_k, k = 1,2,\cdots,n$， $k = k+1$，返回步骤（2）。

若所有样本均不进入步骤（5），则算法结束。从算法中不难看出

$$\boldsymbol{w}(k) = \boldsymbol{w}(0) + \sum_{i=0}^{k-1} \boldsymbol{x}_i = \sum_{i=0}^{k-1} \boldsymbol{x}_i$$

两边乘以解向量 $\boldsymbol{w}^*$ 得

$$\boldsymbol{w}^* \boldsymbol{w}(k) = \sum_{i=0}^{k-1} \left(\boldsymbol{w}^* \boldsymbol{x}_i \right) > kT \qquad \text{［由算法的步骤（3）和（4）知道］}$$

由于

$$\left\| \boldsymbol{w}(k) \right\|^2 = \left\| \boldsymbol{w}(k-1) + \boldsymbol{x}_{k-1} \right\|^2 = \left\| \boldsymbol{w}(k-1) \right\|^2 + 2\boldsymbol{w}(k-1)^{\mathrm{T}} \boldsymbol{x}_{k-1} + \left\| \boldsymbol{x}_{k-1} \right\|^2$$

归一化 $\left\| \boldsymbol{x}_{k-1} \right\|^2 = 1$，当 $\boldsymbol{w}(k)$ 为非解向量时，有 $g(\boldsymbol{x}_{k-1}) = \boldsymbol{w}(k-1)^{\mathrm{T}} \boldsymbol{x}_{k-1} \leqslant T$。因此，有

$$\left\| \boldsymbol{w}(k) \right\|^2 \leqslant \left\| \boldsymbol{w}(k-1) \right\|^2 + 2T + 1 < \left\| \boldsymbol{w}(k-1) \right\|^2 + 1$$

分别计算出 $\left\| \boldsymbol{w}(k-1) \right\|^2 \leqslant \cdots \leqslant \left\| \boldsymbol{w}(1) \right\|^2$，代入上式得

$$\left\| \boldsymbol{w}(k) \right\|^2 < k$$

令 $c(k)$ 表示两个向量 $\boldsymbol{w}^*$ 与 $\boldsymbol{w}(k)$ 之间夹角的余弦，有

$$c(k) = \frac{\boldsymbol{w}^* \cdot \boldsymbol{w}(k)}{\left\| \boldsymbol{w}^* \right\| \cdot \left\| \boldsymbol{w}(k) \right\|} > \frac{kT}{\sqrt{k} \cdot \left\| \boldsymbol{w}^* \right\|} > 0$$

又 $c(k) < 1$，令 $T' = T / \left\| \boldsymbol{w}^* \right\|$，则有 $k < \dfrac{1}{T'^2}, T' > 0$。

也就是说，k 是一个有限的值，步骤（5）仅需有限次就可得到 $\boldsymbol{w}^*$。换句话说，在线性可分的情况下，感知器训练算法一定收敛。正数 T 越小，收敛速度越慢（k 值越大）。

8.2.3　感知器准则函数及梯度法

我们知道，一个函数的梯度指明了其自变量增加时该函数的最大增大率方向，负梯度则指明了同样条件下函数的最陡下降方向。基于梯度函数这一重要性质，下面介绍梯度法。

求函数 $f(\boldsymbol{w})$ 的数值解时，通常只能求出某种意义下的最优解，即首先定义一个准则函数，然后在使此准则函数最大或最小的情况下，求出 $f(\boldsymbol{w})$ 的解。梯度法首先确定一个准则函数 $J(\boldsymbol{w})$，然后选择一个初值 $\boldsymbol{w}(1)$，通过迭代方法找到 $\boldsymbol{w}$ 的数值解。

1. 梯度法

在数学分析中，函数 $J(\boldsymbol{w})$ 在某点 $\boldsymbol{w}_k$ 的梯度 $\nabla J(\boldsymbol{w}_k)$ 是一个向量，其方向是 $J(\boldsymbol{w})$ 增长最快的方向。显然，负梯度方向是 $J(\boldsymbol{w})$ 减小最快的方向。因此，在求某个函数的极值时，沿梯度方向走可以最快地到达极大点，而沿负梯度方向走则可以最快地到达极小点。

定义一个准则函数 $J(\boldsymbol{w},\boldsymbol{x})$，它的最小值对应于最优解 $\boldsymbol{w}^*$。梯度法的迭代公式为

$$\boldsymbol{w}(k+1)=\boldsymbol{w}(k)-\rho(\nabla J)_{\boldsymbol{w}=\boldsymbol{w}(k)} \tag{8.6}$$

上式使 $\boldsymbol{w}$ 在函数 J 的负梯度方向上迅速收敛于最优解 $\boldsymbol{w}^*$，其中，ρ 是一个正比例因子。这就是梯度法。

2. 牛顿法

因为梯度法的缺点是有可能使搜索过程收敛很慢，所以在某些情况下它并不是有效的迭代方法。与梯度法相比，牛顿法在搜索方向上有所改进，不仅利用了准则函数在搜索点的梯度，而且利用了二次导数，使搜索方向能够更好地指向最优点。

牛顿法的迭代公式为

$$\boldsymbol{w}(k+1)=\boldsymbol{w}(k)-\boldsymbol{D}^{-1}\nabla J \tag{8.7}$$

式中，$\boldsymbol{D}$ 为二次偏导数矩阵，$\boldsymbol{D}^{-1}$ 为其逆矩阵。矩阵的计算量非常大，对于奇异矩阵，无法使用牛顿法。

3. 感知器准则函数

准则函数可以选为

$$J(\boldsymbol{w},\boldsymbol{x})=k\left(\left|\boldsymbol{w}^{\mathrm{T}}\boldsymbol{x}\right|-\boldsymbol{w}^{\mathrm{T}}\boldsymbol{x}\right),k>0 \tag{8.8}$$

显然，只要满足 $\left|\boldsymbol{w}^{\mathrm{T}}\boldsymbol{x}\right|-\boldsymbol{w}^{\mathrm{T}}\boldsymbol{x}=0$，这个准则函数就可以达到最小值 $J_{\min}(\boldsymbol{w},\boldsymbol{x})$，此时 $\boldsymbol{w}^{\mathrm{T}}\boldsymbol{x}>0$，因此得到最优解 $\boldsymbol{w}^*$。在 ω_i/ω_j 两类问题中，将来自类 ω_j 的训练样本 $\boldsymbol{x}$ 的各个分量都要乘以(−1)。

假设 $\boldsymbol{x}$ 为定值，$J(\boldsymbol{w},\boldsymbol{x})$ 与 $\boldsymbol{w}$ 的关系如图 8.4 所示。

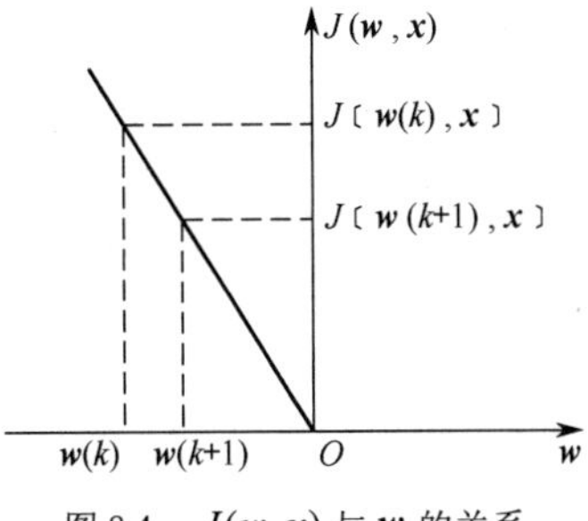

图 8.4 $J(\boldsymbol{w},\boldsymbol{x})$ 与 $\boldsymbol{w}$ 的关系

在坐标原点的左侧，$J(\boldsymbol{w},\boldsymbol{x})$ 为斜线，斜率取决于梯度；在坐标原点的右侧，$J(\boldsymbol{w},\boldsymbol{x})=0$ 对应于解区。

令 $k=1/2$，对 $J(\boldsymbol{w},\boldsymbol{x})$ 求导有

$$\nabla J=\frac{\partial J}{\partial \boldsymbol{w}}=\frac{1}{2}\left[\boldsymbol{x}\operatorname{sgn}\left(\boldsymbol{w}^{\mathrm{T}}\boldsymbol{x}\right)-\boldsymbol{x}\right] \tag{8.9}$$

式中，

$$\operatorname{sgn}\left(\boldsymbol{w}^{\mathrm{T}}\boldsymbol{x}\right)=\begin{cases}1, & \boldsymbol{w}^{\mathrm{T}}\boldsymbol{x}>0\\ -1, & \text{其他}\end{cases} \tag{8.10}$$

将 ∇J 代入梯度法迭代公式有

$$\begin{aligned}\boldsymbol{w}(k+1)&=\boldsymbol{w}(k)-\frac{\rho}{2}\left\{\boldsymbol{x}_k\operatorname{sgn}\left[\boldsymbol{w}^{\mathrm{T}}(k)\boldsymbol{x}_k\right]-\boldsymbol{x}_k\right\}\\ &=\begin{cases}\boldsymbol{w}(k), & \boldsymbol{w}^{\mathrm{T}}(k)\boldsymbol{x}_k>0\\ \boldsymbol{w}(k)+\rho\boldsymbol{x}_k, & \text{其他}\end{cases}\end{aligned} \tag{8.11}$$

当 $\rho=c>0$ 时，上式与感知器算法的修正公式一样，因此，感知器算法只是梯度下降法的一种特殊情况。我们一般将 ρ 为常数的梯度法称为**固定增量法**。

当 ρ 在迭代运算中随 k 变化时，称为**可变增量法**，迭代公式为

$$\boldsymbol{w}(k+1)=\boldsymbol{w}(k)+\rho_k\boldsymbol{x}_k \tag{8.12}$$

在迭代过程中，对于某个 k，若要求

$$\boldsymbol{w}^{\mathrm{T}}(k+1)\boldsymbol{x}_k>0 \tag{8.13}$$

代入式（8.12）得

$$\rho_k\geqslant\frac{\left|\boldsymbol{w}^{\mathrm{T}}(k)\boldsymbol{x}_k\right|}{\left\|\boldsymbol{x}_k\right\|^2} \tag{8.14}$$

此时的算法称为**可变增量的绝对修正法**。

参数 ρ 的选择很重要，ρ 大一些，收敛速度就快一些。但是，当 ρ 过大时，迭代过程可能会变得不稳定，甚至导致发散。

与感知器算法一样，梯度下降法只用于线性可分的情况，否则算法会在解区边界两侧来回摆动而始终不收敛。

上述修正算法是在第二类样本特征向量引入负号后得到的。若不引入负号，则算法为

（1）若 $\boldsymbol{x}_k\in\omega_i$ 且 $\boldsymbol{w}^{\mathrm{T}}(k)\boldsymbol{x}_k>0$ 或 $\boldsymbol{x}_k\in\omega_j$，$\boldsymbol{w}^{\mathrm{T}}(k)\boldsymbol{x}_k<0$，则不修正，即 $\boldsymbol{w}(k+1)=\boldsymbol{w}(k)$。

（2）反之，则予以修正：

若 $\boldsymbol{x}_k \in \omega_i$ 且 $\boldsymbol{w}^{\mathrm{T}}(k)\boldsymbol{x}_k \leqslant 0$，则 $\boldsymbol{w}(k+1)=\boldsymbol{w}(k)+\rho_k \boldsymbol{x}_k$

若 $\boldsymbol{x}_k \in \omega_j$ 且 $\boldsymbol{w}^{\mathrm{T}}(k)\boldsymbol{x}_k \geqslant 0$，则 $\boldsymbol{w}(k+1)=\boldsymbol{w}(k)-\rho_k \boldsymbol{x}_k$

【例 8.2】一个两类问题的 4 个训练样本如下所示，其分布如图 8.5 所示，试用感知器算法求其判别函数：

$$\omega_1:(0,0)^{\mathrm{T}},(0,1)^{\mathrm{T}} \qquad \omega_2:(1,0)^{\mathrm{T}},(1,1)^{\mathrm{T}}$$

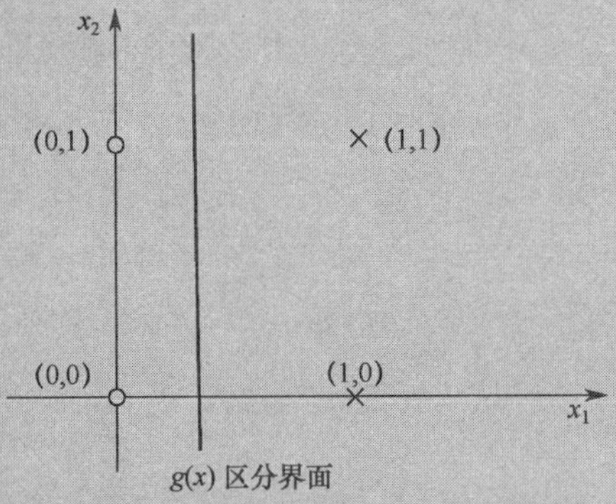

图 8.5　两类问题的分布

解：将模式特征向量写成增广向量形式：

$$\boldsymbol{x}_1=(0,0,1)^{\mathrm{T}},\boldsymbol{x}_2=(0,1,1)^{\mathrm{T}},\boldsymbol{x}_3=(1,0,1)^{\mathrm{T}},\boldsymbol{x}_4=(1,1,1)^{\mathrm{T}}$$

取 $\rho=1$，$\boldsymbol{w}(1)=\boldsymbol{0}$。

第 1 步，开始迭代：

$$\boldsymbol{w}^{\mathrm{T}}(1)\boldsymbol{x}_1=(0,0,0)\begin{pmatrix}0\\0\\1\end{pmatrix}=0,\quad \boldsymbol{x}_1\in\omega_1$$

上式的值应该大于 0，条件不满足，修正 $\boldsymbol{w}$：

$$\boldsymbol{w}(2)=\boldsymbol{w}(1)+\boldsymbol{x}_1=\begin{pmatrix}0\\0\\1\end{pmatrix}$$

第 2 步，输入样本 $\boldsymbol{x}_2$，$\boldsymbol{x}_2\in\omega_1$，

$$\boldsymbol{w}^{\mathrm{T}}(2)\boldsymbol{x}_2=(0,0,1)\begin{pmatrix}0\\1\\1\end{pmatrix}=1>0$$

满足条件，$\boldsymbol{w}(3)=\boldsymbol{w}(2)=(0,0,1)^{\mathrm{T}}$。

第 3 步，输入样本 $\boldsymbol{x}_3, \boldsymbol{x}_3 \in \omega_2$，

$$\boldsymbol{w}^{\mathrm{T}}(3)\boldsymbol{x}_3 = (0,0,1)\begin{pmatrix}1\\0\\1\end{pmatrix} = 1 > 0$$

$\boldsymbol{w}$ 修正：$\boldsymbol{w}(4) = \boldsymbol{w}(3) - \boldsymbol{x}_3, \boldsymbol{w}(4) = (-1,0,0)^{\mathrm{T}}$。

第 4 步，输入样本 $\boldsymbol{x}_4, \boldsymbol{x}_4 \in \omega_2$，

$$\boldsymbol{w}^{\mathrm{T}}(4)\boldsymbol{x}_4 = (-1,0,0)\begin{pmatrix}1\\1\\1\end{pmatrix} = -1 < 0$$

$\boldsymbol{w}$ 不修正：$\boldsymbol{w}(5) = \boldsymbol{w}(4) = (-1,0,0)^{\mathrm{T}}$。

第 5 步，循环迭代，输入样本 $\boldsymbol{x}_1 \in \omega_1, \boldsymbol{w}^{\mathrm{T}}(5)\boldsymbol{x}_1 = 0$，

$$\boldsymbol{w}(6) = \boldsymbol{w}(5) + \boldsymbol{x}_1 = (-1,0,1)^{\mathrm{T}}$$

第 6 步，输入样本 $\boldsymbol{x}_2, \boldsymbol{x}_2 \in \omega_1, \boldsymbol{w}^{\mathrm{T}}(6)\boldsymbol{x}_2 = 1$，不修正：$\boldsymbol{w}(7) = \boldsymbol{w}(6) = (-1,0,1)^{\mathrm{T}}$。

第 7 步，输入样本 $\boldsymbol{x}_3, \boldsymbol{x}_3 \in \omega_2, \boldsymbol{w}^{\mathrm{T}}(7)\boldsymbol{x}_3 = 0$，修正：$\boldsymbol{w}(8) = \boldsymbol{w}(7) - \boldsymbol{x}_3 = (-2,0,0)^{\mathrm{T}}$

第 8 步，输入样本 $\boldsymbol{x}_4, \boldsymbol{x}_4 \in \omega_2, \boldsymbol{w}^{\mathrm{T}}(8)\boldsymbol{x}_4 = -2$，不修正：$\boldsymbol{w}(9) = \boldsymbol{w}(8) = (-2,0,0)^{\mathrm{T}}$。

$\boldsymbol{w}$ 的各次迭代值仍未收敛，再次进行迭代。

第 9 步，输入样本 $\boldsymbol{x}_1 \in \omega_1, \boldsymbol{w}^{\mathrm{T}}(9)\boldsymbol{x}_1 = 0$，不大于 0，修正：$\boldsymbol{w}(10) = \boldsymbol{w}(9) - \boldsymbol{x}_1 = (-2,0,1)^{\mathrm{T}}$。

第 10 步，输入样本 $\boldsymbol{x}_2, \boldsymbol{x}_2 \in \omega_1, \boldsymbol{w}^{\mathrm{T}}(10)\boldsymbol{x}_2 = 1 > 0, \boldsymbol{w}(11) = \boldsymbol{w}(10) = (-2,0,1)^{\mathrm{T}}$。

第 11 步，输入样本 $\boldsymbol{x}_3, \boldsymbol{x}_3 \in \omega_2, \boldsymbol{w}^{\mathrm{T}}(11)\boldsymbol{x}_3 = -1 < 0, \boldsymbol{w}(12) = \boldsymbol{w}(11) = (-2,0,1)^{\mathrm{T}}$

第 12 步，输入样本 $\boldsymbol{x}_4, \boldsymbol{x}_4 \in \omega_2, \boldsymbol{w}^{\mathrm{T}}(12)\boldsymbol{x}_4 = -1 < 0$，不修正：$\boldsymbol{w}(13) = \boldsymbol{w}(12) = (-2,0,1)^{\mathrm{T}}$。

此时，$\boldsymbol{x}_2, \boldsymbol{x}_3, \boldsymbol{x}_4$ 的分类全部正确，再检查 $\boldsymbol{x}_1$ 的分类：

$$\boldsymbol{w}^{\mathrm{T}}(13)\boldsymbol{x}_1 = 1 > 0\text{，故 } \boldsymbol{w}(14) = \boldsymbol{w}(13) = (-2,0,1)^{\mathrm{T}}$$

至此，$\dfrac{\partial J}{\partial \boldsymbol{w}} = \boldsymbol{0}$，且全部分类正确，故解向量 $\boldsymbol{w} = (-2,0,1)^{\mathrm{T}}$，判别函数 $g(\boldsymbol{x}) = -2x_1 + 1$。

8.3 多层前向神经网络

一般来说，一个人工神经元网络由多层神经元结构组成，而每层神经元都包含输入和输出两部分。每层神经网络 layer(i)（i 表示网络层数）由 N_i 个网络神经元组成，layer($i-1$) 层神经元的输出是 layer(i) 层神经元的输入。神经元和与之对应的神经元之间的连线称为**突**

触，在数学模型中，每个突触都有一个加权数值，称为**权重**。第 i 层上的某个神经元的势能，等于每个权重乘以第 $i-1$ 层上对应神经元的输出，然后全体求和。势能数值通过神经元上的激励函数（常是 S 形函数以控制输出的大小，因为其可微分且连续，方便差量规则处理），求出该神经元的输出。

一种多层结构的常见前馈网络由三部分组成。

（1）输入层（Input layer），众多神经元（Neuron）接受大量非线性输入信息，输入的信息称为**输入向量**。

（2）隐藏层（Hidden layer），简称**隐层**，是输入层和输出层之间众多神经元和链接组成的各个层面。隐层可以有多层，习惯上用一层。隐层的节点（神经元）数量不定，但数量越多，神经网络的非线性就越显著，导致神经网络的强健性（控制系统在一定结构、大小等的参数摄动下，维持某些性能的特性）越显著。习惯上选输入节点 1.2～1.5 倍的节点。

（3）输出层（Output layer），信息在神经元链接中传输、分析、权衡，形成输出结果。输出的信息称为**输出向量**。

需要注意的是，神经网络的类已演变出了很多种，且这种分层的结构并非对所有神经网络都适用。通过训练样本的学习，对各层的权重进行校正而建立模型的过程称为**训练过程**。具体的训练方法会因网络结构和模型的不同而不同，常用反向传播算法训练。

8.3.1　多层前向神经网络

神经网络的设计涉及网络的结构、神经元的数量，以及网络的层数、神经元的激活函数、初始值和学习算法等。对于多层感知器网络来说，输入层和输出层的神经元数量可以根据需要求解的问题来确定。因此，多层感知器网络的设计一般应从网络的层数、隐藏层中的神经元数量、神经元的激活函数、初始值和学习率等方面来考虑。

在设计过程中，应当尽可能地减小神经网络模型的规模，以便缩短网络的训练时间。下面简要讨论各个环节的设计原则。

1. 训练数据的处理

1）获取样本数据

设计监督学习的神经网络时，获取样本数据是第一步，也是十分重要和关键的一步。样本数据的获取包括原始数据的收集、数据分析、变量选择及数据的预处理，只有经过上述步骤的处理后，神经网络的学习和训练才更有效。

2）输入数据的变换

因为 Sigmoid 函数的导数计算十分方便，所以神经元的作用函数多选为 Sigmoid 函数。如果神经元的作用函数 $f(x)$ 为 Sigmoid 函数，那么根据 Sigmoid 函数的导数可知，

随着 $|x|$ 的增大，$f(x)$ 的导数 $|f'(x)|$ 迅速减小。当 $|x|$ 很大时，$|f'(x)|$ 趋于 0。这时，若采用 BP 学习算法训练神经网络，则网络的权值调整量几乎为零。因此，设计者总希望神经元工作在 $|x|$ 较小的区域，这样就需要对神经网络的输入给予适当的处理。由于神经网络的输入取决于实际问题，如果提供给神经网络的实际数据很大，就需要做归一化处理才能保证神经元工作在 $|x|$ 较小的区域。因为输入数据发生了变化，所以对神经网络的输出也要进行相应的处理。例如，将输出放大 a 倍时，a 的大小要视实际而定，且需要经验知识的积累。

3）神经网络的泛化能力

神经网络的泛化能力（Generalization Ability）也称**综合能力**或**概括能力**，是指用较少的样本数据进行训练，使神经网络能在给定的区域内达到要求的精度。或者说，用较少的样本数据进行训练，使神经网络对样本数据之外的输入也能给出合适的输出。为了提高神经网络的泛化能力，需要对数据进行相关性分析，尽量用相关性较低的数据训练神经网络。

4）神经网络的期望输出

当神经元采用标准 Sigmoid 函数作为激励函数时，因为神经网络输出层各神经元的输出只能趋于 1 或 0，而不能达到 1 或 0，所以在设置各训练样本时，期望的输出分量 d_k 不能设为 1 或 0，而设为 0.9 或 0.1 较为合适。否则，可能导致神经网络训练不收敛。

2. 神经网络的结构设计

1）神经网络的层数

对于可用单层神经元网络解决的问题，应当首先考虑用感知器或自适应线性网络来解决，而尽量不用多层感知器网络，因为自适应线性网络的运算速度更快。对于一些复杂的非线性问题，单层神经网络无法解决或精度不能达到要求，只有增加层数才能达到期望的结果。

理论上已经证明，隐藏层采用 Sigmoid 函数，输出采用线性函数的三层神经网络，能够以任意精度逼近任何非线性函数。虽然增加神经网络层数可以更进一步降低误差、提高精度，但同时会使神经网络复杂化，进而增加网络权值的训练时间。误差精度的提高实际上也可通过增加隐藏层中的神经元数量来获得，其训练效果也比增加层数更容易观察和调整。因此，在一般情况下，应优先考虑增加隐藏层中的神经元数。

2）隐藏层的神经元数

神经网络训练精度的提高，可以采用一个隐藏层而增加其神经元数的方法来获得。在结构实现上，这要比增加更多的隐藏层简单得多。对于究竟选取多少个隐藏层节点才合适，理论上并没有明确的规定。在具体设计过程中，比较实际的做法是对不同的神经元数进行训练对比，然后适当地加上一些余量。

3. 神经网络的参数选取

1）初始权值的选取

设计神经网络时，初始值的选择直接影响学习是否能够收敛及训练时间的长短。如果初始权值太大，使得加权后的输入落在 Sigmoid 激励函数的饱和区，导致其导数 $f'(x)$ 非常小，而在权值修正公式中，因为灵敏度 $\delta \propto f'(x)$，当 $f'(x) \to 0$ 时，有 $\delta \to 0$。这就使得权值更新幅度 $\Delta w_{ij} \to 0$，进而使得调节过程几乎停滞。因此，一般总希望经过初始加权后的每个神经元的输入值都接近零，以保证每个神经元的权值都能在其 Sigmoid 激活函数变化最大的地方进行调节。因此，一般取初始权值为非常小的非零随机数。

2）学习率的选取

学习率直接决定每次循环训练所产生权值的调整量。学习率取得过大，可能导致学习算法不稳定；学习率取得过小，可能导致学习算法收敛速度慢，进而导致神经网络的训练时间过长。因此，在一般情况下，倾向于选取较小的学习率，以保证学习过程的稳定性。

在神经网络训练过程中，可以使用几个不同的学习率。观察每次训练后的误差平方和 ΣE 的下降速率，可以判断所选的学习率是否合适。若 ΣE 下降很快，则说明学习率合适；若 ΣE 出现振荡现象，则说明学习率过大。每个具体的神经网络都有一个合适的学习率。然而，对于比较复杂的神经网络来说，误差曲面的不同部位可能需要不同的学习率。一般来说，在学习的初始阶段，学习率选择较大的值可以加快学习速度。当学习过程快要结束时，学习率必须相当小，否则由于加权系数将产生振荡而不收敛。

8.3.2 BP 神经网络

基本 BP 算法包括两个方面：信号的正向传播和误差的反向传播。也就是说，计算实际输出时按从输入到输出的方向进行，而权值和阈值的修正从输出到输入的方向进行。

1. 网络结构

BP 神经网络结构示意图如图 8.6 所示。

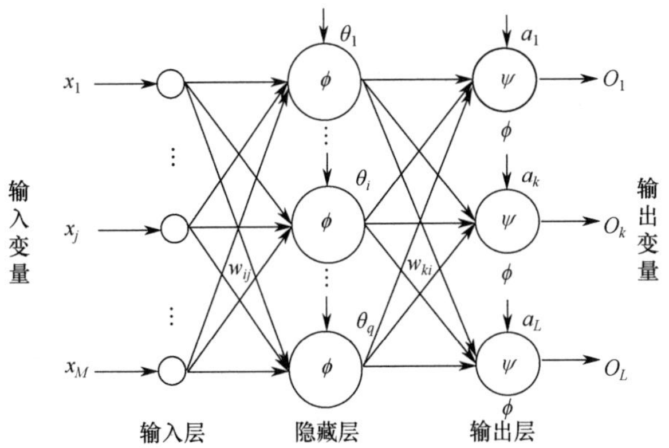

图 8.6　BP 神经网络结构示意图

图中，x_j 表示输入层第 j 个节点的输入，$j=1,\cdots,M$；w_{ij} 表示隐藏层第 i 个节点到输入层第 j 个节点之间的权值；θ_i 表示隐藏层第 i 个节点的阈值；ϕ 表示隐藏层的激励函数；w_{ki} 表示输出层第 k 个节点到隐藏层第 i 个节点之间的权值，$i=1,\cdots,q$；a_k 表示输出层第 k 个节点的阈值，$k=1,\cdots,L$；ψ 表示输出层的激励函数；o_k 表示输出层第 k 个节点的输出。

2．算法实现

1）信号的正向传播过程

隐藏层第 i 个节点的输入 net_i：

$$\text{net}_i = \sum_{j=1}^{M} w_{ij} x_j + \theta_i \tag{8.15}$$

隐藏层第 i 个节点的输出 y_i：

$$y_i = \phi(\text{net}_i) = \phi\left(\sum_{j=1}^{M} w_{ij} x_j + \theta_i\right) \tag{8.16}$$

输出层第 k 个节点的输入 net_k：

$$\text{net}_k = \sum_{i=1}^{q} w_{ki} y_i + a_k = \sum_{i=1}^{q} w_{ki} \phi\left(\sum_{j=1}^{M} w_{ij} x_j + \theta_i\right) + a_k \tag{8.17}$$

输出层第 k 个节点的输出 o_k：

$$o_k = \psi\left(\sum_{i=1}^{q} w_{ki} y_i + a_k\right) = \psi\left(\sum_{i=1}^{q} w_{ki} \phi\left(\sum_{j=1}^{M} w_{ij} x_j + \theta_i\right) + a_k\right) \tag{8.18}$$

2）误差的反向传播过程

误差的反向传播，即首先由输出层开始逐层计算各层神经元的输出误差，然后根据误差梯度下降法来调节各层的权值和阈值，使修改后的网络的最终输出接近期望值。每个样本 p 的二次型误差准则函数为

$$E_p = \frac{1}{2}\sum_{k=1}^{L}\left(T_k - o_k\right)^2 \tag{8.19}$$

式中，T_k 表示教师信号的第 k 个元素的值，系统对 m 个训练样本的总误差准则函数为

$$E = \frac{1}{2}\sum_{p=1}^{m}\sum_{k=1}^{L}\left(T_k^p - o_k^p\right)^2 \tag{8.20}$$

根据误差梯度下降法，依次修正输出层权值的修正量 Δw_{ki}、输出层阈值的修正量 Δa_k、隐藏层权值的修正量 Δw_{ij}、隐藏层阈值的修正量 $\Delta \theta_i$：

$$\Delta w_{ki}=-\eta\frac{\partial E}{\partial w_{ki}}=-\eta\frac{\partial E}{\partial \mathrm{net}_k}\frac{\partial \mathrm{net}_k}{\partial w_{ki}}=-\eta\frac{\partial E}{\partial o_k}\frac{\partial o_k}{\partial \mathrm{net}_k}\frac{\partial \mathrm{net}_k}{\partial w_{ki}} \tag{8.21}$$

$$\Delta a_k=-\eta\frac{\partial E}{\partial a_k}=-\eta\frac{\partial E}{\partial \mathrm{net}_k}\frac{\partial \mathrm{net}_k}{\partial a_k}=-\eta\frac{\partial E}{\partial o_k}\frac{\partial o_k}{\partial \mathrm{net}_k}\frac{\partial \mathrm{net}_k}{\partial a_k} \tag{8.22}$$

$$\Delta w_{ij}=-\eta\frac{\partial E}{\partial w_{ij}}=-\eta\frac{\partial E}{\partial \mathrm{net}_i}\frac{\partial \mathrm{net}_i}{\partial w_{ij}}=-\eta\frac{\partial E}{\partial y_i}\frac{\partial y_i}{\partial \mathrm{net}_i}\frac{\partial \mathrm{net}_i}{\partial w_{ij}} \tag{8.23}$$

$$\Delta \theta_i=-\eta\frac{\partial E}{\partial \theta_i}=-\eta\frac{\partial E}{\partial \mathrm{net}_i}\frac{\partial \mathrm{net}_i}{\partial \theta_i}=-\eta\frac{\partial E}{\partial y_i}\frac{\partial y_i}{\partial \mathrm{net}_i}\frac{\partial \mathrm{net}_i}{\partial \theta_i} \tag{8.24}$$

η 表示学习率或每次修正所采用的步长。又因为

$$\frac{\partial E}{\partial o_k}=-\sum_{p=1}^{m}\sum_{k=1}^{L}\left(T_k^p-o_k^p\right) \tag{8.25}$$

$$\frac{\partial \mathrm{net}_k}{\partial w_{ki}}=y_i\text{，}\quad \frac{\partial \mathrm{net}_k}{\partial a_k}=1\text{，}\quad \frac{\partial \mathrm{net}_i}{\partial w_{ij}}=x_j\text{，}\quad \frac{\partial \mathrm{net}_i}{\partial \theta_i}=1 \tag{8.26}$$

$$\frac{\partial E}{\partial y_i}=-\sum_{p=1}^{m}\sum_{k=1}^{L}\left(T_k^p-o_k^p\right)\cdot\psi'(\mathrm{net}_k)\cdot y_i \tag{8.27}$$

$$\frac{\partial y_i}{\partial \mathrm{net}_i}=\phi'(\mathrm{net}_i) \tag{8.28}$$

$$\frac{\partial o_k}{\partial \mathrm{net}_k}=\psi'(\mathrm{net}_k) \tag{8.29}$$

所以最后得到以下公式：

$$\Delta w_{ki}=\eta\sum_{p=1}^{m}\sum_{k=1}^{L}\left(T_k^p-o_k^p\right)\cdot\psi'(\mathrm{net}_k)\cdot y_i \tag{8.30}$$

$$\Delta a_k=\eta\sum_{p=1}^{m}\sum_{k=1}^{L}\left(T_k^p-o_k^p\right)\cdot\psi'(\mathrm{net}_k) \tag{8.31}$$

$$\Delta w_{ij}=\eta\sum_{p=1}^{m}\sum_{k=1}^{L}\left(T_k^p-o_k^p\right)\cdot\psi'(\mathrm{net}_k)\cdot w_{ki}\cdot\phi'(\mathrm{net}_i)\cdot x_j \tag{8.32}$$

$$\Delta \theta_i=\eta\sum_{p=1}^{m}\sum_{k=1}^{L}\left(T_k^p-o_k^p\right)\cdot\psi'(\mathrm{net}_k)\cdot w_{ki}\cdot\phi'(\mathrm{net}_i) \tag{8.33}$$

计算出各参数对应的修正量后，按照如下公式进行迭代修正：

$$w_{ki}=w_{ki}+\Delta w_{ki}\text{，}\quad a_k=a_k+\Delta a_k\text{，}\quad w_{ij}=w_{ij}+\Delta w_{ij}\text{，}\quad \theta_i=\theta_i+\Delta\theta_i \tag{8.34}$$

3. 基本 BP 算法的缺点

BP 算法因其简单、易行、计算量小、并行性强等优点，目前是神经网络训练采用得最

多的算法之一，也是最成熟的训练算法之一。该算法的实质是求解误差函数的最小值问题。因为它采用非线性规划中的最速下降方法，按误差函数的负梯度方向修改权值，所以通常存在以下问题：

（1）学习效率低，收敛速度慢。

（2）易陷入局部极小状态。

4．算法的改进

1）附加动量法

附加动量法使网络在修正其权值时，不仅考虑误差在梯度上的作用，而且考虑在误差曲面上变化趋势的影响。当没有附加动量作用时，网络可能陷入浅的局部极小值；而当有附加动量作用时，则有可能滑过这些极小值。

附加动量法在反向传播法的基础上，于每个权值（或阈值）的变化上加上一项正比于前次权值（或阈值）变化量的值，并根据反向传播法来产生新的权值（或阈值）变化。带有附加动量因子的权值和阈值调节公式为

$$\Delta w_{ij}(k+1)=(1-mc)\eta\delta_i p_j+mc\Delta w_{ij}(k) \tag{8.35}$$

$$\Delta b_i(k+1)=(1-mc)\eta\delta_i+mc\Delta b_i(k) \tag{8.36}$$

式中，k 为训练次数；mc 为动量因子，一般取 0.95 左右。附加动量法的实质是将最后一次权值（或阈值）变化的影响通过一个动量因子来传递。当动量因子取值为零时，权值（或阈值）的变化仅根据梯度下降法产生；当动量因子取值为 1 时，新的权值（或阈值）变化则设置为最后一次权值（或阈值）的变化，而按梯度法产生的变化部分则被忽略。按照这种方式，增加动量项后，促使权值的调节向着误差曲面底部的平均方向变化，当网络权值进入误差曲面底部的平坦区时，δ_i 变得很小，于是 $\Delta w_{ij}(k+1)=\Delta w_{ij}(k)$，从而防止了 $\Delta w_{ij}=0$ 的出现，有助于使网络从误差曲面的局部极小值中跳出。图 8.7 中显示了 BP 算法程序的流程图。

根据附加动量法的设计原则，当修正的权值在误差中导致太大的增长结果时，新的权值应被取消而不被采用，并使动量作用停止下来，以使网络不进入较大的误差曲面；当新的误差变化率对其旧值超过一个事先设定的最大误差变化率时，也要取消所计算的权值变化。最大误差变化率可以是任何大于或等于 1 的值，典型取值取 1.04。因此，在进行附加动量法的训练程序设计时，必须加入条件判断以正确使用其权值修正公式。训练程序设计中采用动量法的判断条件为

$$mc=\begin{cases}0, & E(k)>1.04E(k-1)\\ 0.95, & E(k)<E(k-1)\\ mc, & \text{其他}\end{cases} \tag{8.37}$$

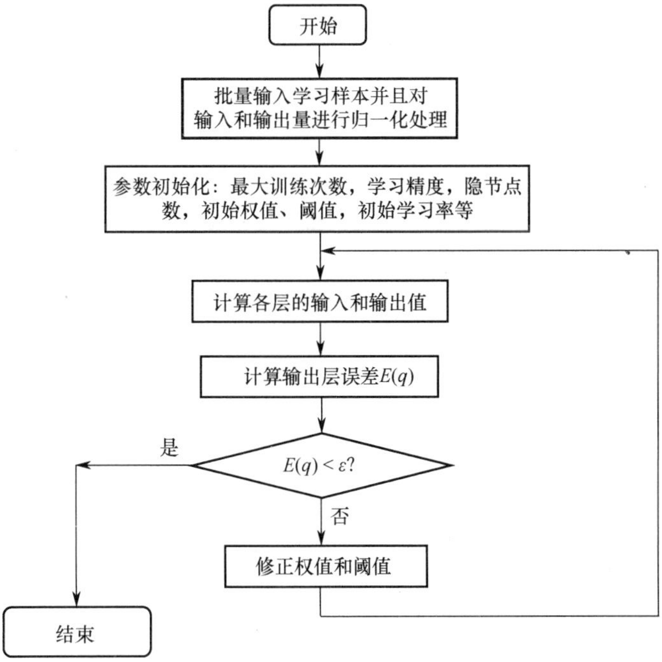

图 8.7　BP 算法程序的流程图

2）自适应学习率

对于一个特定的问题，选择适当的学习率并不容易。学习率通常是凭经验或试验得到的，即便如此，对训练初期作用较好的学习率，不见得适合于后来的训练。为了解决这个问题，人们自然想到在训练过程中自动调节学习率。一般来说，调节学习率的准则如下：检查权值是否真正降低了误差函数，如果确实如此，则说明所选的学习率小了，这时就要增大学习率；否则会产生过调，这时就应该减小学习率。自适应学习率的调整公式为

$$\eta(k+1)=\begin{cases}1.05\eta(k), & E(k+1)<E(k)\\ 0.7\eta(k), & E(k+1)>1.04E(k)\\ \eta(k), & \text{其他}\end{cases} \tag{8.38}$$

$E(k)$ 为第 k 步误差平方和，初始学习率 $\eta(0)$ 的选取范围可以有很大的随意性。

3）动量-自适应学习率调整算法

采用前述的附加动量法时，BP 算法可以找到全局最优解，而采用自适应学习率时，BP 算法可以缩短训练时间。也可采用这两种方法来训练神经网络，此时的方法称为**动量-自适应学习率调整算法**。

5．BP 神经网络的应用

某药店一年 12 个月的药品销售量（单位：箱）如下：

2056 2395 2600 2298 1634 1600 1873 1487 1900 1500 2046 1556

训练一个 BP 神经网络，用当前的所有数据预测下一个月的药品销售量。我们用前三个月的销售量预测下一个月的销售量，即用 1～3 月的销售量预测 4 月的销售量，用 2～4 月的销售量预测 5 月的销售量，以此类推，直到用 9～11 月的销售量预测 12 月的销售量。

这样训练 BP 神经网络后，就可用 10～12 月的数据来预测来年 1 月的销售量。销售量预测的具体实现如程序 8.1 所示。

程序 8.1 销售量预测的具体实现

```
p=[2056 2395 2600; 2395 2600 2298; 2600 2298 1634;
2298 1634 1600; 1634 1600 1873; 1600 1873 1478;
1873 1478 1900; 1478 1900 1500; 1900 1500 2046;]
t=[2298 1634 1600 1873 1487 1900 1500 2046 1556];

pmax=max(p);pmax1=max(pmax);
pmin=min(p);pmin1=min(pmin);

for i=1:9
    p1(i,:)=(p(i,:)-pmin1)/(pmax1-pmin1);
end
t1=(t-pmin1)/(pmax1-pmin1);
t1=t1';

net=newff([0 1;0 1;0 1],[7 1],{'tansig','logsig'},'traingd');

for i=1:9
net.trainParam.epochs=15000;
net.trainParam.goal=0.01;
LP.lr=0.1;
net=train(net,p1(i,:)',t1(i));
end

y=sim(net,[1500 2046 1556]');
y1=y*(pmax1-pmin1)+pmin1;
```

如果神经网络的训练函数使用 trainlm，则仿真步骤很少，但需要较大的系统内存。经预测，来年 1 月的销售量（y1）为 1.4848e+003 箱（每次运行后的结果可能不同）。

8.3.3 RBF 神经网络

径向基函数（Redial Basis Function，RBF）神经网络是由 J. Moody 和 C. Darken 于 20 世纪 80 年代末提出的一种神经网络模型，它是由输入层、隐藏层（径向基层）和线性输出层组成的前向神经网络。

1．径向基函数神经元

RBF 神经网络的主要特征是隐藏层采用径向基函数作为神经元的激活函数，它具有局部感受特性。径向基函数有多种形式，其中高斯函数是应用得较多的一种径向基函数。

1）RBF 神经元结构

图 8.8 给出了 RBF 神经网络隐藏层的第 i 个径向基神经元结构。

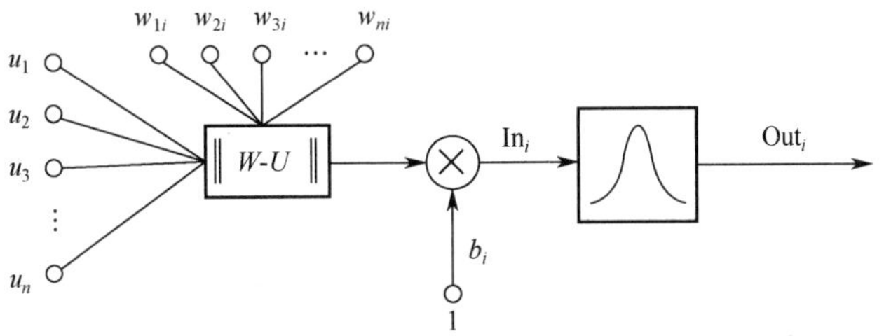

图 8.8　RBF 神经网络隐藏层的第 i 个径向基神经元结构

由图 8.8 可知，隐藏层神经元将该层权值向量 $\boldsymbol{w}$ 与输入向量 $\boldsymbol{u}$ 之间的向量距离与偏差 b_i 相乘后，作为该神经元激活函数的输入，即

$$\text{In}_i=\left(\|\boldsymbol{w}-\boldsymbol{u}\|\cdot b_i\right)=\sqrt{\sum_{j=1}^{n}\left(w_{ji}-u_j\right)^2}\cdot b_i \tag{8.39}$$

若取径向基函数为高斯函数，则神经元的输出为

$$\text{Out}_i=\mathrm{e}^{-\text{In}_i^2}=\mathrm{e}^{-\left(\|\boldsymbol{w}-\boldsymbol{u}\|\cdot b_i\right)^2}=\mathrm{e}^{-\left(\sqrt{\sum_{j=1}^{n}\left(w_{ji}-u_j\right)^2}\cdot b_i\right)^2} \tag{8.40}$$

由式（8.39）可以看出，随着 $\boldsymbol{w}$ 和 $\boldsymbol{u}$ 之间距离的减小，径向基函数的输出值增加，且在其输入为 0 时，即 $\boldsymbol{w}$ 和 $\boldsymbol{u}$ 之间的距离为 0 时，输出为最大值 1。因此，可以将一个径向基神经元作为一个当其输入向量与其权值向量相同时输出为 1 的探测器。径向基层中的偏差 b 可用来调节基函数的灵敏度，但在实际应用中，直接使用的是另一个称为**伸展常数** σ 的参数，这个参数用来确定每个径向基层神经元对其输入向量即 $\boldsymbol{w}$ 和 $\boldsymbol{u}$ 之间距离对应的径向基函数的宽度。σ 值（或 b 值）在实际应用中有多种确定方式。

2）RBF 神经元的工作过程

径向基层神经元的工作原理是聚类功能。不失一般性，考虑 N 维空间中的 n 个数据点 $(\boldsymbol{x}_1,\boldsymbol{x}_2,\cdots,\boldsymbol{x}_n)$，假设数据已归一化到一个超单立方体中。因为每个数据点都是聚类中心的候选者，所以数据点 $\boldsymbol{x}_i$ 处的密度指标定义为

$$D_i=\sum_{j=1}^{n}\exp\left(-\left\|\boldsymbol{x}_i-\boldsymbol{x}_j\right\|^2\Big/(r/2)^2\right) \tag{8.41}$$

式中，r 是一个正数。显然，如果一个数据点具有多个邻近的数据点，则该数据点具有高密度值。半径 r 定义了该点的一个邻域，半径以外的数据点对该点的密度指标贡献甚微。

计算每个数据点的密度指标后，选择具有最高密度指标的数据点为第一个聚类中心。令 $\boldsymbol{x}_{c_1}$ 为选中的点，D_{c_1} 为其密度指标，那么每个数据点 $\boldsymbol{x}_i$ 的密度指标可用下式来修正：

$$D_i = D_i - D_{c_1} \exp\left(-\left\|\boldsymbol{x}_i - \boldsymbol{x}_{c_1}\right\|^2 \Big/ (\sigma/2)^2\right) \tag{8.42}$$

式中，σ 是一个正数，定义一个密度指标显著减小的邻域。显然，靠近第一个聚类中心 $\boldsymbol{x}_{c_1}$ 的数据点的密度指标显著减小，这就使得这些点不太可能成为下一个聚类中心。常数 σ 通常大于 r，以避免出现相距很近的聚类中心。一般选择 $\sigma = 1.5r$。这种方法称为**减法聚类法**。

径向基函数网络中的径向基层就是利用以上的聚类方法获得径向基函数的中心，然后计算出径向基函数的输出的。在常用的 MATLAB 神经网络工具箱中，b 和 σ 之间的关系式设置为 $b = 0.8326/\sigma$，将 b 代入式（8.40），有

$$\text{Out}_i = \exp-\left(0.8326\|\boldsymbol{w}-\boldsymbol{u}\|/\sigma\right)^2 = \exp\left(-0.8326^2 \cdot \left(\|\boldsymbol{w}-\boldsymbol{u}\|/\sigma\right)^2\right) \tag{8.43}$$

由此可知，当 $\|\boldsymbol{w}-\boldsymbol{u}\| = \sigma$ 时，$\text{Out}_i = \exp(-0.8326^2) = 0.5$。可见，取 $b = 0.8326/\sigma$ 时，对任意给定的 σ 值，可使神经元在加权输入的 $\pm\sigma$ 处的输出为 0.5。因此，调整 σ 值，可在 $\|\boldsymbol{w}-\boldsymbol{u}\| \leqslant \sigma$ 时，让神经元的输出大于或等于 0.5，从而达到调整径向基函数曲线宽度的目的。σ 与 $\|\boldsymbol{w}-\boldsymbol{u}\|$ 及 RBF 神经元输出之间的关系如图 8.9 的左侧所示，图 8.9 的右侧表示中心为 $\boldsymbol{w}$、宽度为 σ 的 RBF 曲线图。

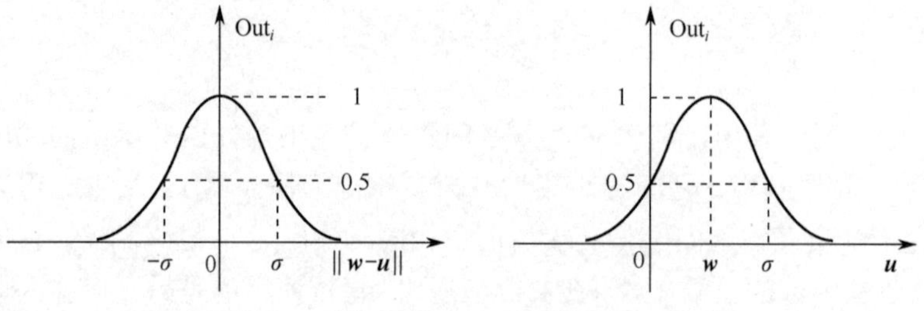

图 8.9 径向基函数输入、输出与曲线宽度关系

2. 径向基函数神经网络

1）RBF 神经网络的结构

RBF 神经网络结构如图 8.10 所示，它是由一个径向基层和一个线性输出层组成的。

RBF 神经网络的训练与设计分为两步：第一步是采用非监督式学习训练 RBF 层神经元的权值，第二步是采用监督式学习训练线性输出层神经元的权值。神经网络设计仍然需要用于训练的输入向量矩阵 $\boldsymbol{u}$ 以及目标向量矩阵 $\boldsymbol{t}$，还需要给出 RBF 层神经元的伸展常数 σ。训练的目的是求得两层神经网络中神经元的权值 $\boldsymbol{w}^{\mathrm{H}}$ 和 $\boldsymbol{w}^{\mathrm{O}}$ 以及偏差 $\boldsymbol{b}^{\mathrm{H}}$ 和 $\boldsymbol{b}^{\mathrm{O}}$。

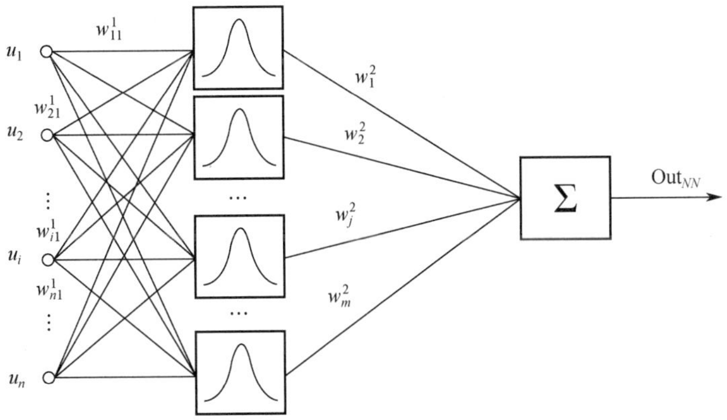

图 8.10　RBF 神经网络结构

2）RBF 神经网络的学习过程

RBF 层神经元权值训练的实质是，不断地调整 w_{ji}^{H}，使得 w_{ji}^{H} 不断地趋于 u_i，最终使得隐藏层中的每个神经元工作在 $w_{ji}^{\mathrm{H}}=u_i$ 处时，RBF 神经元的输出为 1。神经网络训练过程结束后，将任意一个输入向量送给该神经网络时，RBF 层中的每个神经元都将根据输入向量接近每个神经元的权值向量的程度来输出结果。这个过程运行的结果是与输入向量相距很远的权值向量，对应的 RBF 神经元的输出接近 0，这些很小的输出对后面的线性层的影响可以忽略。而与输入向量非常接近的权值向量，其对应的 RBF 神经元输出接近 1。若 RBF 神经网络的输出层神经元采用线性作用函数，则 RBF 神经元的输出经过加权求和后作为神经网络的输出，可以说神经网络的输出就是 RBF 层神经元输出的加权求和。理论证明，只要 RBF 层有足够多的神经元，一个 RBF 神经网络就可以任意期望的精度逼近任何函数。

下面给出隐藏层至输出层神经元之间的权系数 $\boldsymbol{w}^{\mathrm{O}}$ 的具体学习算法。设隐藏层共有 M 个 RBF 神经元，当隐藏层神经元的权值 $\boldsymbol{w}^{\mathrm{H}}$ 确定后，由图 8.10 可知，神经网络的输出为

$$\text{Out}_{NN_p}=\sum_{j=1}^{M}w_{pj}^{\mathrm{O}}\,\text{Out}_{pj}-b^2 \tag{8.44}$$

因为 RBF 神经网络的学习属于监督学习，所以神经网络权系数的学习问题就可以转化成多元线性函数求极值的问题。因此，可以利用各种线性优化算法求得各神经元的连接权系数，如梯度下降法、递推最小二乘法等。

现在定义目标函数

$$J(k)=\frac{1}{2}\sum_{p=1}^{P}E_p(k)=\frac{1}{2}\sum_{p=1}^{P}[t_p(k)-\text{Out}_{NN_p}]^2 \tag{8.45}$$

按照负梯度方向调整网络权系数，即

$$w_{pj}^{\mathrm{O}}(k+1)=w_{pj}^{\mathrm{O}}(k)-\eta\frac{\partial J(k)}{\partial w_{pj}^{\mathrm{O}}(k)} \tag{8.46}$$

按照递推最小二乘法调整网络隐藏层到输出层的连接权系数，即调整 w_{pj}^{O}（其中 M 是隐藏层节点数， $j=1,2,\cdots,M$ ），使得

$$\frac{\partial J(k)}{\partial \boldsymbol{w}_p^{\text{O}}(k)}=\boldsymbol{0} \tag{8.47}$$

式中， $\boldsymbol{w}_p^{\text{O}}(k)=[w_{p1}^{\text{O}}\ w_{p2}^{\text{O}}\ \cdots\ w_{pj}^{\text{O}}\ \cdots\ w_{pM}^{\text{O}}]$ 。

于是，可以得到最小二乘递推算法如下：

$$\begin{aligned}\boldsymbol{w}_p^{\text{O}}(k)&=\boldsymbol{w}_p^{\text{O}}(k-1)-\boldsymbol{K}(k)[t_p(k)-\text{Out}_p(k)\boldsymbol{w}_p^{\text{O}}(k-1)]\\ \boldsymbol{K}(k)&=\boldsymbol{P}(k-1)\text{Out}_p(k)[\boldsymbol{I}+\text{Out}_p^{\text{T}}(k)\boldsymbol{P}(k-1)\text{Out}_p(k)]^{-1}\\ \boldsymbol{P}(k)&=[\boldsymbol{I}-\boldsymbol{K}(k)\text{Out}_p^{\text{T}}(k)]\boldsymbol{P}(k-1)\end{aligned} \tag{8.48}$$

式中， $\text{Out}_p(k)=[\text{Out}_{p1}(k)\ \text{Out}_{p2}(k)\ \cdots\ \text{Out}_{pj}(k)\ \cdots\ \text{Out}_{pM}(k)]^{\text{T}}$ 。

3）RBF 神经网络的设计

RBF 神经网络隐藏层的节点数通常设为与输入 $\boldsymbol{u}$ 中的样本组数 N 相同，且每个 RBF 层中的权值 $\boldsymbol{w}^{\text{O}}$ 被赋予一个不同输入向量的转置，使得每个 RBF 神经元都作为不同 u_i 的探测器。如果有 P 组输入向量，则 RBF 层中的神经元数为 P 。 $\boldsymbol{b}^{\text{O}}$ 中的每个偏差都被置为 $0.8326/\sigma$ ，以此确定输入空间中每条 RBF 曲线的宽度。例如，如果 σ 取 4，那么每个 RBF 神经元对任何输入向量与其对应的权值向量之间的距离小于 4 的响应为 0.5 以上。一般而言，在 RBF 神经网络设计中，当 σ 取值增大时，RBF 的响应范围扩大，且各神经元函数之间的平滑度也较好；而当 σ 取值减小时，函数形状较窄，使得与权值向量距离较近的输入才有可能接近 1 的输出，而对其他输入的响应不敏感。因此，采用与输入数组相同数量的 RBF 层神经元时， σ 值可以取得较小（如 $\sigma<1$）。然而，当希望用较少的神经元数去逼近较多的输入数组（即较大输入范围）时，应当取较大的 σ 值（如 $\sigma=1\sim4$），以保证能使每个神经元可以同时对几个输入组都有较好的响应。

确定 $\boldsymbol{w}^{\text{O}}$ 和 $\boldsymbol{b}^{\text{O}}$ 后，就可以求出 RBF 层神经元的输出 Out_j 。此时，可以根据输出层的输入 Out_j 以及神经网络的期望输出 $\boldsymbol{t}$ ，通过适当的性能函数求出线性输出层的权值 $\boldsymbol{w}^{\text{O}}$ 及其偏差 $\boldsymbol{b}^{\text{O}}$ ，一般取 $\boldsymbol{b}^{\text{O}}\equiv\boldsymbol{0}$ 。这是因为，我们所求解的是一个有 P 个限制（输入/输出目标对）的解，而每个神经元有 $P+1$ 个变量（来自 P 个神经元的权值及一个偏差 $\boldsymbol{b}^{\text{O}}$ ）。具有 P 个限制和多于 P 个变量的线性方程组将有无穷多个非零解。

前面设计的 RBF 神经网络隐藏层中的神经元数量与输入向量的数据组数相同。当需要多组输入数据来训练一个神经网络时，这种设计 RBF 神经网络的方法是不可接受的。改进思路是，在满足目标误差的前提下，尽量减少 RBF 层中的神经元数。具体做法是，从一个节点开始训练，通过检查目标误差使神经网络自动增加节点。每次循环使用神经网络产生

最大误差对应的输入向量产生一个新的 RBF 层节点，然后检查新神经网络的误差，以此类推，直到达到目标误差或达到最大神经元数。

3．径向基函数神经网络的特点

径向基函数神经网络的特点如下。

（1）RBF 神经网络与多层感知器网络主要不同点是，在非线性映射上采用了不同的作用函数，分别为径向基函数与 S 形函数，RBF 神经网络的作用函数是局部的，BP 神经网络的作用函数是全局的。从结构上看，RBF 神经网络似乎是一个具有径向基函数的多层感知器网络，它们有着同样的层状结构，即输入层、隐藏层和输出层。不同的是，RBF 隐藏层采用径向基函数，输出层采用线性激活函数。但是，RBF 神经网络不是 BP 神经网络，原因是：①它不是采用 BP 算法来训练网络权值的；②训练的算法不是梯度下降法。虽然是两层网络，径向基网络的权值训练是逐层进行的。在对隐藏层中径向基函数的权值进行训练时，网络训练的目的是使 $w_{pi}^{\mathrm{H}} = u_{pi}$（$p$ 为训练样本数，$p = 1, 2, \cdots, P$）。由于径向基函数在将其输入放在原点时，输出为 1，而对其他不同的输入值的响应均小于 1，所以设计将每组输入值 u_{pi} 作为一个径向基函数的原点，而权值 w_{pi}^{H} 表示中心的位置。于是，通过令 $w_{pi}^{\mathrm{H}} = u_{pi}$ 使每个径向基函数只对一组 u_{pi} 响应，从而迅速辨识出 u_{pi} 的大小，然后进行输出层的权值设计。由于输出层是线性函数，网络输出是径向基网络输出的线性组合，因此很容易达到从非线性输入空间向输出空间映射的目的。

（2）RBF 神经网络具有唯一最佳逼近的特性，且无局部极小。从功能上看，RBF 神经网络和 BP 神经网络一样，可用来进行函数逼近。此外，训练 RBF 神经网络要比训练 BP 神经网络所花的时间少得多，而且无局部极小值，这是该网络最突出的优点。RBF 神经网络也有自身的缺点。一般而言，即使采用改进的方法来设计，RBF 神经网络中隐藏层的节点数也比采用 S 形转移函数的前向网络所用的节点数要多。这是因为 S 形神经元有一个较大范围的输入空间，而 RBF 神经网络只对输入空间中的一个较小范围产生响应。因此，输入空间越大（即输入的数组和输入的变化范围越大），所需的 RBF 神经元数就越多。

（3）求 RBF 神经网络隐藏层权系数及 σ 比较困难。RBF 神经网络用于非线性系统辨识与控制中，虽然具有唯一最佳逼近的特性，且无局部极小的优点，但隐藏层神经元的径向基函数的中心难求，这是 RBF 神经网络难以广泛应用的原因。

（4）径向基函数有多种。对于一组样本，如何选择适合的径向基函数、如何确定隐藏层神经元数，使网络学习达到要求的精度，这是尚待解决的问题。当前，使用计算机选择、设计、再检验是一种通用的手段。

8.4 自组织特征映射神经网络

生物学研究表明，在人脑的感觉通道上，神经元的组织原理是有序排列的。当外界的特定时空信息输入时，大脑皮层的特定区域兴奋，而且类似的外界信息在对应的区域中是连续映像的。生物视网膜中有许多特定的细胞对特定的图形比较敏感，当视网膜中有若干接收单元同时受特定模式刺激时，就使大脑皮层中的特定神经元开始兴奋，输入模式接近，与之对应的兴奋神经元也接近；在听觉通道上，神经元在结构排列上与频率的关系十分密切，对于某个频率，特定的神经元具有最大的响应，位置相邻的神经元具有相近的频率特征，而相互远离的神经元具有的频率特征差别也较大。大脑皮层中神经元的这种响应特点不是先天安排好的，而是通过后天的学习自组织形成的。

据此，芬兰赫尔辛基大学的 T. Kohonen 教授提出了一种**自组织特征映射网络**（Self-Organizing feature Map，SOM），又称 **Kohonen 网络**。Kohonen 认为，一个神经网络接受外界输入模式时，将分为不同的对应区域，各区域对输入模式有不同的响应特征，而这个过程是自动完成的。SOM 网络正是根据这一看法提出的，其特点与人脑的自组织特性类似。

8.4.1 SOM 神经网络结构

SOM 网络共有两层：输入层和输出层。

输入层：通过加权向量将外界信息汇集到输出层的各神经元。输入层的形式与 BP 神经网络的相同，节点数与样本维数相同。

输出层：输出层也是竞争层。其神经元的排列有多种形式，分为一维线阵、二维平面阵和三维栅格阵。最典型的结构是二维形式，它更具大脑皮层的形象，如图 8.11 所示。

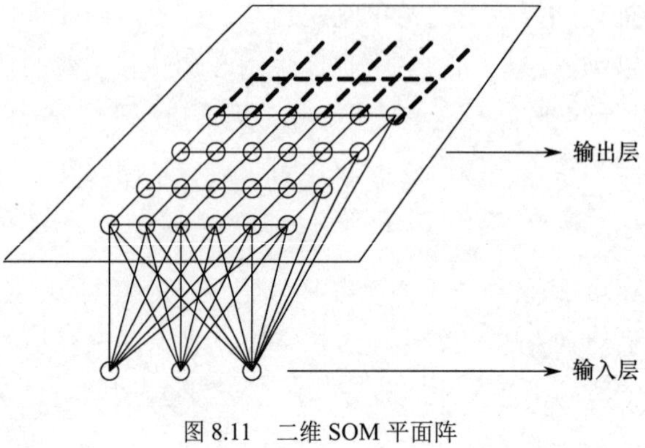

图 8.11 二维 SOM 平面阵

输出层的每个神经元与它周围的其他神经元侧向连接，排列成棋盘状平面；输入层为单层神经元排列。

8.4.2　SOM 神经网络算法

1. SOM 权值调整域

SOM 网络采用的算法称为 **Kohonen 算法**，它是在“胜者为王”（Winner-Take-All，WTA）学习规则基础上加以改进的，主要区别是调整加权向量与侧抑制的方式不同。

WTA：侧抑制是“封杀”式的。只有获胜神经元能调整其权值，其他神经元无权调整。

Kohonen 算法：获胜的神经元对其邻近神经元的影响是由近及远的，即由兴奋逐渐变为抑制。换句话说，不仅获胜神经元要调整权值，其周围的神经元也要不同程度地调整加权向量。常见的调整方式有如下几种。

- 墨西哥草帽函数：获胜节点有最大的权值调整量，邻近的节点有稍小的调整量，离获胜节点的距离越大，权值调整量越小，直到某一距离 d_0 时权值调整量为零；当距离再远一些时，权值调整量稍负，更远又回到零，如图 8.12(a)所示。
- 大礼帽函数：这是墨西哥草帽函数的一种简化，如图 8.12(b)所示。
- 厨师帽函数：这是大礼帽函数的一种简化，如图 8.12(c)所示。

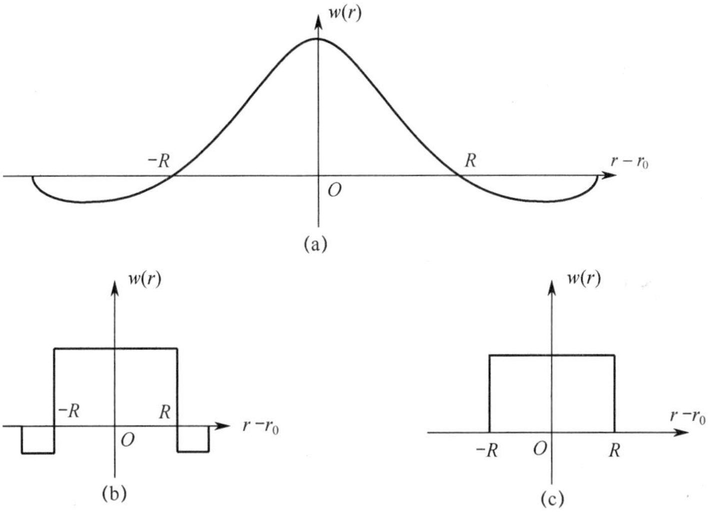

图 8.12　权值调整函数

以获胜神经元为中心设定一个邻域半径 R，该半径固定的范围称为**优胜邻域**。在 SOM 网络学习方法中，优胜邻域内的所有神经元均按其离获胜神经元距离的远近调整权值。优胜邻域开始定得较大，但其大小随着训练次数的增加而不断收缩，最终收缩到半径为零。

2. SOM 网络运行原理

SOM 网络的运行分训练和工作两个阶段。在训练阶段，网络随机输入训练集中的样本，对某个特定的输入模式，输出层会有某个节点产生最大响应而获胜，而在训练开始阶段，输出层哪个位置的节点将对哪类输入模式产生最大响应是不确定的。当输入模式的类改变时，二维平面的获胜节点也会改变。获胜节点周围的节点因侧向相互兴奋作用也产生较大的影响，于是获胜节点及其优胜邻域内的所有节点所连接的加权向量均向输入方向做不同程度的调整，调整力度依邻域内各节点距离获胜节点的远近而逐渐减小。网络通过自组织方式，用大量训练样本调整网络权值，最后使输出层各节点成为对特定模式类敏感的神经元，对应的加权向量成为各输入模式的中心向量。此外，当两个模式类的特征接近时，代表这两类的节点在位置上也接近，从而在输出层形成能反映样本模式类分布情况的有序特征图。

3. SOM 网络的学习方法

对应于上述运行原理，SOM 网络采用的学习算法按如下步骤执行。

（1）初始化。对输出层各加权向量赋小随机数并归一化，得到 $\hat{\boldsymbol{W}}_j, j=1,2,\cdots,m$，建立初始优胜邻域 $N_{j^*}(0)$ 和学习率 α 初值，m 为输出层神经元数量。

（2）接受输入。从训练集中随机取一个输入模式并归一化，得到 $\hat{\boldsymbol{X}}^P, p=1,2,\cdots,n$，$n$ 为输入层神经元数量。

（3）寻找获胜节点。计算 $\hat{\boldsymbol{X}}^P$ 与 $\hat{\boldsymbol{W}}_j$ 的点积，从中找到点积最大的获胜节点 j^*。

（4）定义优胜邻域 $N_{j^*}(t)$。以 j^* 为中心确定 t 时刻的权值调整域，一般初始邻域 $N_{j^*}(0)$ 较大（为总节点的 50%～80%），训练过程中邻域 $N_{j^*}(t)$ 随训练时间收缩，如图 8.13 所示。

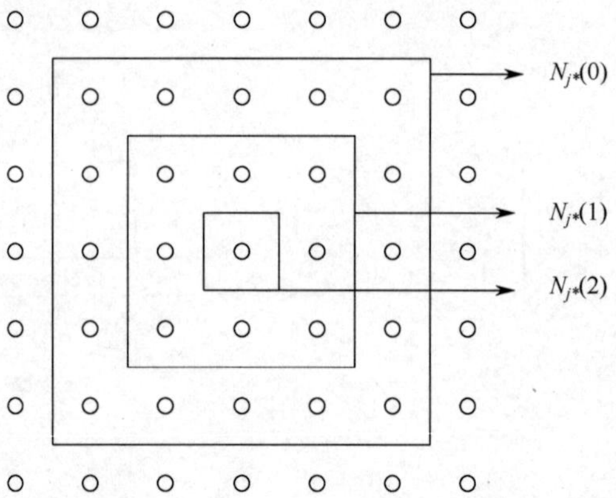

图 8.13 邻域 $N_{j^*}(t)$ 随训练时间收缩

（5）调整权值。对优胜邻域 $N_{j^*}(t)$ 内的所有节点调整权值：

$$w_{ij}(t+1)=w_{ij}(t)+\alpha(t,N)[x_i^p-w_{ij}(t)] \quad i=1,2,\cdots,n,\quad j\in N_{j^*}(t) \tag{8.49}$$

式中，$\alpha(t,N)$ 是训练时间 t 和邻域内第 j 个神经元与获胜神经元 j^* 之间的拓扑距

离 N 的函数，它一般有以下规律：

$$t\uparrow\rightarrow\alpha\downarrow, N\uparrow\rightarrow\alpha\downarrow$$

如 $\alpha(t,N)=\alpha(t)\mathrm{e}^{-N}$，$\alpha(t)$ 可采用 t 的单调下降函数，也称**退火函数**。

（6）结束判定。当学习率 $\alpha(t)\leqslant\alpha_{\min}$ 时，训练结束；不满足结束条件时，转到步骤（2）继续。

8.5 深度学习

深度学习是机器学习的一个分支，主要是传统神经网络的进一步发展，现已广泛应用于人工智能的很多方面，如图像分类、目标检测、景深估计、超分辨重建等，并取得了非常好的效果。在机器学习的发展历程中，人工神经网络曾是非常热的一个领域，但是后来由于人工神经网络的理论分析较为困难，在当时的计算机等硬件水平下，其他一些人工智能方法有着不输人工神经网络的效率，人工神经网络的研究逐渐退出了人们的视野。

2006 年，Hinton 提出了逐层训练的思想，并且利用逐层训练建立的网络模型在分类方面取得了很好的效果，使得深度学习被研究人员所关注。2012 年，Krizhevsky 等人提出了深度网络模型 AlexNet，该网络模型在 2012 年的 Imagenet 挑战中取得了最好的分类效果。自此，在机器学习领域掀起了深度学习的热潮。

深度学习的应用范围十分广泛，在图像处理方面，有 2012 年用于图片级别分类（确定整张图片包含的内容属于什么类）的 AlexNet，有 2014 年用于像素级别分类（确定一张图片中的每个像素属于什么类）的全卷积网络 FCN，还有 2015 年用于图像超分辨重建和单张图片景深估计方面的深度卷积网络。自 2016 年以来，一些基于深度学习的图像问答研究取得了一定的进展。在工业界，各种 IT 巨头也对深度学习表现出了足够的重视。Google、Baidu、Microsoft 等公司均成立了专门的研究院，并且取得了有意义的研究成果，如 Google 和 Baidu 的无人驾驶汽车、Microsoft 的同声翻译等。研究深度学习的相关模型对计算机的硬件水平有一定的要求，而现在的计算机硬件发展十分迅速，各种高性能的 CPU 处理器、强大的 GPU 运算单元、存储量巨大的硬盘等，都为深度学习的发展建立了理想的平台，深度学习领域的相关研究成果呈现出爆炸式增长。

近年来，深度学习发展十分迅速，研究人员提出了大量的深度学习模型。本节详细介绍深度学习的几个常用模型，包括堆栈式自编码网络（Stacked Autoencoder，SAE）、深度置信网络（Deep Belief Network，DBN）、卷积神经网络（Convolutional Neural Network，CNN）、循环神经网络（Recurrent Neural Network，RNN）和生成对抗网络（Generative Adversarial Networks，GAN）。

8.5.1 堆栈式自编码网络（SAE）

前面在对比浅层学习和深度学习时说过，简单地增加浅层人工神经网络的层数并不能得到深度学习模型，原因是简单增加层数后，训练时会出现梯度扩散（膨胀）问题。简单分析 BP 算法后发现，采用 BP 算法进行网络参数训练时，隐层节点的梯度是根据链式法则逐层计算出来的，而当网络的层数较多（深度较深）时，根据链式法则逐层计算梯度，梯度会逐层衰减或膨胀，计算到前几层的梯度时，梯度的衰减或膨胀经过逐层增强，已严重到影响网络训练的效率：要么前几层的参数调整幅度很小，几乎没变化；要么前几层的参数调整幅度很大，整体不稳定。

逐层训练的思想可以很好地解决这一问题，由此延伸出了一些逐层构建的深度学习网络模型。堆栈式自编码网络就是一种逐层构建的深度网络模型，它是由自编码网络（Autoencoder，AE）堆建起来的，构建过程中 AE 采用无监督方式进行预训练，因为每个 AE 模块只有三层，所以不会产生梯度扩散或膨胀问题，如图 8.14 所示。

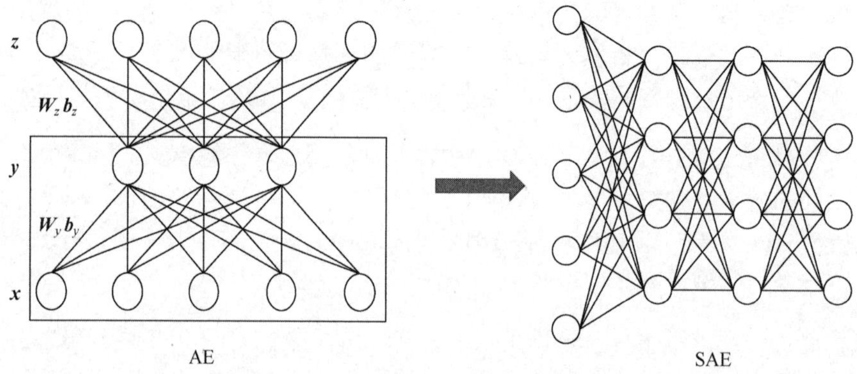

图 8.14　AE 模块构建 SAE 示意图

在图 8.14 中，左图表示自编码网络（AE），右图表示堆栈式自编码网络（SAE）。AE 共含有三层，$\boldsymbol{x}$ 表示输入层，$\boldsymbol{y}$ 表示隐层，$\boldsymbol{z}$ 表示重建层，$\boldsymbol{W}_y,\boldsymbol{b}_y$ 和 $\boldsymbol{W}_z,\boldsymbol{b}_z$ 分别表示隐藏层和重建层的权值及偏置。利用 AE 构建 SAE 之前，要利用 BP 算法对 AE 进行预训练。预训练的目标函数为

$$J=\frac{1}{2}\|\boldsymbol{x}-\boldsymbol{z}\|_2^2 \tag{8.50}$$

训练目标为

$$\underset{\boldsymbol{W},\boldsymbol{b}}{\arg\min}\, J \tag{8.51}$$

即调整权值及偏差的数值，使得目标函数值最小。计算过程主要包含正向运算、误差反向传播和参数更新三部分。正向运算的公式为

$$\boldsymbol{y}=f(\boldsymbol{W}_y\boldsymbol{x}+\boldsymbol{b}_y) \tag{8.52}$$

$$\boldsymbol{z}=f(\boldsymbol{W}_z\boldsymbol{y}+\boldsymbol{b}_z) \tag{8.53}$$

式中，f 表示激励函数，一般选取 Sigmoid 函数作为激励函数。

误差反向传播公式为

$$\boldsymbol{\delta}^l = (\boldsymbol{W}^{l+1})^{\mathrm{T}} \boldsymbol{\delta}^{l+1} \circ f'(\boldsymbol{u}^l) \tag{8.54}$$

$$\boldsymbol{\delta}^L = f'(\boldsymbol{u}^L) \circ (\boldsymbol{z} - \boldsymbol{x}) \tag{8.55}$$

式中，l 表示层数的编号，L 表示最后一层，$\circ$ 表示按元素相乘，$\boldsymbol{\delta}$ 称为当前层的**灵敏度**。计算得到每层的灵敏度后，就可以按照如下公式更新参数：

$$\frac{\partial J}{\partial \boldsymbol{W}^l} = \boldsymbol{x}^{l-1}(\boldsymbol{\delta}^l)^{\mathrm{T}} \tag{8.56}$$

$$\frac{\partial J}{\partial \boldsymbol{b}^l} = \boldsymbol{\delta}^l \tag{8.57}$$

$$\boldsymbol{W}^l = \boldsymbol{W}^l - \eta \frac{\partial J}{\partial \boldsymbol{W}^l} \tag{8.58}$$

$$\boldsymbol{b}^l = \boldsymbol{b}^l - \eta \frac{\partial J}{\partial \boldsymbol{b}^l} \tag{8.59}$$

式中，η 表示学习率。正向传播、误差反向传播和参数更新过程重复进行，直到迭代达到迭代次数的上限，或者目标函数的值小于指定的阈值。预训练后的 AE 移除了重建层，保留输入层和隐藏层作为堆栈式自编码网络的基础结构。让数据通过保留下来的输入层和隐藏层，得到的隐层数据作为下一层 AE 的训练数据，重复该过程，直到网络达到预定的深度。

堆建 SAE 后，网络便有了自主提取高度抽象特征的能力。用于分类时，可在网络的末端加上逻辑回归层，然后就可以训练网络。训练的方式有两种：一是调整逻辑回归层参数，完成分类任务；二是以 BP 算法调整整个网络，网络结构如图 8.15 所示。

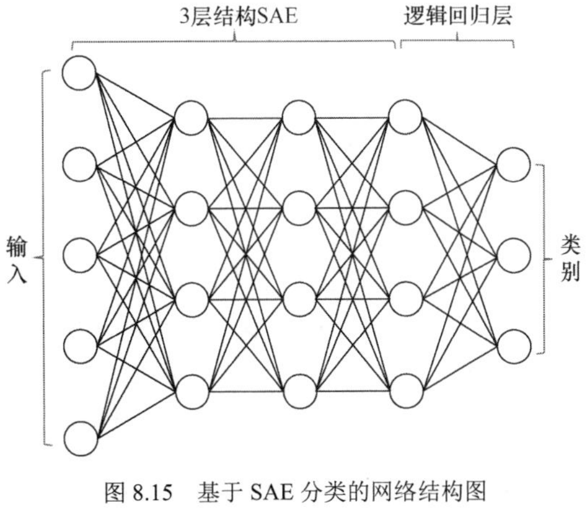

图 8.15 基于 SAE 分类的网络结构图

注意，SAE 网络经过一段时间的发展后，在 SAE 网络的基础上延伸出了其他几种网络，这些网络的基本原理与 SAE 网络的相同，但引入了其他一些限制或机制。例如，稀疏自编码网络（Sparse Autoencoder）在 Autoencoder 的基础上，采用范数或其他正则项对隐藏层节点的激活状态进行了稀疏性限制；去噪自编码网络（Denoising Autoencoder，DAE）在 Autoencoder 的基础上加入了一定的噪声，不同于在输入数据中加入高斯噪声那种操作，该网络中噪声的加入指的是输入层数据被随机地赋值 0，然后经过激励函数到达隐藏层，再由隐层重构原始的输入层数据。经常用到的是堆叠起来的去噪自编码网络（Stacked Denoising Autoencoder，SDAE）。

8.5.2 深度置信网络（DBN）

深度置信网络是另一种逐层构建的网络，其整体流程与堆栈式自编码网络的类似，不同之处是，前者是用受限玻尔兹曼机（Restricted Boltzmann Machine，RBM）来逐层构建深度网络的，RBM 结构示意图如图 8.16 所示。

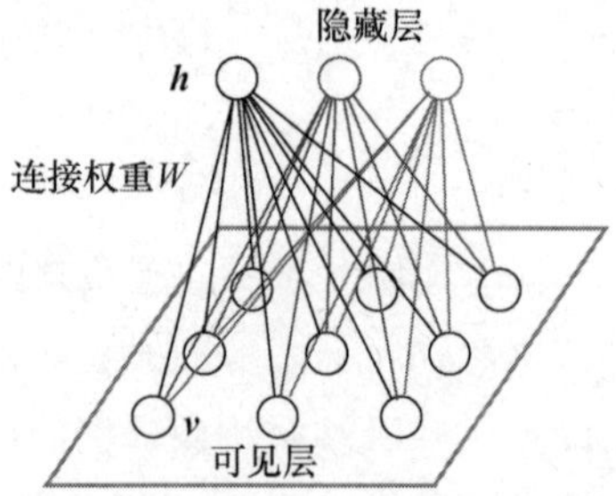

图 8.16 RBM 结构示意图

在图 8.16 中，每层的节点之间没有链接：一层是可视层，即输入数据层 $\boldsymbol{v}$；另一层是隐藏层 $\boldsymbol{h}$。如果假设所有节点都是随机二值变量节点（只能取 0 或者 1 值），全概率分布 $P(\boldsymbol{v},\boldsymbol{h})$ 满足玻尔兹曼分布，那么我们称这个模型是**受限玻尔兹曼机**。在 AE 模块中，我们利用 BP 算法在输入层和隐层之间构建一个映射，通过该映射可将输入层的数据映射到隐藏层，输入层的数据和隐藏层的数据可视为同一种信息在不同的特征空间中的表示。在 RBM 中，我们的目标也是在可视层和隐藏层之间构建一种稳定的映射，该映射的稳定程度是通过联合概率来体现的，当联合概率最大时，该映射就达到最稳定的状态。

首先，因为这个模型是二部图，所以在已知 $\boldsymbol{v}$ 的情况下，所有的隐藏节点之间是条件独立的（因为节点之间不存在连接），即 $P(\boldsymbol{h}|\boldsymbol{v})=P(h_1|\boldsymbol{v})\cdots P(h_n|\boldsymbol{v})$。同理，在已知隐藏层 $\boldsymbol{h}$ 的情况下，所有的可视节点都是条件独立的。同时，因为所有的 $\boldsymbol{v}$ 和 $\boldsymbol{h}$ 满足玻尔兹曼分布，所以在输入 $\boldsymbol{v}$ 时，通过 $P(\boldsymbol{h}|\boldsymbol{v})$ 可以得到隐藏层 $\boldsymbol{h}$，而得到隐藏层 $\boldsymbol{h}$ 后，通过 $P(\boldsymbol{v}|\boldsymbol{h})$ 又能得到可视层，通过调整参数，我们要使得从隐藏层得到的可视层 $\boldsymbol{v}^1$ 与原来的可视层 $\boldsymbol{v}$ 一样，如果一样，得到的隐藏层就是可视层的另外一种表达，因此隐藏层可作为可视层输入数据的特征。吉布斯采样过程如图 8.17 所示。

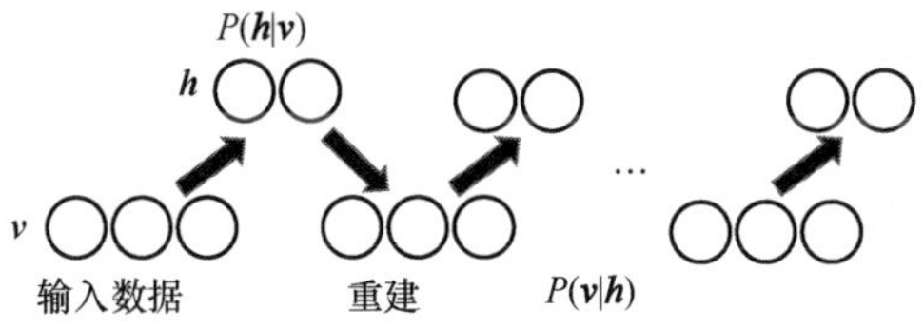

图 8.17　吉布斯采样过程

如何训练呢？即可视层节点和隐藏层节点之间的权值怎么确定呢？我们需要做一些数学分析。假设一个 RBM 可视层有 n 个节点，隐藏层有 m 个节点，分别用 $\boldsymbol{v}$ 和 $\boldsymbol{h}$ 表示可视层和隐藏层的状态，其中 v_i 表示可视层第 i 个节点的状态，h_j 表示隐藏层第 j 个节点的状态。对于一组给定的状态 $(\boldsymbol{v},\boldsymbol{h})$，RBM 作为一个系统所具有的能量定义为

$$E(\boldsymbol{v},\boldsymbol{h}\mid\boldsymbol{\theta})=-\sum_{i=1}^{n}a_iv_i-\sum_{j=1}^{m}b_jh_j-\sum_{i=1}^{n}\sum_{j=1}^{m}v_iW_{ij}h_j \tag{8.60}$$

式中，$\boldsymbol{\theta}=\{W_{ij},a_i,b_j\}$ 是 RBM 中要学习的参数，W_{ij} 表示连接权重，a_i 和 b_j 分别表示可视层和隐藏层的偏置，在一组确定的参数下，基于能量函数的定义得到可视层和隐藏层的一组状态 $(\boldsymbol{v},\boldsymbol{h})$ 的联合概率分布：

$$P(\boldsymbol{v},\boldsymbol{h}\mid\boldsymbol{\theta})=\frac{\mathrm{e}^{-E(\boldsymbol{v},\boldsymbol{h}|\boldsymbol{\theta})}}{Z(\boldsymbol{\theta})},\quad Z(\boldsymbol{\theta})=\sum_{\boldsymbol{v},\boldsymbol{h}}\mathrm{e}^{-E(\boldsymbol{v},\boldsymbol{h}|\boldsymbol{\theta})} \tag{8.61}$$

式中，$Z(\boldsymbol{\theta})$ 表示归一化因子。对于实际问题来说，我们最关心的是由 RBM 定义的关于可视层数据 $\boldsymbol{v}$ 的分布 $P(\boldsymbol{v}\mid\boldsymbol{\theta})$，即联合概率分布的边际分布，也称**似然函数**：

$$P(\boldsymbol{v}\mid\boldsymbol{\theta})=\frac{1}{Z(\boldsymbol{\theta})}\sum_{h}\mathrm{e}^{-E(\boldsymbol{v},\boldsymbol{h}|\boldsymbol{\theta})} \tag{8.62}$$

我们很难直接计算上式，因为计算归一化因子 $Z(\boldsymbol{\theta})$ 需要执行 2^{m+n} 次运算。即使通过算法得到了模型的具体参数，我们也无法确定这些参数对应的分布，考虑到 RBM 的特殊结构（层内无连接），给定可见单元的状态时，隐藏层各节点的激活状态之间是条件独立的。此时，第 j 个隐藏层节点的激活概率为

$$P(h_j=1\mid\boldsymbol{v},\boldsymbol{\theta})=\sigma\left(\sum_{i}v_iW_{ij}+b_j\right) \tag{8.63}$$

式中，σ 表示 Sigmoid 激活函数。因为 RBM 的结构是对称的，给定隐层状态时，可视层节点的激活状态也是独立的，第 i 个可视层节点的激活概率为

$$P(v_i=1\mid\boldsymbol{h},\boldsymbol{\theta})=\sigma\left(\sum_{j}W_{ij}h_j+a_i\right) \tag{8.64}$$

从隐藏层节点和可视层节点的激活概率公式可知，确定 RBM 的参数后，隐藏层和可视层之前的映射关系就确定了。RBM 中参数的确定是通过学习方法得到的，具体来说，就是最大化 RBM 在训练集上的对数的似然函数。似然函数的最大化表示概率最大，而概率

最大说明了映射关系的稳定，具体公式如下：

$$\boldsymbol{\theta}^* = \arg\max_{\theta} L(\boldsymbol{\theta}) = \arg\max_{\theta} \sum_{t=1}^{T} \log P(\boldsymbol{v}^{(t)} \mid \boldsymbol{\theta}) \tag{8.65}$$

式中，T 表示样本数。为了获得 RBM 模型参数的具体值，可以利用随机梯度上升法求上式的最大值。经过一系列公式推导，最终确定参数的更新公式为

$$\Delta W_{ij} = \eta\left(\left\langle v_i h_j \right\rangle_{\text{data}} - \left\langle v_i h_j \right\rangle_{\text{model}}\right) \tag{8.66}$$

$$\Delta a_i = \eta\left(\left\langle v_i \right\rangle_{\text{data}} - \left\langle v_i \right\rangle_{\text{model}}\right) \tag{8.67}$$

$$\Delta b_j = \eta\left(\left\langle h_j \right\rangle_{\text{data}} - \left\langle h_j \right\rangle_{\text{model}}\right) \tag{8.68}$$

式中，$\langle\cdot\rangle_{\text{data}}$ 和 $\langle\cdot\rangle_{\text{model}}$ 分别表示原始数据所满足的概率分布和 RBM 所定义的概率分布，在具体的实现中，采用对比散度算法来确定 RBM 定义的概率分布。具体来说，就是进行吉布斯采样，进行 k 步吉布斯采样后，我们认为得到的数据服从 RBM 定义的分布，在对比散度算法中常设采样步数为 1。2002 年，Hinton 论述过使用训练数据初始化可视层的状态时，进行一步吉布斯采样便可得到 RBM 定义的概率分布的一个很好的近似。

DBN 构建后，DBN 便有了自主提取高度抽象特征的能力，用于分类时，可于网络的末端加上逻辑回归层，随后训练网络。训练方式有两种：一是调整逻辑回归层参数，完成分类任务；二是以 BP 算法调整整个网络。基于 DBN 分类的网络结构图如图 8.18 所示。

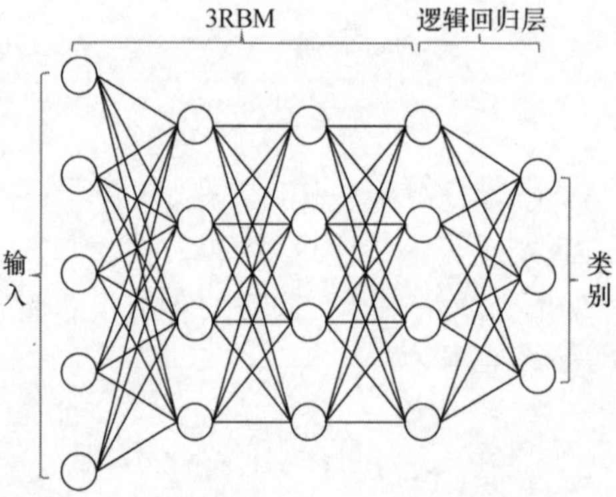

图 8.18 基于 DBN 分类的网络结构图

DBN 的灵活性使得它的拓展比较容易。一个拓展是卷积 DBN（Convolutional Deep Belief Networks，CDBN）。DBN 并未考虑图像的二维结构信息，因为输入是简单地由一个图像矩阵一维向量化的。而 CDBN 考虑了图像的二维结构信息，利用邻域像素的空域关系，通过一个称为**卷积** RBM 的模型达到生成模型的变换不变性，而且容易变换到高维图像。

目前，和 DBN 有关的研究包括堆叠自动编码器，它用堆叠自动编码器来替换传统 DBN 中的 RBM。这就使得我们可以采用同样的规则来训练和产生深度多层神经网络架构，但其

缺少层的参数化的严格要求。与 DBN 不同，自动编码器使用判别模型，导致该结构很难采样输入空间，使得网络更难捕捉其内部表达。但是，降噪自动编码器能很好地避免这个问题，且与传统的 DBN 相比更优。

8.5.3　卷积神经网络（CNN）

卷积神经网络（Convolutional Neural Network，CNN）是另一种深度学习模型，现已成为语音分析和图像识别领域的研究热点。它的权值共享网络结构使之更加类似于生物神经网络，因此降低了网络模型的复杂度，减少了权值的数量。当网络的输入是多维图像时，这个优点表现得更为明显，因为这时图像可以直接作为网络的输入，避免了传统识别算法中复杂特征的提取和数据重建过程。卷积网络是为识别二维形状而特别设计的一个多层感知器，这种网络结构对平移、比例缩放、倾斜或共他形式的变形具有高度不变性。

CNN 是第一个真正成功训练多层网络结构的学习算法。它利用空间关系减少需要学习的参数数量，以提高一般正向 BP 算法的训练性能。CNN 作为一个深度学习架构提出，是为了最小化数据的预处理要求。在 CNN 中，图像的一小部分（局部感受野）作为层级结构的最低层的输入，信息依次传输到不同的层，每层通过一个数字滤波器去获得观测数据的最显著的特征。这种方法能够获取平移、缩放和旋转不变的观测数据的显著特征，因为图像的局部感受野允许神经元或处理单元访问最基础的特征，如定向边缘或角点。CNN 模型是目前关于深度学习的几种基础模型中应用范围最广泛的一种模型，已在图片级别的分类、像素级别的分类、超分辨重建、景深估计等方面取得了很好的效果。

1．卷积神经网络的基础理论

相对于堆栈式自编码网络及深度置信网络采取逐层训练的方式减少梯度扩散问题的做法，卷积神经网络采取了感受野及权值共享机制来减少网络参数的做法。卷积网络主要包含三部分：卷积层（convolution layer）、池化层（pooling layer）和全连接层（fully connected layer）。全连接层的输出可视为卷积网络抽取的特征。卷积网络示意图如图 8.19 所示。

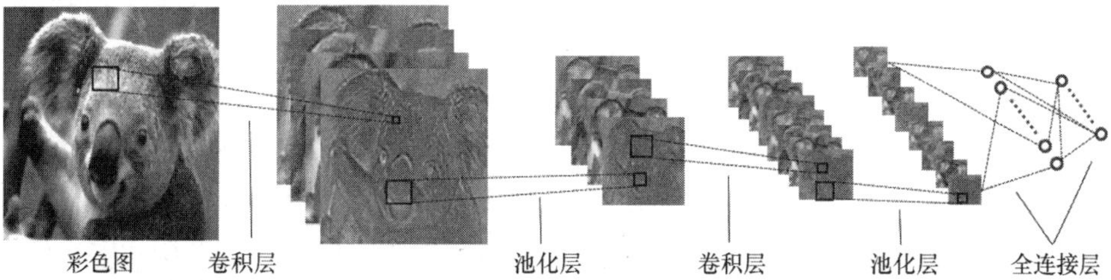

图 8.19　卷积网络示意图

下面简要介绍卷积网络的三部分。

1）卷积层

卷积层在进行正向运算的过程中，会以该层的卷积核对该层的输入数据执行卷积操作，之后利用激励函数对卷积操作得到的数据进行映射，得到卷积层最终的输出数据。该过程的运算公式如下：

$$\boldsymbol{x}_j^l = f\left(\sum\nolimits_{i\in M_j} \boldsymbol{x}_i^{l-1} * \boldsymbol{k}_{ij}^l + \boldsymbol{b}_j^l\right) \tag{8.69}$$

式中，l 表示网络层的编号，j 表示当前层特征图的编号，i 表示前一层的特征图的编号，$\boldsymbol{k}_{ij}^l$ 表示当前层的可学习的卷积核，$\boldsymbol{b}$ 表示卷积核对应的偏置，$f(\cdot)$ 表示激励函数，M_j 表示对输入数据的一个选择（以特征图为单位），$*$ 表示卷积运算。

由图 8.19 可知，卷积层的输出并不是传统网络中的内部特征向量，而是由多幅图组成的。为便于介绍，本文中将输入的这些图片称为**特征图**（Feature Map）。

根据 BP 算法，计算卷积层 l 的灵敏度时，需要将下一层的灵敏度与激励函数在 l 层的导数值按元素相乘。然而，在卷积网络中，卷积层的下一层是池化层 $l+1$，激励函数的导数与池化层的灵敏度不是相同尺寸的。为了完成按元素相乘的运算，需要对池化层的灵敏度进行上采样，确保维数相同后再进行按元素相乘。因此，卷积层的灵敏度计算公式为

$$\boldsymbol{\delta}_j^l = \boldsymbol{\beta}_j^{l+1}\left(f'\left(\boldsymbol{u}_j^l\right)\circ \mathrm{up}\left(\boldsymbol{\delta}_j^{l+1}\right)\right) \tag{8.70}$$

式中，$\circ$ 表示按元素相乘运算符，$\mathrm{up}(\cdot)$ 表示上采样操作，β 是一个由下采样操作决定的参数，$\boldsymbol{u}_j^l$ 表示与当前层 l 的特征图 j 相关的输入的加权和。

计算出灵敏度后，当前层 l 的卷积核的偏导及偏置的偏导可按如下公式计算：

$$\frac{\partial E}{\partial \boldsymbol{k}_{ij}^l} = \sum\nolimits_{u,v}\left(\boldsymbol{\delta}_j^l\right)_{uv}\left(\boldsymbol{p}_i^{l-1}\right)_{uv} \tag{8.71}$$

$$\frac{\partial E}{\partial \boldsymbol{b}_j} = \sum\nolimits_{u,v}\left(\boldsymbol{\delta}_j^l\right)_{uv} \tag{8.72}$$

式中，$\left(\boldsymbol{p}_i^{l-1}\right)_{uv}$ 表示 $\boldsymbol{x}_i^{l-1}$ 的一个图像块，该图像块在正向传播中与卷积核 $\boldsymbol{k}_{ij}^l$ 按元素相乘。因为以卷积核 $\boldsymbol{k}_{ij}^l$ 对 $\boldsymbol{x}_i^{l-1}$ 进行卷积操作，所以很多图像块都与卷积核 $\boldsymbol{k}_{ij}^l$ 进行相乘运算，(u,v) 表示这些图像块的坐标。

2）池化层

早期的卷积网络采用下采样层，对数据进行下采样后，再利用激励函数对下采样后的数据进行处理。激励函数的下采样操作比较麻烦，近年来的论文采用池化层替代了下采样。池化层的效果与下采样层相似，但不包含激励函数，池化操作运算简单，推导也更容易。两种主要的池化操作是取最大值的池化操作（Max Pooling）和取平均值的池化操作（Average Pooling），如图 8.20 所示。

图 8.20(a)表示取平均值的池化操作，图 8.20(b)表示取最大值的池化操作。由图可以看出，进行池化操作的数据被分成了相邻的不重叠数据块，每个数据块都由 4 个元素组成。

在取平均值的池化操作中，每个数据块中的 4 个元素的平均值被计算出来并放到对应的位置；在取最大值的池化操作中，每个数据块中的 4 个元素的最大值同样被计算出来并放到对应的位置。池化层的正向运算无须考虑数学计算。池化层的灵敏度可按下式计算：

$$\boldsymbol{\delta}_j^l = \sum_{j=1}^{M} \boldsymbol{\delta}^{l+1} * \boldsymbol{k}_{ij} \tag{8.73}$$

式中，$\boldsymbol{\delta}_j^l$ 表示当前层的灵敏度，$\boldsymbol{\delta}^{l+1}$ 表示下一层的灵敏度，M 表示下一层灵敏度图中与当前层的灵敏度图 i 相关的图的编号。如果池化层的下一层不是卷积层，该层的灵敏度就可以按照全连接网络中计算灵敏度的方式计算。

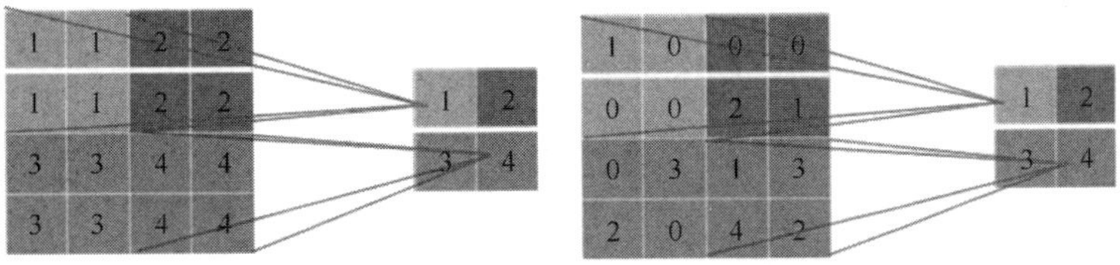

(a) 取平均值的池化操作　　(b) 取最大值的池化操作

图 8.20　两种主要的池化操作

3）全连接层

全连接层与传统网络中的相同，如 BP 神经网络。位于最末端的卷积层或池化层的输出数据被重新排列为向量形式（数据在重排前是以多幅特征图的形式存在的），再将重排为向量的数据作为全连接层的输入数据。全连接层的输出数据可视为卷积网络从输入图像中提取的特征。要完成分类操作，可以在全连接层的末尾添加一个分类器，如 Softmax。注意，为了更新整个卷积网络的卷积核及偏置，连接一个分类器是必要的，根据所选分类器的不同，最后一层的灵敏度的计算方式相应地有所变化，卷积层和池化层的正向运算及误差传播方式保持不变。

2．关于参数减少与权值共享

卷积神经网络与传统网络最大的不同在于引入了权值共享和感受野，这两种机制的引入大大降低了卷积神经网络所需的参数数量，同时降低了模型复杂度，提高了模型训练效率。图 8.21 显示了全连接层与局部连接。

图 8.21 的左侧是采用权值共享和感受野机制的全连接网络，而右侧是采用局部连接的神经网络。当有 100 万个隐藏层节点时，在全连接网络中，如果有 1000×1000 像素的图像，有 100 万个隐藏层神经元，那么它们全连接的话（每个隐藏层神经元都连接图像的一个像素点），就有 $1000 \times 1000 \times 1000000 = 10^{12}$ 个连接，即 10^{12} 个权值参数。然而，图像的空间联系是局部的，就像人是通过一个局部的感受野去感受外界图像那样，每个神经元都不需要感受全局图像，而只需要感受局部的图像区域，然后在更高层中将这些感受不同局部的神经元综合起来得到全局信息。这样，我们就可减少连接的数量，即减少神经网络需要训练

的权值参数的数量。在局部连接神经网络中，如果局部感受野的大小为 10×10，隐藏层的每个感受野只需要和这 10×10 的局部图像相连接，所以 100 万个隐藏层神经元就只有 1 亿个连接，即 10^8 个参数。

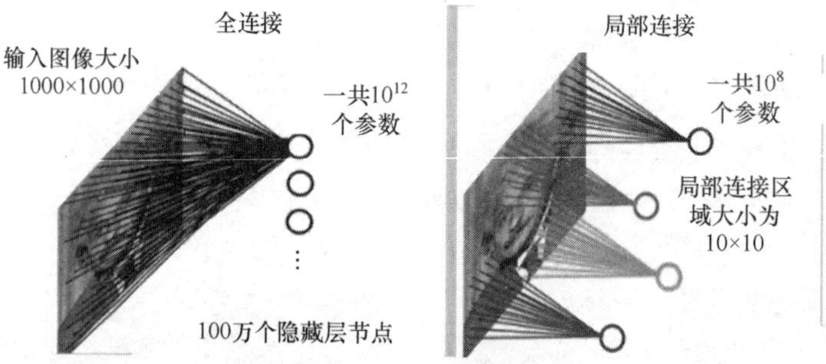

图 8.21　全连接层与局部连接

更进一步，隐藏层的每个神经元都连接 10×10 个图像区域，即每个神经元有 10×10 = 100 个连接权值参数。如果将每个神经元的这 100 个参数设置为相同的，即每个神经元用的是同一个卷积核去卷积图像，那么我们就只有 100 个参数，这样的一个卷积核便提取了一种特征。一个卷积核提取图像的一种特征，如某个方向的边缘。需要提取不同的特征时，只需增加几种不同的卷积核。假设我们增加到 100 种滤波器，每种滤波器的参数不同，表示提取输入图像的不同特征，如不同的边缘。这样，每种滤波器与图像卷积，就得到了对图像不同特征的放映，我们称之为**特征图**。因此，100 种卷积核就有 100 幅特征图，而 100 幅特征图组成一层神经元如图 8.22 所示。分析网络的规模发现，网络中共有 100 种卷积核，每种卷积核共享 100 个参数，共包含 10000 个参数。

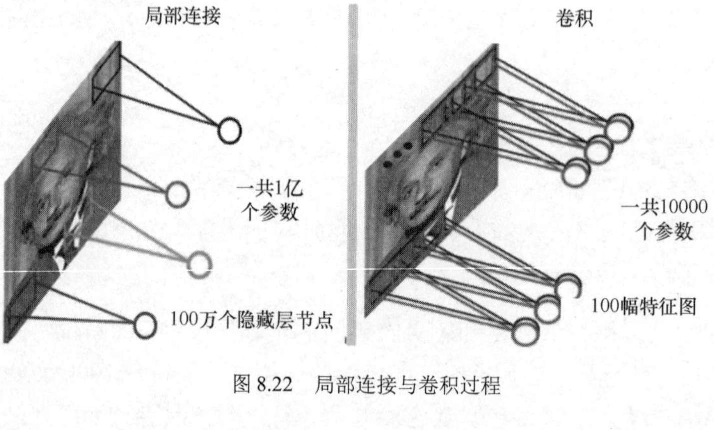

图 8.22　局部连接与卷积过程

隐藏层的参数数量与隐藏层的神经元数量无关，而只与滤波器的大小和滤波器种类的多少有关。隐藏层的神经元数量和原图像即输入的大小（神经元数量）、滤波器的大小和滤波器在图像中的滑动步长有关。例如，输入图像的大小为 1000×1000 像素，而滤波器的大小为 10×10 像素，假设滤波器没有重叠，即步长为 10，那么隐藏层的神经元数量就是

(1000×1000)/(10×10) = 100×100 个，这是一种滤波器，它提取特征图中的神经元数量。由此可见，图像越大，神经元数量和需要训练的权值参数数量的差距就越大。

注意，上面的讨论都未考虑每个神经元的偏置部分，所以权值数量需要加 1。总之，卷积网络的核心思想是，结合局部感受野、权值共享（或权值复制）和时间或空间亚采样三种结构，获得某种程度的位移、尺度、形变不变性。

3．实例说明

用来识别数字的典型卷积网络是 LeNet-5，如图 8.23 所示。当年，美国大多数银行就是用它来识别支票上的手写数字的。

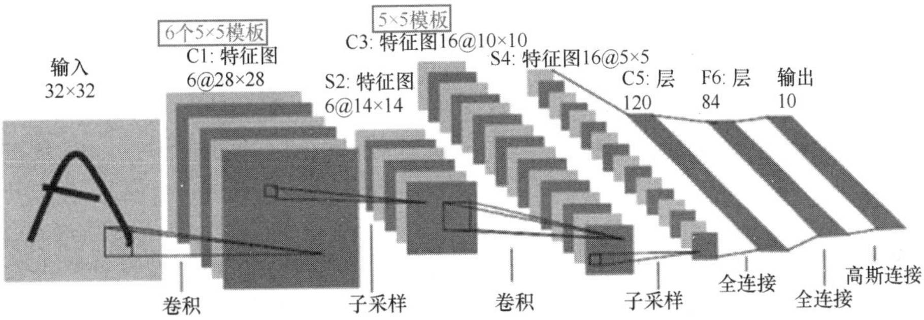

图 8.23　LeNet-5 结构示意图

LeNet-5 共有 7 层，不包含输入，每层都包含可训练参数（连接权重）。输入图像的大小为 32×32 像素，它比 Mnist 数据库（一个公认的手写数据库）中最大的字母还大。这样做的原因是，希望潜在的明显特征如笔画断点或角点能够出现在最高层特征监测子感受野的中心。每层有多幅特征图，每幅特征图通过一种卷积滤波器提取输入的一种特征，而每幅特征图有多个神经元。

C1 层是一个卷积层（卷积运算的重要特点是可使原信号的特征增强，并且降低噪声），它由 6 幅特征图构成。特征图中的每个神经元与输入中的 5×5 邻域相连。特征图的大小为 28×28 像素，以防止输入的连接掉到边界之外。C1 有 156 个可训练参数［每个滤波器有 5×5 = 25 个 unit 参数和 1 个 bias 参数，6 个滤波器，所以共有(5×5 + 1)×6 = 156 个参数］，共有 156×(28×28) = 122304 个连接。

S2 层是一个下采样层（利用图像局部相关性原理对图像进行子抽样，以便在减少数据处理量的同时保留有用信息），有 6 幅大小为 14×14 像素的特征图。特征图中的每个单元与 C1 中对应特征图的 2×2 邻域相连接。S2 层中的每个单元的 4 个输入相加，乘以一个可训练参数，再加上一个可训练偏置。结果通过 Sigmoid 函数计算。可训练参数和偏置控制 Sigmoid 函数的非线性度。如果系数较小，那么运算近似于线性运算，亚采样相当于模糊图像。如果系数较大，那么根据偏置的大小，亚采样可被视为有噪声的“或”运算或有噪声的“与”运算。每个单元的 2×2 感受野并不重叠，因此 S2 中的每幅特征图的大小都是 C1

中特征图大小的1/4（行和列各1/2）。S2层有12个可训练参数和5880个连接。

卷积过程如下：用一个可训练的滤波器 f_x 去卷积一幅输入图像（第一阶段是输入图像，后续阶段是卷积特征图），然后加上一个偏置 $\boldsymbol{b}_x$，得到卷积层 C_x。子采样过程如下：每个邻域中的4个像素求和，变为一个像素，然后通过标量 W_{x+1} 加权，再增加偏置 $\boldsymbol{b}_{x+1}$，最后通过一个Sigmoid激活函数产生一个约缩小4倍的特征映射图 $\boldsymbol{S}_{x+1}$。图8.24中显示了卷积和子采样过程。

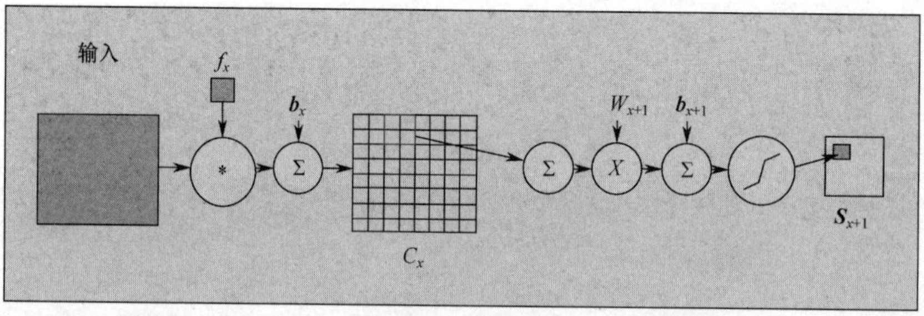

图8.24 卷积和子采样过程

因此，从一个平面到下一个平面的映射可视为卷积运算，S层可视为模糊滤波器，起二次特征提取作用。隐藏层与隐藏层之间的空间分辨率递减，每层所含的平面数递增，以便检测更多的特征信息。

C3层也是一个卷积层，它同样使用5×5的卷积核去卷积层S2，得到的特征图只有10×10个神经元，但有16种不同的卷积核，所以存在16幅特征图。注意，C3中的每幅特征图都连接到S2中的所有6幅或几幅征图，表示本层的特征图是上一层提取的特征图的不同组合（这一做法并不唯一；这里是组合，类似于人的视觉系统，底层的结构构成上层更抽象的结构，如边缘构成形状或目标的一部分）。

S4层是一个下采样层，由16幅5×5大小的特征图构成。特征图中的每个单元与C3中对应特征图的2×2邻域相连接，与C1和S2之间的连接一样。S4层有32个可训练参数（每个特征图有1个因子和1个偏置）和2000个连接。

C5层是一个卷积层，有120幅特征图。每个单元与S4层的全部16个单元的5×5邻域相连。由于S4层特征图的大小也为5×5（与滤波器一样），故C5特征图的大小为1×1，这便构成了S4和C5之间的全连接。之所以仍将C5标为卷积层而非全连接层，是因为如果LeNet-5的输入变大，而其他的输入保持不变，那么特征图的维数就比1×1大。C5层有48120个可训练连接。

F6层有84个单元，与C5层全相连。有10164个可训练参数。如同经典神经网络那样，F6层计算输入向量和权重向量之间的点积，加上一个偏置后，传递给Sigmoid函数产生单元 i 的一个状态。

最后，输出层由欧氏径向基函数（Euclidean Radial Basis Function）单元组成，每类有

1 个单元，每个单元有 84 个输入。换句话说，每个输出 RBF 单元计算输入向量和参数向量之间的欧氏距离。输入离参数向量越远，RBF 的输出就越大。一个 RBF 输出可视为衡量输入模式和与 RBF 相关联类的一个模型的匹配程度的惩罚项。用概率术语来说，RBF 输出可以视为 F6 层配置空间的高斯分布的负对数似然。给定一个输入模式，损失函数应能使得 F6 的配置与 RBF 参数向量（即模式的期望分类）足够接近。这些单元的参数是人工选取的，并且保持固定（至少最初时如此）。这些参数向量的成分被设为-1 或 1。虽然这些参数可以以-1 和 1 等概率的方式任选，或者构成一个纠错码，但被设计成一个相应字符类的 7×12 大小（即 84）的格式化图片。这种表示对识别单独的数字不是很有用，但对识别可打印 ASCII 字符集中的字符串很有用。

使用这种分布编码而非更常用的“1 of *N*”编码产生输出的另一个原因是，当类比较大时，非分布编码的效果较差。原因是大多数时间非分布编码的输出必须为 0，这就使得用 Sigmoid 单元很难实现。另一个原因是分类器不仅用于识别字母，而且用于拒绝非字母，使用分布编码的 RBF 更适合该目标。

RBF 参数向量起 F6 层目标向量的作用。需要指出的是，这些向量的成分是+1 或−1，正好在 F6 Sigmoid 的范围内，因此可以防止 Sigmoid 函数饱和。实际上，+1 和−1 是 Sigmoid 函数最大弯曲的点的位置。这就使得 F6 单元运行在最大的非线性范围内。必须避免 Sigmoid 函数饱和，因为这会导致损失函数较慢地收敛和病态问题。

4．卷积网络的优势

卷积神经网络（CNN）主要用于识别位移、缩放及其他形式扭曲不变性的二维图形。由于 CNN 的特征检测层通过训练数据进行学习，所以使用 CNN 时避免了显式的特征抽取，而隐式地从训练数据中进行学习。此外，因为同一特征映射面上的神经元的权值相同，所以网络可以并行学习，这也是卷积网络相对于神经元彼此相连网络的一大优势。卷积神经网络以其局部权值共享的特殊结构在语音识别和图像处理方面有着独特的优越性，其布局更加接近于实际的生物神经网络。权值共享降低了网络的复杂性，特别是多维输入向量的图像可以直接输入网络这一特点避免了特征提取和分类过程中数据重建的复杂度。

主流的分类方式几乎都是基于统计特征的，这就意味着在进行分辨前必须提取某些特征。然而，显式的特征提取并不容易，在一些应用问题中也并非总是可靠的。卷积神经网络具有明显不同于其他基于神经网络的分类器，它通过结构重组和减少权值，将特征提取功能融合到多层感知器中，可以直接处理灰度图片，也可以直接处理基于图像的分类。

卷积网络较一般神经网络在图像处理方面有如下优点：①输入图像和网络的拓扑结构能很好地吻合；②特征提取和模式分类同时进行，并且同时在训练中产生；③权重共享可以减少网络的训练参数，使神经网络结构变得更简单，适应性更强。

8.5.4　循环神经网络（RNN）

RNN 是一种特殊的神经网络结构，它是根据“人的认知基于过往的经验和记忆”这一观点提出的。与 CNN 不同的是，它不仅考虑前一时刻的输入，而且赋予网络对前面的内容的一种“记忆”功能。RNN 之所以称为**循环神经网路**，是因为一个序列当前的输出与前面的输出有关。具体的表现形式为，网络会对前面的信息进行记忆并应用于当前输出的计算中，即隐藏层之间的节点不再是无连接的，而是有连接的，且隐藏层的输入不仅包括输入层的输出，而且包括上一时刻隐藏层的输出。

由基础神经网络可知，神经网络包含输入层、隐藏层和输出层，通过激活函数控制输出，层与层之间通过权值连接。激活函数是事先确定好的，于是神经网络模型通过训练学到的东西就蕴含在权值中。基础神经网络只在层与层之间建立权连接，RNN 最大的不同是在层之间的神经元之间也建立权连接，如图 8.25 所示。

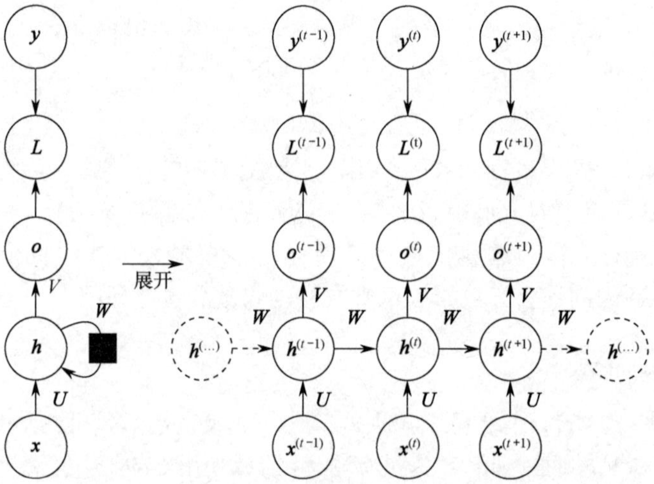

图 8.25　标准的 RNN 结构图

在图 8.25 中，$\boldsymbol{o}$ 表示输出，$\boldsymbol{y}$ 为训练集的标签，L 表示损失函数。可以看到，损失也是随着序列的推进而不断积累的。图 8.25 中的每个箭头都表示一次变换，即箭头连接带有权值。左侧是折叠起来的样子，右侧是展开的样子，左侧 $\boldsymbol{h}$ 旁边的箭头表示该结构中的循环体现在隐藏层中。在展开结构中可以观察到，在标准的 RNN 结构中，隐藏层的神经元之间也是带有权值的。也就是说，随着序列的不断推进，前面的隐藏层将影响后面的隐藏层。

除了上述特点，标准 RNN 还具如下特点：

（1）权值共享，图中的 $\boldsymbol{W}$ 全是相同的，$\boldsymbol{U}$ 和 $\boldsymbol{V}$ 也一样。

（2）每个输入值都只与其本身的那条路线建立权连接，而不与其他神经元连接。

下面介绍标准结构的 RNN 的正向传播过程。

在图 8.25 中，$\boldsymbol{x}$ 是输入，$\boldsymbol{h}$ 是隐藏层单元，$\boldsymbol{o}$ 为输出，L 为损失函数，$\boldsymbol{y}$ 为训练集的标签。这些元素右上角所带的 t 表示 t 时刻的状态，其中需要注意的是，因为单元 $\boldsymbol{h}$ 在 t 时刻的状态不仅由该时刻的输入决定，还受 t 时刻之前的时刻的影响。$\boldsymbol{W},\boldsymbol{U},\boldsymbol{V}$ 是权值，同

一类的权连接权值相同。对于 t 时刻，有

$$\boldsymbol{h}^{(t)} = \phi(\boldsymbol{U}\boldsymbol{x}^{(t)} + \boldsymbol{W}\boldsymbol{h}^{(t-1)} + \boldsymbol{b}) \tag{8.74}$$

式中，$\phi(\cdot)$ 为激活函数，一般选择 tanh 函数，$\boldsymbol{b}$ 为偏置。t 时刻的输出为

$$\boldsymbol{o}^{(t)} = \boldsymbol{V}\boldsymbol{h}^{(t-1)} + \boldsymbol{c} \tag{8.75}$$

最终模型的输出预测为

$$\hat{\boldsymbol{y}}^{(t)} = \sigma(\boldsymbol{o}^{(t)}) \tag{8.76}$$

式中，$\sigma(\cdot)$ 为激活函数，通常 RNN 用于分类，故一般使用 softmax 函数。

时间反向传播（Back-Propagation Through Time，BPTT）算法是训练 RNN 的常用方法，其本质上仍是 BP 算法，只不过 RNN 处理时间序列数据，所以要基于时间反向传播，故称随时间反向传播。BPTT 的中心思想和 BP 算法的相同，即沿着需要优化的参数的负梯度方向不断寻找更优的点，直至收敛。综上所述，BPTT 算法本质上还是 BP 算法，而 BP 算法本质上还是梯度下降法，于是求各个参数的梯度便成了该算法的核心。

由图 8.25 可知，需要寻优的参数有三个，分别是 $\boldsymbol{U}$,$\boldsymbol{V}$ 和 $\boldsymbol{W}$ 。与 BP 算法不同的是，$\boldsymbol{W}$ 和 $\boldsymbol{U}$ 的寻优过程需要追溯之前的历史数据，参数 $\boldsymbol{V}$ 相对简单，只需关注目前的数据，于是下面首先求解参数 $\boldsymbol{V}$ 的偏导数：

$$\frac{\partial L^{(t)}}{\partial \boldsymbol{V}} = \frac{\partial L^{(t)}}{\partial \boldsymbol{o}^{(t)}} \cdot \frac{\partial \boldsymbol{o}^{(t)}}{\partial \boldsymbol{V}} \tag{8.77}$$

上式看起来简单，但是求解起来很容易出错，因为其中嵌套着激活函数。

RNN 的损失也会随着时间累加，所以不能只求 t 时刻的偏导：

$$\begin{gathered} L = \sum_{t=1}^{n} L^{(t)} \\ \frac{\partial L}{\partial \boldsymbol{V}} = \sum_{t=1}^{n} \frac{\partial L^{(t)}}{\partial \boldsymbol{o}^{(t)}} \cdot \frac{\partial \boldsymbol{o}^{(t)}}{\partial \boldsymbol{V}} \end{gathered} \tag{8.78}$$

因为 $\boldsymbol{W}$ 和 $\boldsymbol{U}$ 的偏导涉及历史数据，所以求解来来相对复杂。我们先假设只有三个时刻，于是在第三个时刻 L 对 $\boldsymbol{W}$ 的偏导为

$$\frac{\partial L^{(3)}}{\partial \boldsymbol{W}} = \frac{\partial L^{(3)}}{\partial \boldsymbol{o}^{(3)}} \frac{\partial \boldsymbol{o}^{(3)}}{\partial \boldsymbol{h}^{(3)}} \frac{\partial \boldsymbol{h}^{(3)}}{\partial \boldsymbol{W}} + \frac{\partial L^{(3)}}{\partial \boldsymbol{o}^{(3)}} \frac{\partial \boldsymbol{o}^{(3)}}{\partial \boldsymbol{h}^{(3)}} \frac{\partial \boldsymbol{h}^{(3)}}{\partial \boldsymbol{h}^{(2)}} \frac{\partial \boldsymbol{h}^{(2)}}{\partial \boldsymbol{W}} + \frac{\partial L^{(3)}}{\partial \boldsymbol{o}^{(3)}} \frac{\partial \boldsymbol{o}^{(3)}}{\partial \boldsymbol{h}^{(3)}} \frac{\partial \boldsymbol{h}^{(3)}}{\partial \boldsymbol{h}^{(2)}} \frac{\partial \boldsymbol{h}^{(2)}}{\partial \boldsymbol{h}^{(1)}} \frac{\partial \boldsymbol{h}^{(1)}}{\partial \boldsymbol{W}} \tag{8.79}$$

相应地，L 在第三个时刻对 $\boldsymbol{U}$ 的偏导数为

$$\frac{\partial L^{(3)}}{\partial \boldsymbol{U}} = \frac{\partial L^{(3)}}{\partial \boldsymbol{o}^{(3)}} \frac{\partial \boldsymbol{o}^{(3)}}{\partial \boldsymbol{h}^{(3)}} \frac{\partial \boldsymbol{h}^{(3)}}{\partial \boldsymbol{U}} + \frac{\partial L^{(3)}}{\partial \boldsymbol{o}^{(3)}} \frac{\partial \boldsymbol{o}^{(3)}}{\partial \boldsymbol{h}^{(3)}} \frac{\partial \boldsymbol{h}^{(3)}}{\partial \boldsymbol{h}^{(2)}} \frac{\partial \boldsymbol{h}^{(2)}}{\partial \boldsymbol{U}} + \frac{\partial L^{(3)}}{\partial \boldsymbol{o}^{(3)}} \frac{\partial \boldsymbol{o}^{(3)}}{\partial \boldsymbol{h}^{(3)}} \frac{\partial \boldsymbol{h}^{(3)}}{\partial \boldsymbol{h}^{(2)}} \frac{\partial \boldsymbol{h}^{(2)}}{\partial \boldsymbol{h}^{(1)}} \frac{\partial \boldsymbol{h}^{(1)}}{\partial \boldsymbol{U}} \tag{8.80}$$

观察发现，某个时刻对 $\boldsymbol{W}$ 或是 $\boldsymbol{U}$ 的偏导数，要追溯该时刻之前所有时刻的信息。这仅是一个时刻的偏导数，上面说过损失也会累加，所以整个损失函数对 $\boldsymbol{W}$ 和 $\boldsymbol{U}$ 的偏导数将非

常烦琐，好在规律有迹可循。根据上面两个式子，我们可以写出 L 在 t 时刻对 $\boldsymbol{W}$ 和 $\boldsymbol{U}$ 的偏导数的通式：

$$
\begin{aligned}
\frac{\partial L^{(t)}}{\partial \boldsymbol{W}} &= \sum_{k=1}^{t} \frac{\partial L^{(t)}}{\partial \boldsymbol{o}^{(t)}} \frac{\partial \boldsymbol{o}^{(t)}}{\partial \boldsymbol{h}^{(t)}} \left(\prod_{j=k+1}^{t} \frac{\partial \boldsymbol{h}^{(j)}}{\partial \boldsymbol{h}^{j-1}} \right) \frac{\partial \boldsymbol{h}^{(k)}}{\partial \boldsymbol{W}} \\
\frac{\partial L^{(t)}}{\partial \boldsymbol{U}} &= \sum_{k=1}^{t} \frac{\partial L^{(t)}}{\partial \boldsymbol{o}^{(t)}} \frac{\partial \boldsymbol{o}^{(t)}}{\partial \boldsymbol{h}^{(t)}} \left(\prod_{j=k+1}^{t} \frac{\partial \boldsymbol{h}^{(j)}}{\partial \boldsymbol{h}^{j-1}} \right) \frac{\partial \boldsymbol{h}^{(k)}}{\partial \boldsymbol{U}}
\end{aligned}
\tag{8.81}
$$

RNN 在实践中已被证明对 NLP 是非常成功的，如词向量表达、语句合法性检查、词性标注等。在 RNN 中，目前使用最广泛且最成功的模型是长短时记忆（Long Short-Term Memory，LSTM）模型。

8.5.5 生成对抗网络（GAN）

生成对抗网络（Generative Adversarial Networks，GAN）是一种深度学习模型，是近年来复杂分布上无监督学习最具前景的算法之一。模型通过框架中（至少）两个模块［生成模型（Generative Model）和判别模型（Discriminative Model)］的互相博弈学习产生相当好的输出。图 8.26 中显示了 GAN 模型中的生成模型和判别模型。在原始 GAN 理论中，并不要求 G 和 D 都是神经网络，而只需要能拟合相应生成和判别的函数。但是，实用中一般使用深度神经网络作为 G 和 D。性能较好的 GAN 需要配备良好的训练方法，否则可能因神经网络模型的自由性而导致输出不理想。

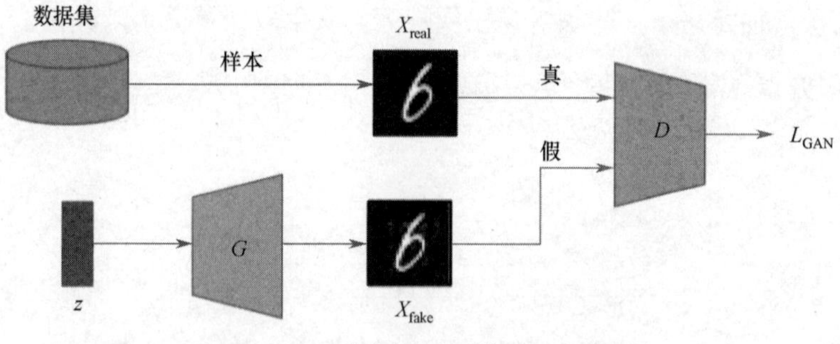

图 8.26　GAN 模型中的生成模型和判别模型

对抗学习可由判别函数 $D(\boldsymbol{x}): \boldsymbol{R}^n \to [0,1]$ 和生成函数 $G: \boldsymbol{R}^d \to \boldsymbol{R}^n$ 之间的目标函数的极大极小值实现。判别模型需要输入变量，并通过某种模型来预测。生成模型在给定某种隐含信息的前提下随机产生观测数据。对于判别模型，损失函数很容易定义，因为输出的目标相对简单。但是对于生成模型，损失函数的定义就不那么容易。我们对生成结果的期望往往是暧昧不清的，难以用数学公理化定义的范式。因此，我们不妨将生成模型的回馈部分交给判别模型处理。生成器 G 将来自 γ 分布的随机样本 $z \in \boldsymbol{R}^d$ 转换为生成样本 $G(z)$。判别器 D 试图将它们与来自分布 μ 的训练真实样本区分开来，而生成器 G 试图使生成的样本在分布上与训练样本相似。对抗的目标损失函数为

$$V(D,G) := E_{\boldsymbol{x}\sim\mu}\left[\log D(\boldsymbol{x})\right] + E_{\boldsymbol{z}\sim\gamma}\left[\log(1-D(G(\boldsymbol{z})))\right] \tag{8.82}$$

式中，E 表示下标中指定分布的期望值。

GAN 解决的极小极大值描述如下：

$$\min_G \max_D V(D,G) := \min_G \max_D (E_{\boldsymbol{x}\sim\mu}[\log D(\boldsymbol{x})] + E_{\boldsymbol{z}\sim\gamma}[\log(1-D(G(\boldsymbol{z})))]) \tag{8.83}$$

对于给定的生成器 G，$\max\limits_D V(D,G)$ 优化判别器 D 以区分生成的样本 $G(\boldsymbol{z})$，其原理是尝试将高值分配给来自分布 μ 的真实样本，将低值分配给生成的样本 $G(\boldsymbol{z})$。相反，对于给定的鉴别器 D，$\min\limits_G V(D,G)$ 优化 G，使得生成的样本 $G(\boldsymbol{z})$ 试图让判别器 D 判正，以分配高值。设 $\boldsymbol{y} = G(\boldsymbol{z}) \in \boldsymbol{R}^n$，其分布为 $\nu := \gamma \circ G^{-1}$，可以用 D 和 ν 将 $V(D,G)$ 重写为

$$\begin{aligned}\tilde{V}(D,\nu) &:= V(D,G) \\ &= E_{\boldsymbol{x}\sim\mu}\left[\log D(\boldsymbol{x})\right] + E_{\boldsymbol{z}\sim\gamma}\left[\log(1-D(G(\boldsymbol{z})))\right] \\ &= E_{\boldsymbol{x}\sim\mu}\left[\log D(\boldsymbol{x})\right] + E_{\boldsymbol{y}\sim\nu}\left[\log(1-D(\boldsymbol{y}))\right] \\ &= \int_{\boldsymbol{R}^n} \log D(\boldsymbol{x})\,\mathrm{d}\mu(\boldsymbol{x}) + \int_{\boldsymbol{R}^n} \log(1-D(\boldsymbol{y}))\,\mathrm{d}\nu(\boldsymbol{y})\end{aligned} \tag{8.84}$$

将上面的极大极小值问题变为

$$\min_G \max_D V(D,G) = \min_G \max_D \left(\int_{\boldsymbol{R}^n} \log D(\boldsymbol{x})\,\mathrm{d}\mu(\boldsymbol{x}) + \int_{\boldsymbol{R}^n} \log(1-D(\boldsymbol{y}))\,\mathrm{d}\nu(\boldsymbol{y})\right) \tag{8.85}$$

假设 μ 具有密度 $p(\boldsymbol{x})$，ν 具有密度函数 $q(\boldsymbol{x})$，则有

$$V(D,\nu) = \int_{\boldsymbol{R}^n} (\log D(\boldsymbol{x}) p(\boldsymbol{x}) + \log(1-D(\boldsymbol{x})) q(\boldsymbol{x}))\,\mathrm{d}\boldsymbol{x} \tag{8.86}$$

观察发现，在某些 G 的 $\nu = \gamma \circ G^{-1}$ 约束下，上述值与 $\min\limits_\nu \max\limits_D \tilde{V}(D,\nu)$ 等效。

在上述公式对 GAN 的原理的解释下，方法的核心是通过对抗训练将随机噪声的分布拉近到真实的数据分布，因此需要一个度量概率分布的指标——散度。熟知的散度公式是 KL 散度公式(KL 散度的一个缺点是距离不对称性,因此不是传统意义上的距离度量方法)：

$$D_{\mathrm{KL}}(p \,\|\, q) := \int_{\boldsymbol{R}^n} \log\left(\frac{p(\boldsymbol{x})}{q(\boldsymbol{x})}\right) p(\boldsymbol{x})\,\mathrm{d}\boldsymbol{x} \tag{8.87}$$

和 JS 散度公式（JS 散度改进了 KL 散度的距离不对称性）：

$$D_{\mathrm{JS}}(p \,\|\, q) := \frac{1}{2} D_{\mathrm{KL}}(p \,\|\, M) + \frac{1}{2} D_{\mathrm{KL}}(q \,\|\, M) \tag{8.88}$$

然而，我们可将上述散度归结为一个大类——f 散度，如下所示。

设 $p(\boldsymbol{x})$ 和 $q(\boldsymbol{x})$ 是 $\boldsymbol{R}^n$ 上的两个概率密度函数，则 p 和 q 的 f 散度定义为

$$D_f(p\|q) := E_{x\sim q}\left[f\left(\frac{p(\boldsymbol{x})}{q(\boldsymbol{x})}\right)\right] = \int_{\boldsymbol{R}^n} f\left(\frac{p(\boldsymbol{x})}{q(\boldsymbol{x})}\right) q(\boldsymbol{x})\,\mathrm{d}\,\boldsymbol{x} \tag{8.89}$$

式中，当$q(\boldsymbol{x})=0$时，有$f\left(\frac{p(\boldsymbol{x})}{q(\boldsymbol{x})}\right)q(\boldsymbol{x})=0$。

事实上，随着理论的不断完善，GAN 逐渐展现出了非凡的魅力，在一些应用领域开始大放异彩，由此衍生了一些非常引人注目的应用。后期的研究人员还开发了 WGAN、DCGAN、StyleGAN 等基于 GAN 的模型。

8.5.6 扩散模型

扩散模型（Diffusion Model）是深度生成模型中最先进的模型之一。扩散模型在图像合成任务上超越了 GAN 模型，且在其他多项任务上也表现出了较大的潜力，如计算机视觉、自然语言处理和多模态建模等。

扩散模型也是生成模型，它受到了物理学中非平衡热力学的启发。在物理学中，气体分子从高浓度区域扩散到低浓度区域，这与由于噪声的干扰而导致的信息丢失是相似的。扩散模型的工作原理是，首先学习由于噪声引起的信息衰减，然后使用学习到的模型来生成图像。该概念也适用于潜在变量，因为它学习的是噪声分布而不是数据分布。

扩散模型通常定义一个扩散步骤的马尔可夫链，逐渐向数据添加随机噪声，然后学习逆扩散过程，从噪声中构建所需的数据样本。因此，扩散模型包括**正向过程**（Forward Process）和**反向过程**（Reverse Process）。

如图 8.27 所示，正向过程从右向左逐步处理，将数据样本$\boldsymbol{x}_0$映射为一系列中间隐变量（Latent Variable）$\boldsymbol{x}_1,\cdots,\boldsymbol{x}_T$。反向过程的处理过程刚好与正向过程的相反。反向过程首先处理隐变量$\boldsymbol{x}_T$，然后通过一系列变换重建数据样本$\boldsymbol{x}_0$。需要注意的是，正向过程和反向过程的每一步映射都是随机的，而不是确定的。

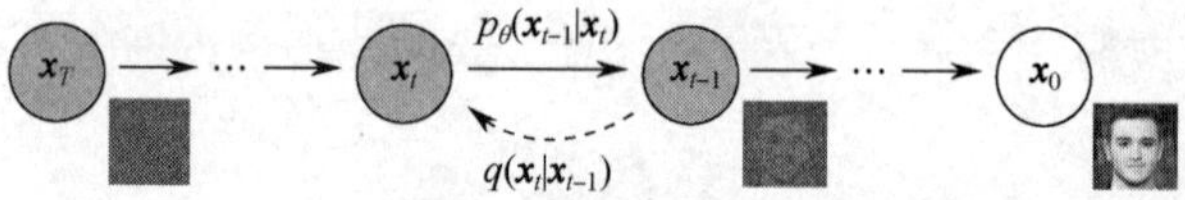

图 8.27 扩散模型示意图

正向过程是向图片添加噪声的过程。给定真实图片$\boldsymbol{x}_0 \sim q(\boldsymbol{x})$，扩散正向过程通过 T 次累计对其添加高斯噪声，得到$\boldsymbol{x}_1,\boldsymbol{x}_2,\cdots,\boldsymbol{x}_T$，即图 8.27 中的 q 过程。这里需要给定一系列高斯分布方差的超参数$\{\beta_t \in (0,1)\}_{t=1}^{T}$。正向过程由于每个时刻 t 只与 $t-1$ 时刻有关，所以也可视为马尔可夫过程：

$$q(\boldsymbol{x}_t \mid \boldsymbol{x}_{t-1}) = N(\boldsymbol{x}_t;\sqrt{1-\beta_t}\,\boldsymbol{x}_{t-1}\beta_t I), q(\boldsymbol{x}_{1:T} \mid \boldsymbol{x}_0) = \prod\nolimits_{t=1}^{T} q(\boldsymbol{x}_t \mid \boldsymbol{x}_{t-1}) \tag{8.90}$$

在这个过程中，随着 t 的增大，$\boldsymbol{x}_t$ 越来越接近纯噪声。当 $T \to \infty$ 时，$\boldsymbol{x}_T$ 是完全的高斯噪声。且实际中 β_t 随着 t 的增大是递增的，即 $\beta_1 < \beta_2 < \cdots < \beta_T$。

如果说正向过程是加噪的过程，那么反向过程就是扩散模型的去噪推断过程。如果能够逐步得到逆转后的分布 $q(\boldsymbol{x}_{t-1} | \boldsymbol{x}_t)$，就可以从完全的标准高斯分布 $\boldsymbol{x}_T \sim N(0,1)$ 还原出原图的分布 $\boldsymbol{x}_0$。在 $q(\boldsymbol{x}_t | \boldsymbol{x}_{t-1})$ 满足高斯分布且 β_t 足够小的情况下，$q(\boldsymbol{x}_{t-1} | \boldsymbol{x}_t)$ 仍然是一个高斯分布。而在推断 $q(\boldsymbol{x}_{t-1} | \boldsymbol{x}_t)$ 的过程中，采用了深度学习模型去预测一个逆向的分布 p_θ：

$$p_\theta(\boldsymbol{x}_{0:T}) = p(\boldsymbol{x}_T)\prod_{t=1}^{T} p_\theta(\boldsymbol{x}_{t-1} | \boldsymbol{x}_t) \tag{8.91}$$

$$p_\theta(\boldsymbol{x}_{t-1} | \boldsymbol{x}_t) = N(\boldsymbol{x}_{t-1}; \mu_\theta(\boldsymbol{x}_t, t), \Sigma_\theta(\boldsymbol{x}_t, t)) \tag{8.92}$$

$q(\boldsymbol{x}_{t-1} | \boldsymbol{x}_t)$ 可以通过 $\boldsymbol{x}_0$ 和贝叶斯公式得到：

$$q(\boldsymbol{x}_{t-1} | \boldsymbol{x}_t, \boldsymbol{x}_0) = N(\boldsymbol{x}_{t-1}; \tilde{\mu}(\boldsymbol{x}_t, \boldsymbol{x}_0), \tilde{\beta}_t I) \tag{8.93}$$

扩散模型是生成模型，在生成新图像方面优于 GAN 模型。扩散模型是有效的和易于实施的，可以产生质量卓越的图像。对生成模型来说，可操作性和灵活性是两个相互冲突的目标。可操作模型可被分析、评估并简单地拟合数据（如通过高斯或拉普拉斯），但不容易描述丰富数据集中的结构。灵活模型适合数据中的任意结构，但评估、训练或从这些模型中采样通常是昂贵的。扩散模型同时具有可操作性和灵活性。然而，由于扩散模型依赖于长马尔可夫链的扩散步骤来产生样本，所以在时间上和计算上是十分昂贵的。

8.5.7 Transformer 模型

Transformer 模型是一种基于注意力机制的深度学习模型，最初用于自然语言处理（NLP）任务，在机器翻译中表现尤其出色。Transformer 的主要贡献是提出了自注意力（Self-Attention）机制和多头（Multi-Head）注意力机制。自注意力机制可让模型在处理输入序列时，自适应地对不同位置的信息进行加权处理，进而捕捉输入序列中的长程依赖关系。

下面简要介绍 Transformer 模型的基本概念。

（1）词嵌入（Word Embedding）。将文本中的每个词映射为一个向量表示，这个向量通常是低维的，如 200 维或 300 维。词嵌入通常是通过预训练的方式得到的，如使用 Word2Vec 或 GloVe 等算法。

（2）位置编码（Position Encoding）。因为 Transformer 模型没有 RNN 或 CNN 等序列模型，所以需要一种方式来表示输入序列中的位置信息。位置编码是一种在词嵌入向量中加入位置信息的技术，通常使用正弦函数和余弦函数来计算位置编码向量。

（3）注意力机制（Attention Mechanism）。注意力机制是一种用于计算输入序列中各个元素对输出序列中每个元素的重要性的方法。在 Transformer 模型中，注意力机制用于计算自注意力和多头注意力。

Transformer 模型的整体网络结构如图 8.28 所示，它由编码器和解码器两部分组成，每部分都包含多层 Transformer 块。每个 Transformer 块包含两个子层，分别是多头自注意力子层和全连接前馈网络子层。在编码器中，输入序列首先被送入多个编码器块，每个块都对输入序列进行自注意力处理和全连接前馈网络处理。在解码器中，先用自注意力机制处理解码器输入序列，然后将编码器输出的特征与解码器输入的特征进行注意力融合，最后经过一个全连接前馈网络进行最终输出。

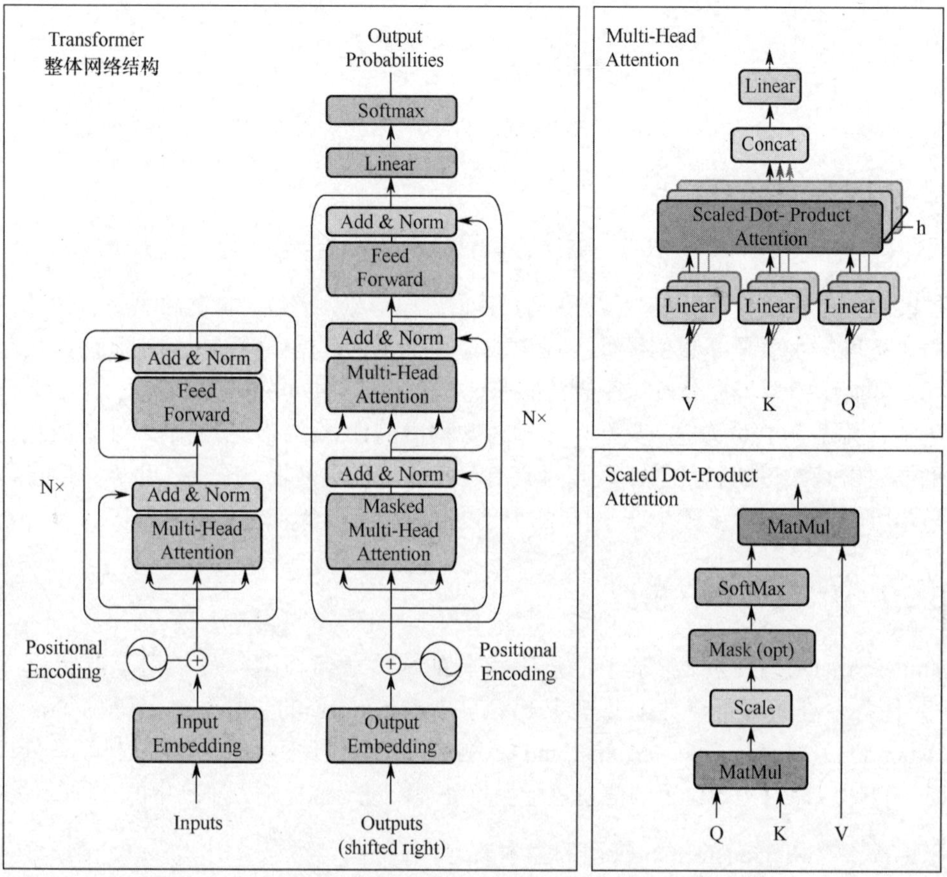

图 8.28　Transformer 模型的整体网络结构

Transformer 模型的主要流程分为如下几步。

1）输入嵌入层（Input Embedding）

输入序列中的每个词都被映射为一个向量表示，这个向量表示通常是由一个嵌入矩阵得到的，其中的每行都对应一个词的向量表示。输入序列的每个词向量都与一个位置编码向量相加，以表示位置信息。输入嵌入层特征示例如图 8.29 所示。

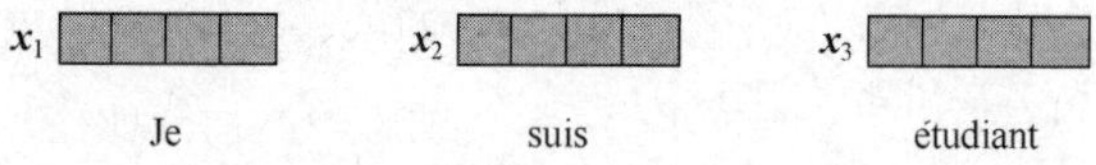

图 8.29　输入嵌入层特征示例

2）自注意力编码层（Self-Attention Encoder Layer）

自注意力编码层是 Transformer 模型的核心组件之一。在这一层中，每个输入向量都会和序列中其他向量计算相似度得到注意力分数，然后使用注意力分数对所有输入向量进行加权求和，得到一个新的向量表示，表示当前输入向量的上下文信息。注意力机制应用示例如图 8.30 所示。

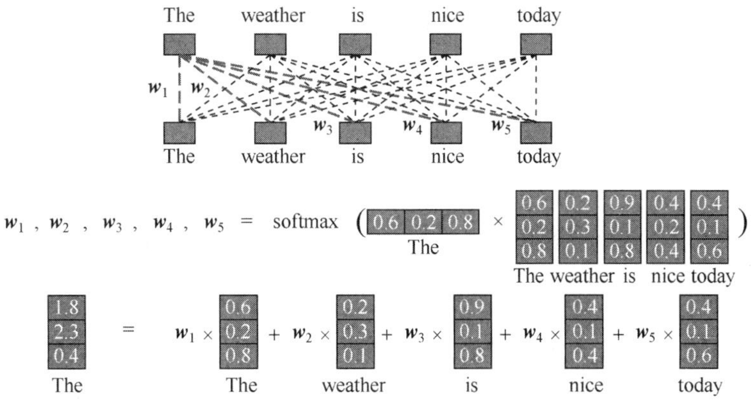

图 8.30　注意力机制应用示例

Transformer 模型中使用缩放内积注意力（Scaled Dot-Product Attention）机制作为基础注意力机制。输入序列中的所有向量经过一个线性变换后，得到三个矩阵：$\boldsymbol{Q}\in\mathbb{R}^{n\times d}$，$\boldsymbol{K}\in\mathbb{R}^{n\times d}$ 和 $\boldsymbol{V}\in\mathbb{R}^{n\times d}$，分别对应输入的查询（Query，$Q$）、键（Key，$K$）和值（Value，$V$）。该注意力机制将 $\boldsymbol{Q}$ 与 $\boldsymbol{K}$ 的转置相乘，得到注意力矩阵，使用 $\boldsymbol{K}$ 的特征个数 d_k 和 Softmax 函数对注意力矩阵进行归一化，最后将归一化的注意力矩阵和 $\boldsymbol{V}$ 相乘得到输出结果。QKV 模型如图 8.31 所示。注意力可选的掩膜被用于 Transformer 模型的解码器部分，即用掩膜将注意力矩阵中当前位置对应的后续位置的注意力置零，进而屏蔽后续位置对当前位置的影响，保留先前位置对当前位置的影响。计算方式如下所示：

$$\text{Attention}(\boldsymbol{Q},\boldsymbol{K},\boldsymbol{V})=\text{Softmax}(\boldsymbol{Q}\boldsymbol{K}^{\mathrm{T}}/\sqrt{D_k})\boldsymbol{V} \tag{8.94}$$

3）多头注意力编码层（Multi-Head Attention Encoder Layer）

多头注意力组合多个基础注意力机制，对每个注意力头使用不同的线性层，得到不同的 $\boldsymbol{Q}$、$\boldsymbol{K}$ 和 $\boldsymbol{V}$，分别计算注意力后，将所有注意力头的输出结果进行拼接，再线性映射回输入维度。多头自注意力机制如图 8.32 所示。将 head 记为基础注意力头的数量，则有

$$\text{MultiHead}(\boldsymbol{Q},\boldsymbol{K},\boldsymbol{V})=\text{Concat}(\text{head}_1,\cdots,\text{head}_h)\boldsymbol{W}^{\mathrm{o}} \tag{8.95}$$

$$\text{head}_i=\text{Attention}(\boldsymbol{Q}\boldsymbol{W}_i^{Q},\boldsymbol{K}\boldsymbol{W}_i^{K},\boldsymbol{V}\boldsymbol{W}_i^{V}) \tag{8.96}$$

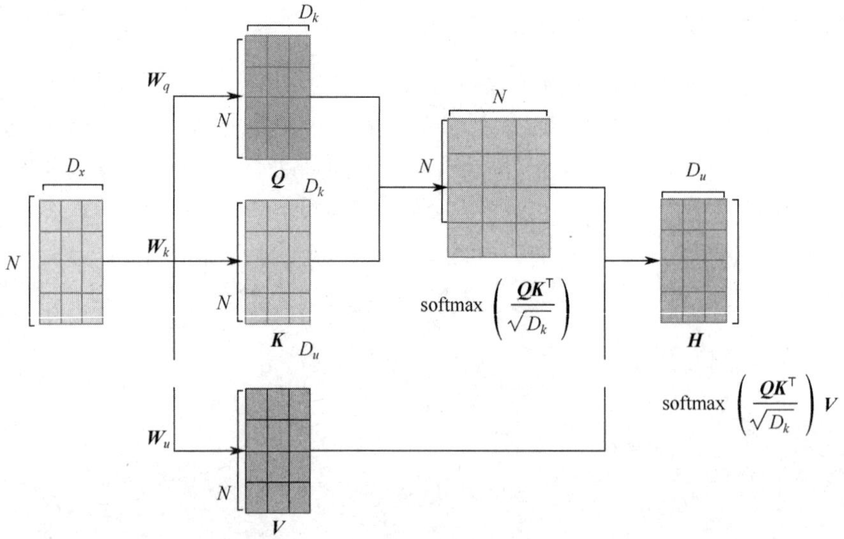

图 8.31　QKV 模型

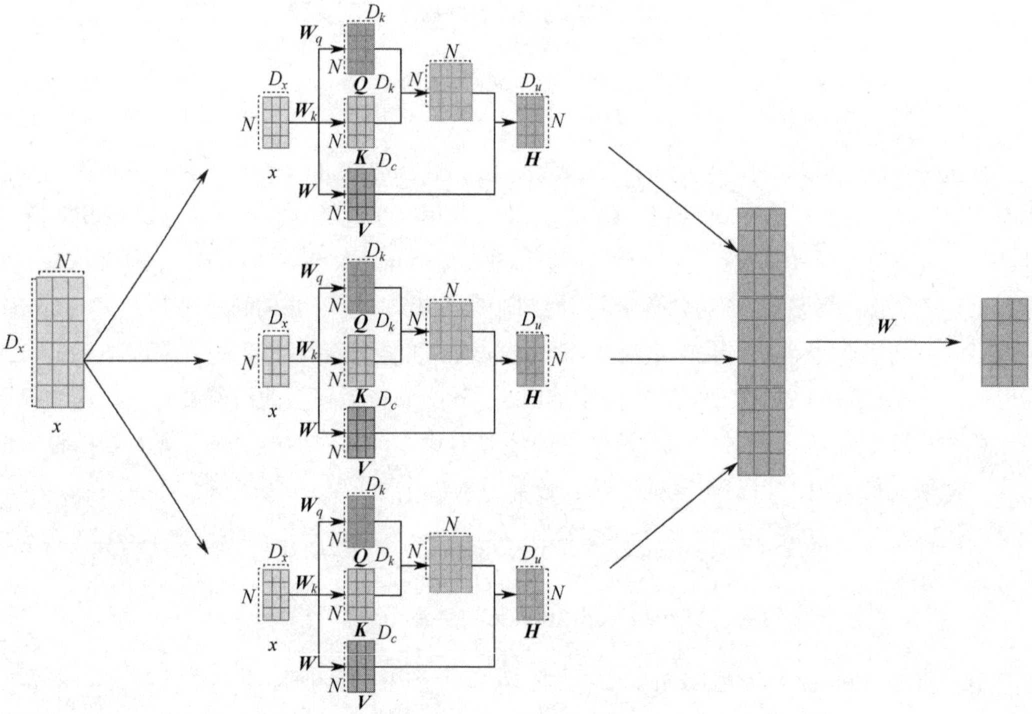

图 8.32　多头自注意力机制

4）前馈神经网络层（Feed-Forward Network Layer）

前馈神经网络层是一个简单的全连接层，其中每个输入向量都被送入一个多层感知机（Multi-Layer Perceptron，MLP）中进行处理，最终输出一个新的向量表示，这个新的向量表示被送入下一个编码层进行处理。

前馈网络包含两个线性层，在两个线性层之间使用 ReLu 激活函数。前馈网络计算方式为

$$\mathrm{FFN}(\boldsymbol{x}) = \max(0, \boldsymbol{x}\boldsymbol{W}_1 + b_1)\boldsymbol{W}_2 + b_2 \tag{8.97}$$

5）解码器（Decoder）

解码器的结构和编码器非常相似，但有两个区别。首先，解码器的第一个多头注意力采用了掩膜操作，即掩膜多头注意力。在翻译过程中，翻译是顺序进行的，即翻译完第 i 个单词才能翻译第 $i+1$ 个单词。采用掩膜操作可以防止第 i 个单词知道第 $i+1$ 个单词之后的信息。因此，掩膜矩阵限制了输出序列只能使用之前的特征而不能使用之后的特征。

在解码器的后续层中，使用与编码器中相同的结构，即多头自注意力和前馈神经网络。但是，这个多头自注意力是一个特殊的注意力机制，称为**编码-解码注意力**（Encoder-Decoder Attention）。它的 $\boldsymbol{K}$、$\boldsymbol{V}$ 矩阵不是使用上一个解码器的输出计算的，而是根据编码器的信息矩阵计算得到的，同时根据上一个解码器的输出计算得到 $\boldsymbol{Q}$，优点在于可以利用到编码器的所有信息。

6）位置编码（Positional Encoding）

注意力机制本身并未考虑输入序列的顺序信息，因此需要在输入向量中加入一些位置编码来表示它们在序列中的位置。位置编码的形式为

$$\mathrm{PE}_{(\mathrm{pos},2i)} = \sin\left(\frac{\mathrm{pos}}{10000^{2i/d_{\mathrm{model}}}}\right) \tag{8.98}$$

$$\mathrm{PE}_{(\mathrm{pos},2i+1)} = \cos\left(\frac{\mathrm{pos}}{10000^{2i/d_{\mathrm{model}}}}\right) \tag{8.99}$$

式中，pos 表示序列中的位置，i 表示位置编码中的维度。

Transformer 模型中的自注意力机制可以捕捉到输入序列中的长程依赖关系，因此是处理自然语言任务最成功的模型之一，特别是在机器翻译和文本生成等任务中有着非常出色的表现。同时，因为强大的表示学习能力和可扩展性，Transformer 模型也被广泛应用于其他领域，如计算机视觉和语音识别。

8.6　小结

人类关于认知的探索由来已久。早在公元前 400 年左右，希腊哲学家柏拉图和亚里士多德等就对人类认知的性质和起源进行过思考，并且发表了有关记忆和思维的论述。在此及以后很长的一段时间内，由于受限于科学技术发展水平，人们对人脑的认识主要停留在观察和猜测之上，缺乏对人脑内部结构及工作原理的了解。直到 20 世纪 40 年代，随着神经解剖学、神经生理学及神经元的电生理过程等的研究取得突破性进展，人们对人脑的结构、组成及最基本工作单元才有了越来越充分的认识。在此基本认识的基础上，综合数学、

物理学及信息处理等学科的方法对人脑神经网络进行抽象，并且建立简化的模型——人工神经网络。随后，人工神经网络因为不能解决“异惑”问题经历了很长时间的低潮，直到1982年Hopfield模型的提出才重新掀起神经网络的热潮。

人工神经网络具有自组织、自学习、联想存储的功能和高速寻找优化解的能力，在模式识别、信号处理、自动控制、人工智能、自适应人机接口、优化计算、通信等领域有着广泛的应用。普通神经网络书籍中会介绍以下5种经典的网络。

（1）感知器网络。感知器是由美国计算机科学家罗森布拉特于1957年提出的。感知器可谓是最早的人工神经网络，单层感知器是具有一层神经元、采用阈值激活函数的正向网络。通过训练网络权值，可以使感知器对一组输入向量的响应达到元素为0或1的目标输出。

（2）线性神经网络。自适应线性元件也是早期的神经网络模型之一，它由威德罗和霍夫首先提出。它与感知器的主要不同之处是，其神经元有一个线性激活函数，允许输出是任意值，而不像感知器那样只能取0或1。另外，它采用的是W-H学习规则，能够得到比感知器更快的收敛速度和更高的精度。

（3）BP神经网络。反向传播网络是将W-H学习规则一般化，对非线性可微函数进行权值训练的多层网络。由于多层正向网络采用反向传播学习算法，通常将其称为**BP神经网络**。

（4）反馈网络。反馈网络又称**自联想记忆网络**，其目的是设计一个网络，存储一组平衡点，使得给网络一组初始值时，网络通过自行运行，最终收敛到这个设计的平衡点上。反馈网络能够表现出非线性动力学系统的动态特性。

（5）自组织竞争人工神经网络。在实际的神经网络中，如在人的视网膜中，存在一种“侧抑制”现象，即一个神经细胞兴奋后，通过它的分支可对周围的其他神经细胞产生抑制。这种侧抑制使得神经细胞之间出现竞争，虽然开始阶段各个神经细胞都处于程度不同的兴奋状态，但因为侧抑制作用战胜了周围所有其他细胞的抑制作用而“获胜”，周围的其他神经细胞则“失败”。

自组织竞争人工神经网络正是基于上述生物结构和现象形成的，它能对输入模式进行自组织训练和判断，并将其最终分为不同的类。与BP神经网络相比，这种自组织自适应的学习能力进一步拓宽了人工神经网络在模式识别、分类方面的应用；另一方面，竞争学习网络的核心——竞争层又是许多种其他神经网络模型的重要组成部分，如科荷伦网络、反传网络和自适应共振理论网络。

为了更好地满足人工神经网络在众多领域和部门中的应用，近年来几种网络应运而生，包括小波神经网络、模糊神经网络、进化神经网络、细胞神经网络、混沌神经网络。

经过近半个世纪的发展，神经网络理论在模式识别、自动控制、信号处理、辅助决策、人工智能等众多研究领域取得了成功。关于学习、联想和记忆等具有智能特点过程的机理及其模拟方面的研究，正受到人们越来越多的重视。目前，神经网络的研究与发展主要集中在以下 5 个方面。

（1）*神经生理学、神经解剖学研究的发展*。通过神经网络研究的发展，人们对人脑一些局部功能的认识已有所提高，如对感知器的研究、对视觉处理网络的研究、对存储与记忆问题的研究等都取得了一定的成功。遗憾的是，这些成功不够完善，且对人脑作为一个整体的功能的解释几乎起不到作用。科学家积累了关于大脑组成、大脑外形、大脑运转基本要素等的知识，但是仍然无法解答有关大脑信息处理的一些实质问题。整体功能不是局部功能的简单组合，而是巨大的质的飞跃，人脑的知觉和认知等过程是包含复杂动态系统中对大量神经元活动进行整合的统一性行动。因为人们对人脑的完整工作过程几乎没有什么认识，甚至连稍微完善的假设也没有，导致神经网络的研究始终缺乏一个明确的大方向。这方面如果不能有所突破，神经网络研究将始终限于模仿人脑局部功能的缓慢摸索过程，而难以达到研究水平的质的飞跃。

（2）*与之相关的数学领域的研究与发展*。神经元以电为主的生物过程认识上一般采用非线性动力学模型，动力学演变过程往往是非常复杂的。神经网络这种强的生物学特征和数学性质要求有更好的数学手段。对于非线性微分方程，稍微复杂一些的便无法得到完整的解，这就使得在分析诸如一般神经网络的自激振荡、稳定性、混沌等问题时常常显得力不从心，更不用说人脑这样的由成千上万个神经元网络子系统组成的巨系统。

（3）*神经网络应用的研究与发展*。从神经网络发展过程看，理论研究经常走在前列，有时会超出实际使用阶段。虽然理论研究和实际应用相辅相成，但实际需求总是科技发展的主要推动力。目前，在神经网络的应用上，虽然有不少实际成果的报道，如智能控制、模式识别和机器人控制等，但真正成熟的应用还比较少见。

（4）*神经网络硬件的研究与发展*。要真正实现神经网络计算机，神经网络芯片设计与生产技术必须有实质性的进展。目前，在单片上集成数百个神经元的制作技术已没有困难，但这种水平与神经网络实际应用的要求尚有较大的距离。神经网络硬件设计和理论研究相比，要落后很多。因此，这也是神经网络研究发展的重要方向之一。在这方面，光学技术是实现神经网络及神经计算机的理想选择，因为光学技术具有非常好的固有特性，如高驱动性、较高的通信带宽、以光速并行传递信息等。虽然光学神经计算机实现技术目前还不成熟，商品化大规模实现还有待时日，但一些光学神经元器件、光电神经计算机研究已表现出广阔的发展和应用潜力。

（5）*新型神经网络模型的研究*。为了推动神经网络理论的发展，除了期待神经生理学等研究突破，结合神经网络和其他理论，研究新型神经网络模型，也是神经网络研究的发展方向之一。例如，结合神经网络和混沌理论产生的混沌神经网络理论、结合神经网络和量子力学产生的量子神经网络。在模型研究方面，笔本结合模糊集合论（Fuzzy）和小脑神经网络（CMAC），研究了模糊小脑神经网络（FCMAC）的组织运行原理，并将其应用到动态非线性系统的在线故障辨识中，较好地解决了非线性动态系统的容错控制问题。

习题

1. 在鸢尾花数据集（IRIS）上，实现一个多分类的多层感知器，用于数据分类。

2. 在 CIFAR-10 数据集上编程实现两层卷积神经网络模型，训练并测试图像分类效果。

3. 试设计一个前馈神经网络来解决 XOR 问题，要求该前馈神经网络有两个隐藏神经元和一个输出神经元，并使用 ReLU 作为激活函数。

4. 用反向传播算法进行参数学习时，为何采用随机参数初始化方式而不直接令 $\boldsymbol{W}=0, \boldsymbol{b}=0$？

5. 在深度信念网络中，试分析逐层训练背后的理论依据。

6. 分析卷积神经网络中用 1×1 维卷积核的作用。

7. 计算函数 $y=\max(x_1,\cdots,x_D)$ 和函数 $y=\arg\max(x_1,\cdots,x_D)$ 的梯度。

8. 推导 LSTM 网络中参数的梯度，并分析其避免梯度消失的效果。

9. 有一个二分类问题，类为 c_1 和 c_2 且有 $p(c_1)=p(c_2)$。样本 $\boldsymbol{x}$ 在两个类的条件分布为 $p(\boldsymbol{x}\,|\,c_1)$ 和 $p(\boldsymbol{x}\,|\,c_2)$，一个分类器 $f(\boldsymbol{x})=p(c_1\,|\,\boldsymbol{x})$ 用于预测一个样本 $\boldsymbol{x}$ 来自类 c_1 的条件概率。证明若采用交叉熵损失

$$\mathcal{L}(f)=\mathbb{E}_{\boldsymbol{x}\sim p(\boldsymbol{x}|c_1)}[\log f(\boldsymbol{x})]+\mathbb{E}_{\boldsymbol{x}\sim p(\boldsymbol{x}|c_2)}[\log(1-f(\boldsymbol{x}))],$$

则最优分类器 $f^*(\boldsymbol{x})$ 为 $f^*(\boldsymbol{x})=\dfrac{p(\boldsymbol{x}\,|\,c_1)}{p(\boldsymbol{x}\,|\,c_1)+p(\boldsymbol{x}\,|\,c_2)}$。

第 9 章　特征选择与提取

9.1　引言

模式识别中的特征选择问题，是指在模式识别问题中，采用计算的方法从一组给定的特征中选择部分特征进行分类。这是降低特征空间维数的一种基本方法，重点在于从 D 个特征中选出 d（$<D$）个特征。另一种降低特征空间维数的方法是特征提取，即采用适当的变换将 D 个特征变换成 d（$<D$）个新特征。这样做的目的有二：一是降低特征空间的维数，使后续分类器设计在计算上更易实现；二是消除特征之间可能存在的相关性，减少特征中与分类器设计无关的信息，使新特征更利于分类。

9.2　特征选择的一般流程

传统特征选择的一般流程如图 9.1 所示。

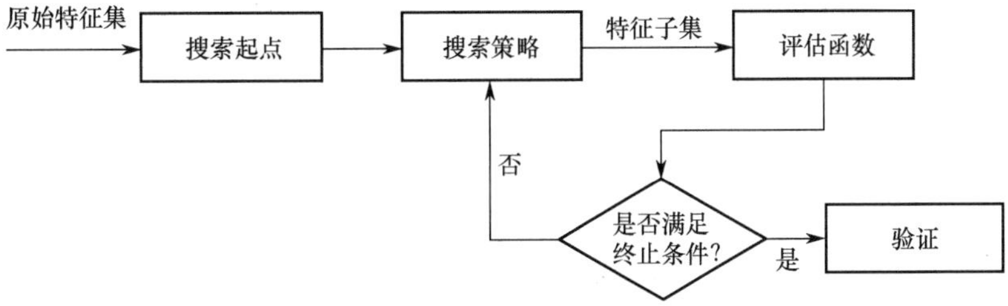

图 9.1　传统特征选择的一般流程

整个流程包括 4 个基本过程，即生成特征子集、评价特征子集、停止条件和验证结果。特征选择的过程如下：首先使用空集（或全集）作为搜索起点，即原始的已选特征子集；然后使用前向搜索策略从未选特征中选择一个特征加入已选特征子集（或使用后向搜索策略从已选特征子集中删除一个特征）；已选特征子集中每加入（或每删除）一个特征，都需要进行评估；如果终止条件成立，则停止搜索并用学习算法验证其性能，否则继续使用前向搜索（或后向搜索）进行特征选择。

9.2.1　生成特征子集

生成特征子集过程有两大重点：一是搜索起点，所谓搜索起点，是指从何处开始遍历，随之就对应何种搜索策略；二是搜索策略，即采用何种方式遍历原始特征集合以生成最优特征子集。

1. 搜索起点

搜索起点决定搜索方向，指出从何处开始遍历。4 个不同的搜索起点分别对应 4 种搜索策略。

（1）搜索起点为空集，每次加入一个得分最高（评价准则进行打分）的特征到已选特征子集，这种搜索方式即为前向搜索。

（2）搜索起点是全集（原始特征子集），每次搜索都将得分最低的特征删除，这种搜索方式即为后向搜索。

（3）搜索起点前后方向同时进行。在搜索过程中，加入 m 个特征到已选特征子集，并从中删除 n 个特征，这种搜索方式称为**双向搜索**。

（4）搜索起点随机选择，搜索期间增加或删除特征也采取随机的方式，这种搜索方式称为**随机搜索**，它可能会使算法从局部最优中跳出，以一定的概率获得近似的最优解。

2. 搜索策略

根据特征子集的搜索方式，可将搜索策略分成全局最优搜索、序列搜索和随机搜索。序列搜索和随机搜索统称**启发式搜索策略**，包括 4 个搜索起点对应的 4 种搜索策略：前向搜索、后向搜索、双向搜索和随机搜索。启发式搜索策略是优化研究的重要分支之一，其本质是在搜索过程中加入某些特性，使搜索有效地向最优方向前进，效率远优于全局最优搜索，但一般只能得到局部最优解（次优解）。

1）全局最优搜索策略

全局最优搜索，即找到原始特征集合的全局最优子集，迄今能够实现的只有穷举法和分支定界法。该策略在特征维数不高的情况才有使用价值。例如，10000 维原始特征集合的特征子集高达 2^{10000} 个，使用穷举法不切实际，虽然分支定界法的复杂度低于穷举法，但是在面对高维数据时也无能为力。随着维数的增加，该策略的时间复杂度呈指数级增长，是一个 NP 困难问题。

2）序列搜索

采用序列搜索的算法不计其数。序列搜索可分为前向搜索、后向搜索和双向搜索三大类。在前向搜索中，序列前向搜索（SFS）每次贪心地将得分最高的特征加入已选特征子集，序列前向浮动搜索（SFFS）和广义序列后向搜索（GSBS）等都是其改进策略；序列后向搜索（SBS）每次从已选特征子集中剔除一个特征，其改进策略有序列后向浮动搜索（SBFS）、广义序列后向搜索（GSBS）、浮动广义后向搜索（FGSBS）等；双向搜索是前向搜索和后向搜索相辅相成的结合策略，既可增加特征，又可删除特征，有加 q 减 r 算法、广义加 q 减 r 算法等。

3）随机搜索策略

随机搜索策略选取特征随机，不确定性强，本次和下次选择的特征子集千差万别。然而，通过启发式规则，子集的变换幅度渐缓，逐渐接近最优特征子集；随机搜索有一定的概率让算法跳出局部最优，找到近似的最优解。因此，一般情况下，随机搜索策略选取的特征子集优于序列搜索策略选取的特征子集。常用的随机搜索方法包括模拟退火（Simulated Annealing，SA）、差分进化（Differential Evolution，DE）、蚁群优化（Ant Colony Optimization，ACO）、遗传算法（Genetic Algorithm, GA）、量子进化算法（Quantum Evolutionary Algorithm，QEA）、和声搜索算法（Harmony Search Algorithm，HSA）、粒子群算法（Particle Swarm Optimization，PSO，也称**鸟群算法**）、爬山搜索、人工免疫系统、禁忌搜索算法、Beam 搜索、人工蜂群等。

4）三种搜索策略的比较

三种搜索策略的优缺点见表 9.1，全局最优搜索的优势是可实现全局最优，但时间复杂度高，只在维度较低时才有使用价值；序列搜索的时间复杂度最低，但特征子集仅是局部最优的；随机搜索结合了前两种方法的优势，时间复杂度比全局最优的低，比序列搜索的高，可同时获得优于序列搜索的近似最优解。三种策略各有优缺点，因此实际应用中需要“对症下药”，选择合适的搜索策略。

表 9.1　三种搜索策略的优缺点

搜索方式	解	效　率
全局最优搜索	最优解	低下
序列搜索策略	局部最优解	高
随机搜索策略	近似最优解	较高

9.2.2　评价准则

作为特征评估方式，评价准则的优劣直接影响特征子集的优劣，即便是同一算法，度量方式的差异也可导致最优特征子集大相径庭。评价准则除了描述特征与类（或被解释特征）的相关性，还能度量特征与特征的冗余性。因此，一种研究趋势是提出不同的评价准则来改进算法。现有的评价准则大体上分为距离度量、一致性度量、依赖性度量、信息度量、分类正确率或分类误差度量五种。

1. 距离度量标准

距离度量的核心是距离公式。特征和类的距离越小，相关性就越大；也可根据特征与特征的距离大小来判断两者是否冗余，距离越小，冗余性就越大。距离分为几何距离和概率距离。几何距离包括欧氏距离、明氏距离、马氏距离等。例如，算法 Relief、ReliefF 使用欧氏距离度量特征与类的相关性，以及特征间的冗余性；概率距离使用概率定义类内距离和类间距离，“类内小，类间大”的特征与类相关性大，常用的概率距离有 Bhattacharyya、

Kullback-Liebler、Kolmogorov、Chernoff、Matusita、Patrick-Fisher、Mahalanobis 等。几何距离也适合回归问题，但概率距离只适合离散型特征，一般只用于分类问题。

2. 一致性度量标准

一致性度量标准根据数据集中的不一致样本数与样本总数的比值来衡量特征的重要性。不一致因子、Focus、LVF 都是使用一致性度量标准的算法。由该准则得到的特征子集规模较小，只适合离散型特征，在回归问题中无法使用，一般只在分类问题中使用。当然，可以先将连续特征离散化，再使用这种度量方式。

3. 依赖性度量标准

依赖性度量使用统计原理来评估特征与类的相关性，适用于分类和回归问题。例如，F 检验、t 检验、Pearson 相关系数、Fisher 得分等统计相关系数都只探讨特征与类的相关性，而忽略特征间的冗余性。学者经过深入研究后，提出了既考虑相关性又兼顾冗余性的依赖性度量标准和 Constraint 得分评价特征。

4. 信息度量标准

不同于距离度量、依赖性度量只能描述线性关系，信息度量标准可以衡量特征之间、特征与类之间的非线性关系。经过多年的发展，人们提出了许多信息度量标准，如互信息、信息增益、加入冗余惩罚的互信息、最小描述长度、条件互信息等。表 9.2 中给出了归一化互信息及其度量公式。

表 9.2 归一化互信息及其度量公式

归一化的互信息	度量公式
信息相关系数 ICC	$\mathrm{ICC}(X;Y)=\dfrac{I(X;Y)}{H(X,Y)}$
不确定系数 CU	$\mathrm{CU}(f,s)=\dfrac{I(f;s)}{H(s)}$
对称不确定性 SU	$\mathrm{SU}=\dfrac{2I(c;f)}{H(c)+H(f)}$
决策依赖相关性 Q_c	$Q_c(f,s)=\dfrac{I(C;f)+I(C;s)-I(f,s;C)}{H(c)}$
NI	$\mathrm{NI}(f;s)=\dfrac{I(f;s)}{\min\{H(f),H(s)\}}$
SR	$\mathrm{SR}(c;s)=\dfrac{I(c;s)}{H(c,s)}$

以上信息度量标准只能处理离散型特征。2011 年，Reshef 提出了最大信息系数（MIC），它可以直接处理离散型特征，尤其适合回归问题中的特征选择。

5. 分类正确率或分类错误率度量标准

分类正确率或分类错误率度量标准可以衡量特征子集的整体性能。具体做法如下：利用已选特征子集训练分类器，通过分类器的分类正确率或者分类错误率衡量特征子集整体性能的优劣。若是回归问题，就使用已选特征子集建立回归模型，通过可决系数 R^2 、均方根误差等指标评价已选特征子集。

6. 评价准则的比较

以上五种评价准则各有优缺点，如表 9.3 所示。概括地说，前四种评价准则大多只估计单个特征的得分，而分类正确率或分类错误率可以评价子集性能，综合性能最好，但是效率最差；距离、一致性和依赖性度量分类性能一般，但是效率较高；信息度量优于距离、一致性和依赖性度量，分类性能好，效率也较高。然而，现在 CPU 性能得到了提高，对时间复杂度的要求不再严格，因此实际应用中以获得最优子集为目标，常会将分类误差率或正确率度量和其他四种度量方式结合使用：先使用前四种度量方式删除特征集中的无关特征，再使用分类正确率或分类错误率度量标准选择最优特征子集。

表 9.3　评价准则的简单比较

评价标准	分类性能	时间复杂度	特　征	学习器
距离度量标准	一般	较低	连续型、离散型	分类、回归
一致性度量标准	一般	较低	离散型	分类
依赖性度量标准	一般	最低	连续型、离散型	分类、回归
信息度量标准	较好	较低	连续型、离散型	分类、回归
分类误差率或分类正确率	最好	最高	连续型、离散型	分类、回归

9.2.3 停止条件和结果验证

停止条件是判断特征选择过程是否结束的条件。停止条件一般与特征子集性能关系密切，设置阈值（指定的分类准确率、最大运行时间、最大迭代次数等）比较普遍，达到阈值便停止搜索，返回当前的特征子集。另外，特征空间搜索完毕，特征选择过程自然就结束了。

结果验证是指用最终返回的特征子集来训练学习器，验证其有效性，保证原始特征集合可被其取代，进而简化后续分析。

9.3 特征选择方法

特征选择方法的分类方式有多种。根据有无类特征，可分为监督、无监督特征选择算法；根据搜索策略，可分为全局最优、序列和随机搜索的特征选择算法；根据评价准则，可分为距离度量、一致性度量、依赖性度量、信息度量以及分类正确率或错误率度量标准特征选择算法；根据特征选择和学习器的不同结合方式，可分为过滤式（Filter）、封装式（Wrapper）、嵌入式（Embedded）和集成式（Ensemble），详见下面的介绍。

9.3.1 过滤式特征选择方法

过滤式特征选择算法和学习算法互不相干，特征选择是后者的预处理过程，学习算法是前者的验证过程。过滤式特征选择依照其特征选择框架的不同，又可分为基于特征排序和基于搜索策略。

1. 基于特征排序

基于特征排序的过滤式特征选择算法框架如图 9.2 所示。

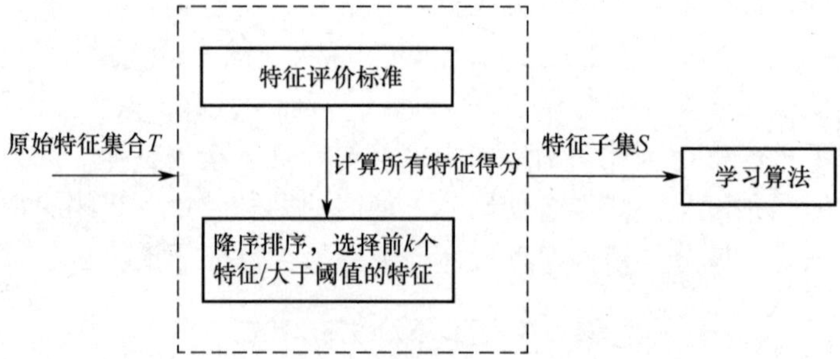

图 9.2 基于特征排序的过滤式特征选择算法框架

它采用具体的评价准则给每个特征打分，根据得分降序排列特征，选择前 k 个特征作为特征子集（或者设置一个阈值，选择所有大于该阈值的特征作为特征子集），最后用特征子集训练学习器以验证子集的优劣。使用互信息度量特征重要性的 BIF 算法就是基于特征排序的过滤式特征选择算法，这种方法简单快速，但只评估单个特征和类的相关性，最终特征子集的冗余度高。

基于特征排序的评价准则有 Laplacian 得分、Constraint 得分、Fisher 得分、Pearson 相关系数、互信息、MIC 等；换句话说，基于距离、一致性度量、依赖性和信息论的评价准则在基于特征排序的过滤式算法中都可使用。下面简要一些评价准则。

1）Laplacian 得分

Laplacian 得分所选特征的方差大且同类（近邻）样本间的变化小，即找到有区分度的特征。特征 f 的 Laplacian 得分定义为

$$\text{Laplacian}(f) = \frac{\sum_{ij}(f_i - f_j)^2 S_{ij}}{\text{var}(f)} \tag{9.1}$$

式中，f_i 表示样本 i 在特征 f 上的取值；S_{ij} 表示权重矩阵 $\boldsymbol{S}$ 中的对应值，$\boldsymbol{S}$ 是对数据空间结构的模拟表达，描述了同类（近邻）样本两两之间的距离，两个同类（近邻）样本距离越大，对应的权重就越大；$\text{var}(f)$ 表示特征 f 的方差。由式（9.1）易知 Laplacian 得分越低，f 特征就越好。Laplacian 得分适用于分类和回归问题。在分类问题中，若特征 f 在同类样本中变化小，在异类样本中变化大，则特征 f 较好，Laplacian 得分较低；在回归问题

中，若特征 f 在近邻样本中变化小，在其他样本中变化大，则特征 f 较优，Laplacian 得分较低。另外，它也适用于无监督问题。

2）Constraint 得分

Constraint 得分和 Laplacian 得分的思想大体一致，都选择同类样本变化小、异类样本变化大的特征，但 Constraint 得分不考虑方差，是监督特征选择算法，只适合分类问题。Constraint 得分首先定义 must-link 约束集 $M=\left\{(\boldsymbol{x}_i,\boldsymbol{x}_j)\middle|\boldsymbol{x}_i,\boldsymbol{x}_j\text{同类}\right\}$ 和 cannot-link 约束集 $C=\left\{(\boldsymbol{x}_i,\boldsymbol{x}_j)\middle|\boldsymbol{x}_i,\boldsymbol{x}_j\text{异类}\right\}$，然后使用约束集 M 和 C 对特征 f 评分。评分函数有如下两个：

$$\text{Constraint}(f)^1=\frac{\sum\limits_{(\boldsymbol{x}_i,\boldsymbol{x}_j)\in M}(f_i-f_j)^2}{\sum\limits_{(\boldsymbol{x}_i,\boldsymbol{x}_j)\in C}(f_i-f_j)^2} \tag{9.2}$$

$$\text{Constraint}(f)^2=\sum_{(\boldsymbol{x}_i,\boldsymbol{x}_j)\in M}(f_i-f_j)^2-\lambda\sum_{(\boldsymbol{x}_i,\boldsymbol{x}_j)\in C}(f_i-f_j)^2 \tag{9.3}$$

式中，f_i 表示样本 i 在特征 f 上的取值，正则化系数 λ 平衡式（9.3）前后两项的贡献，$\lambda<1$。式（9.2）和式（9.3）均根据特征的约束保持能力打分，特征约束保持能力越好，得分就越低，因为一个“好”特征可使 must-link 约束的两个样本彼此接近，使 cannot-link 约束的两个样本彼此远离。

3）Fisher 得分

Fisher 得分根据特征对类的可判定分离性打分，在分类问题中使用。与 Laplacian 得分和 Constraint 得分类似，“好”特征是指类内变化小、类间变化大的特征。Fisher 得分的评分函数为

$$\text{Fisher}(f)=\frac{\sum\limits_{i=1}^{c}n_i(\mu^i-\mu)^2}{\sum\limits_{i=1}^{c}n_i(\sigma^i)^2} \tag{9.4}$$

式中，c 表示类数，n_i 表示第 $i(i=1,2,\cdots,c)$ 类样本的数量，μ^i 和 σ^i 分别表示第 $i(i=1,2,\cdots,c)$ 类样本中特征 f 的均值和方差，μ 表示特征 f 的均值。由式（9.4）可知，Fisher 得分越高，特征就越好。

4）Pearson 相关系数

Pearson 相关系数是计算两个特征线性相关程度的统计方法。特征 f_i 和 f_j 的 Pearson 相关系数为

$$r(f_i,f_j)=\frac{\text{cov}(f_i,f_j)}{\sqrt{\text{var}(f_i)\,\text{var}(f_j)}} \tag{9.5}$$

式中，$\mathrm{cov}(f_i, f_j)$ 表示特征 f_i 和 f_j 的协方差，$\mathrm{var}(f_i)$ 表示特征 f_i 的方差。通过计算特征与类的相关系数来对特征打分，得分越高，特征就越好。在回归问题中也可使用 Pearson 相关系数，但只能计算线性相关。

5）MIC

MIC 具有很强的普适性，可以识别任何函数关系，突破了基于熵理论的评价准则只能处理离散型特征的瓶颈。因此，MIC 不仅可用于分类问题，还可用于回归问题。MIC 衡量特征和类（或被解释特征）的相关性，值越大，相关性就越高。特征 f_1 和 f_2 的 MIC 定义如下：

$$\mathrm{MIC}(D) = \max_{XY<B(n)} M(D)_{X,Y} = \max_{XY<B(n)} \frac{I^*(D,X,Y)}{\ln(\min(X,Y))} \tag{9.6}$$

式中，$D=\{(f_{1i}, f_{2i}), i=1,2,\cdots,n\}$ 是一个有序对集合，X 表示将 f_1 的值域划分为 X 段，Y 表示将 f_2 的值域划分为 Y 段，$XY<B(n)$ 表示网格数量不能大于 $B(n)$（数据总量的 0.6 或 0.55 次方），分子 $I^*(D,X,Y)$ 表示不同 $X \times Y$ 网格划分下的互信息最大值（有多个），分母 $\ln(\min(X,Y))$ 表示将不同划分下的最大互信息值归一化（还可选择以 10 为底的对数函数和以 2 为底的对数函数）。

总之，使用该框架的特征选择算法效率高，因此在处理高维数据时，可在短时间内去除大量的无关特征。然而，并非所有得分高的特征（强相关特征）组合而成的特征子集的整体性能就一定好，其中有很多高度冗余的特征，冗余特征对特征子集的整体性能有负面影响；另外，少量的弱相关特征是必要的。

2．基于搜索策略

基于搜索策略的过滤式特征选择算法框架如图 9.3 所示。

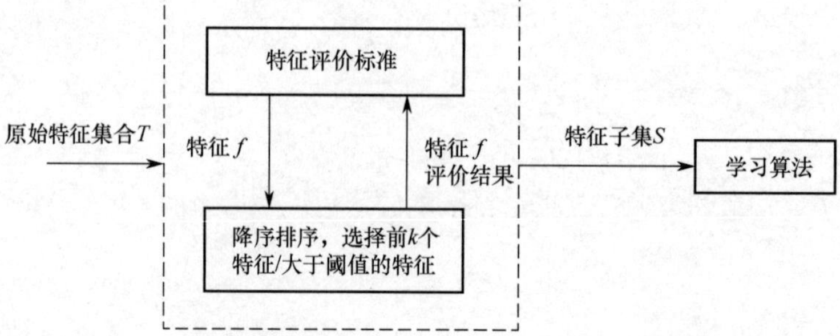

图 9.3　基于搜索策略的过滤式特征选择算法框架

这种算法不仅使用简单的排序方式挑选子集，而且运用一些启发式规则，有些规则结合前向搜索策略，每选择一个特征，就对已选特征子集进行评价，但有自身独特的准则来衡量已选特征子集，如基于相关性的特征选择（Correlationbased Feature Selection，CFS）。

该算法用 Merit_s 得分评价候选特征子集，如果加入某个特征使 Merit_s 得分降低，那么可剔除该特征。基于搜索策略的过滤式特征选择算法还有 mRMR、马尔可夫毯等。在特征选择过程中，该框架对特征子集进行综合评价，一定程度上减少了特征子集的冗余度，并且由于不需要每增加一个特征就构建学习器进行特征子集评价，效率是比较高的。

1）CFS

CFS 算法估计特征子集而非单个特征的性能，它引入前向搜索策略，旨在选出强相关非冗余特征。CFS 评价函数为

$$\text{Merit}_s = \frac{kr_{fc}}{\sqrt{k + k(k-1)r_{ff}}} \tag{9.7}$$

式中，Merit_s 表示特征子集 S 的类区分能力，k 表示已选特征子集 S 中的特征数量，r_{fc} 表示特征 f 与类 c 的平均相关系数，r_{ff} 表示特征 f 与 S 中其他特征的平均冗余程度。Merit_s 值越大，特征子集 S 的性能就越好。

2）mRMR

mRMR（最小冗余最大相关）算法使用增量搜索选择特征。与 CFS 算法相似，mRMR 算法可以最大化特征与类的相关性，最小化特征间的冗余性。mRMR 算法的两个评分函数如下：

$$J(f)^1 = I(f;c) - \frac{1}{|S|}\sum_{s \in S} I(f;s) \tag{9.8}$$

$$J(f)^2 = \frac{I(f;c)}{\frac{1}{|S|}\sum_{s \in S} I(f;s)} \tag{9.9}$$

式中，S 表示已选特征子集，$|S|$ 表示特征数，特征 f 和类 c 的互信息 $I(f;c)$ 表示相关性，特征 f 和已选特征 s 的互信息 $I(f;s)$ 代表冗余性。虽然上式仅衡量单个特征得分，但 mRMR 算法还使用代价函数评价特征子集，因此子集性能较好。

3）马尔可夫毯

马尔可夫毯主要用于去除冗余特征。已知全集 F，若给定特征子集 $M(M \in F)$，特征 f 独立于 $F - M - \{f\}$ 和类 c，则 M 是 f 的马尔可夫毯，表示为 $f \perp F - M - \{f\} | M$。因此，当特征子集 M 存在时，特征 f 对分类无贡献，是冗余特征。

马尔可夫毯计算冗余特征的复杂度太高，实际应用中使用近似马尔可夫毯来计算。特征 f_i 是 f_j 的近似马尔可夫毯的条件是

$$J(f_i, c) > J(f_j, c) \text{且} J(f_i, f_j) > J(f_j, c) \tag{9.10}$$

式中，$J(f_i,c)$ 表示特征 f_i 和类 c 的相关性，$J(f_i,f_j)$ 表示 f_i 和 f_j 的相关性，函数 $J(\cdot)$ 可选。

3. 基于特征排序和搜索策略

基于特征排序和搜索策略的过滤式特征选择方法通常包含两骤：第一步，使用基于特征排序的过滤式算法去除无关特征；第二步，使用基于搜索策略的过滤式算法删除冗余特征。图 9.4 给出了基于特征排序和搜索策略的过滤式特征选择框架，这类框架通常用于处理高维数据集，可以快速获得高性能的特征子集。这类算法包括快速过滤式特征选择算法 FCBF、FCBF-MIC，基于特征聚类和联合对称不确定性的算法 JSU-FCBF，利用近似马尔可夫毯的最大相关最小冗余特征选择算法 nmRMR 等。

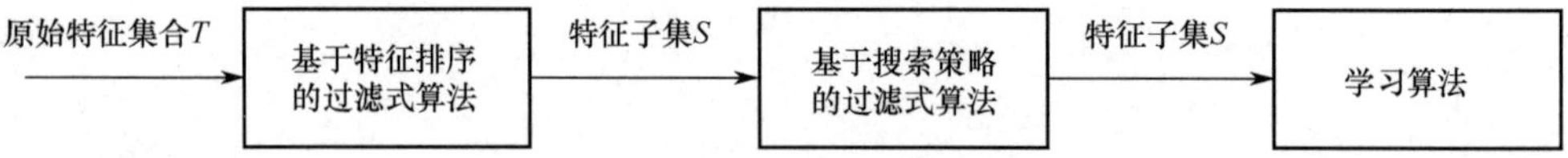

图 9.4 基于特征排序和搜索策略的过滤式特征选择框架

9.3.2 封装式特征选择方法

封装式方法是一种特征选择过程与学习算法相结合的特征选择方法。例如，AB-CRO 算法就是基于封装式框架的。封装式方法将选用的学习器封装成黑盒，根据它在特征子集上的预测精度来评价所选特征的优良，然后采用搜索策略调整子集，最终获得近似的最优子集，如图 9.5 所示。

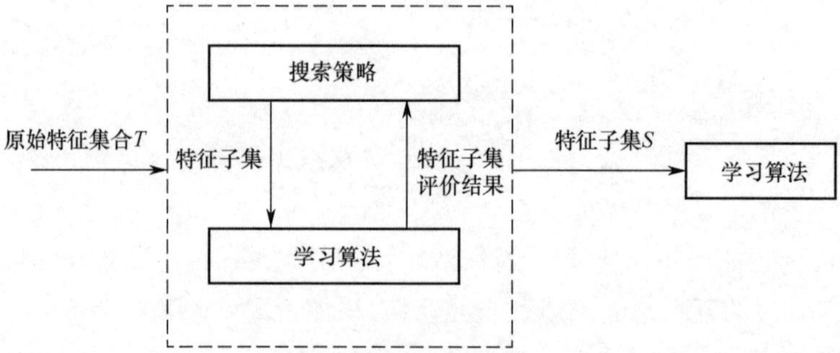

图 9.5 封装式特征选择框架

封装式特征选择方法一般由两部分组成，即搜索策略和学习算法。搜索策略前面介绍过，这里不再赘述；学习算法主要用来评判特征子集的优劣，其选取不受限制，分类问题可以使用支持向量机、k 近邻等。数据维度高且样本量少时，可以选用支持向量机，而 k 近邻适合样本量不大、维度不高的情况；回归问题可以选择最小二乘回归、偏最小二乘回归（PLS）、拉索回归等。当数据样本量多于特征数时，可以使用最小二乘回归；PLS 可以实现多自变量对多因变量、高维小样本量数据的回归建模；拉索回归也可用于高维小样本量数据，且其本身就有特征选择的功能。

封装式特征选择框架使用特定学习算法得到的特征子集效果非常好。然而，特征子集的性能受特定学习算法的影响，容易“过拟合”。例如，使用支持向量机选取的特征子集在 k 近邻上的效果与之相差甚远；使用不同的学习算法时，得到的特征子集也不一样，所以特征子集的稳定性和适应性较差；另外，因为每增加一个特征，就要构造学习器对特征子集进行评价，所以该框架的时间复杂度高，不适合高维数据集。

9.3.3　嵌入式特征选择方法

嵌入式特征选择算法嵌在学习算法中，分类算法训练过程结束，就可得到特征子集。嵌入式特征选择方法可以解决基于特征排序的过滤式算法结果冗余度过高的问题，还可以解决封装式算法时间复杂度过高的问题，是过滤式特征选择算法和封装式特征选择算法的折中。

嵌入式特征选择算法没有统一的流程框架图。分类决策树是经典的嵌入式特征选择算法，其特征选择框架如图 9.6 所示，嵌入式特征选择算法有 ID3、C4.5、CART 等。训练用到的特征是特征选择的结果，可运用到分类、回归问题中。

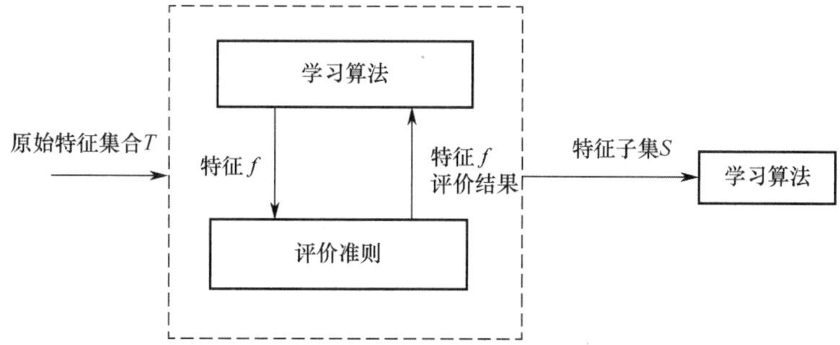

图 9.6　分类决策树的特征选择框架

另一类嵌入式特征选择算法基于 L1 正则项，包括最小二乘拉索回归，均分式拉索回归，K 分拉索回归，采用迭代思想的 GSIL 和迭代式拉索回归，与序贯思想相结合的 SLasso，融合 L2 正则项的弹性网拉索回归，采用监督组的 SGLasso，基于 L1 正则项的 SVM 算法等。以上算法都可用于回归问题的特征选择，L1 正则项的性质会使得回归系数向零收缩，较小的系数可能被压缩为零，因此那些不为零的系数对应的特征就是最终的特征子集。

9.3.4　集成式特征选择方法

借鉴集成学习思想，集成式特征选择算法训练多个特征选择方法，整合所有特征选择方法的结果，可以获得比单个特征选择方法更好的性能。随机森林（RF）是一种集成式特征选择算法。通过引入“装袋”思想，很多特征选择算法可以改进为集成式特征选择算法。例如，ECGS-RG、四阶段特征选择算法本质上都是集成算法，可以提高算法的稳定性，并且适用于高维小样本量数据。

9.4 线性特征提取方法

9.4.1 线性判别分析

线性判别分析（Linear Discriminant Analysis，LDA）又称 **Fisher 线性判别分析**，是模式识别的经典算法，是在 1996 年由 Belhumeur 引入模式识别和人工智能领域的。LDA 的基本思想是，将高维模式样本投影到最佳判别向量空间，以达到提取分类信息和压缩特征空间维数的效果，投影后保证模式样本在新的子空间中有最大的类间距离和最小的类内距离，即模型在该空间中具有最佳的可分性。因此，LDA 是一种有效的特征提取方法。使用这种方法能够使投影后的模型样本的类间散度矩阵最大，同时使类内散度矩阵最小。也就是说，它能保证投影后的模型样本在新空间中有最小的类内距离和最大的类间距离，即模型在该空间中有最佳的可分性。

那么，如何确定投影方向呢？

图 9.7 中显示了样本在不同方向上的投影。按右图中的方向投影后，两类样本可以较好地分开；而按左图的方向投影后；两类样本混在一起。显然，右图的投影方向是更好的选择。Fisher 线性判别的思想是，选择投影方向，使投影后的两个类相隔得尽可能远，同时每个类内部的样本尽可能聚集。

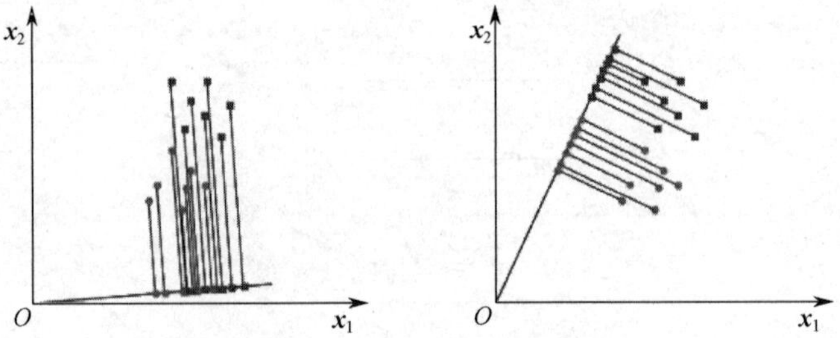

图 9.7　样本在不同方向上的投影

为了定量地研究这个问题，下面先定义一些基本概念。注意，这里只讨论二分类问题。

假设有 D 个样本 $\{\boldsymbol{x}_1,\boldsymbol{x}_2,\cdots,\boldsymbol{x}_N\}$，$N_1$ 表示属于 ω_1 的样本数，N_2 表示属于 ω_2 的样本数。为了使得两个类投影后的距离尽可能远，即使得两个类的均值中心投影后的距离尽可能远，Fisher 考虑最大化下面的函数：

$$J(\boldsymbol{w})=\frac{\boldsymbol{w}^{\mathrm{T}}\boldsymbol{S}_B\boldsymbol{w}}{\boldsymbol{w}^{\mathrm{T}}\boldsymbol{S}_w\boldsymbol{w}} \tag{9.11}$$

式中，$\boldsymbol{S}_B$ 是类间离散度矩阵，$\boldsymbol{S}_w$ 是类内离散度矩阵：

$$\boldsymbol{S}_B=\sum_c(\boldsymbol{\mu}_c-\overline{\boldsymbol{x}})(\boldsymbol{\mu}_c-\overline{\boldsymbol{x}})^{\mathrm{T}} \tag{9.12}$$

$$\boldsymbol{S}_w = \sum_c \sum_{i \in c} (\boldsymbol{x}_i - \boldsymbol{\mu}_c)(\boldsymbol{x}_i - \boldsymbol{\mu}_c)^{\mathrm{T}} \tag{9.13}$$

式中，$\bar{\boldsymbol{x}}$ 是整个样本集的均值，$\boldsymbol{\mu}_c$ 是类 ω_c 的样本均值。

由上可知，类间离散度越大，$\boldsymbol{S}_B$ 就越大，类内离散度越小，$\boldsymbol{S}_w$ 就越小。我们希望投影后的结果是，各个类之间分得很开，类内部则聚集在一起。因此，$\boldsymbol{S}_B$ 要尽可能大，$\boldsymbol{S}_w$ 要尽可能小。于是，$J(\boldsymbol{w})$ 的值越大越好。这时，问题就转化为求解 $J(\boldsymbol{w})$ 的最大值：

$$\frac{\mathrm{d}}{\mathrm{d}\boldsymbol{w}}[J(\boldsymbol{w})] = \frac{\mathrm{d}}{\mathrm{d}\boldsymbol{w}}\left[\frac{\boldsymbol{w}^{\mathrm{T}}\boldsymbol{S}_B\boldsymbol{w}}{\boldsymbol{w}^{\mathrm{T}}\boldsymbol{S}_w\boldsymbol{w}}\right] = 0 \Rightarrow$$

$$[\boldsymbol{w}^{\mathrm{T}}\boldsymbol{S}_w\boldsymbol{w}]\frac{\mathrm{d}[\boldsymbol{w}^{\mathrm{T}}\boldsymbol{S}_B\boldsymbol{w}]}{\mathrm{d}\boldsymbol{w}} - [\boldsymbol{w}^{\mathrm{T}}\boldsymbol{S}_B\boldsymbol{w}]\frac{\mathrm{d}[\boldsymbol{w}^{\mathrm{T}}\boldsymbol{S}_w\boldsymbol{w}]}{\mathrm{d}\boldsymbol{w}} = 0 \Rightarrow$$

$$[\boldsymbol{w}^{\mathrm{T}}\boldsymbol{S}_w\boldsymbol{w}]2\boldsymbol{S}_B\boldsymbol{w} - [\boldsymbol{w}^{\mathrm{T}}\boldsymbol{S}_B\boldsymbol{w}]2\boldsymbol{S}_w\boldsymbol{w} = 0$$

两边同时除以 $[\boldsymbol{w}^{\mathrm{T}}\boldsymbol{S}_w\boldsymbol{w}]$ 得

$$\left[\frac{\boldsymbol{w}^{\mathrm{T}}\boldsymbol{S}_w\boldsymbol{w}}{\boldsymbol{w}^{\mathrm{T}}\boldsymbol{S}_w\boldsymbol{w}}\right]\boldsymbol{S}_B\boldsymbol{w} - \left[\frac{\boldsymbol{w}^{\mathrm{T}}\boldsymbol{S}_B\boldsymbol{w}}{\boldsymbol{w}^{\mathrm{T}}\boldsymbol{S}_w\boldsymbol{w}}\right]\boldsymbol{S}_w\boldsymbol{w} = \boldsymbol{0} \Rightarrow$$

$$\boldsymbol{S}_B\boldsymbol{w} - J\boldsymbol{S}_w\boldsymbol{w} = \boldsymbol{0} \Rightarrow$$

$$\boldsymbol{S}_w^{-1}\boldsymbol{S}_B\boldsymbol{w} = J\boldsymbol{w}$$

解矩阵 $\boldsymbol{S}_w^{-1}\boldsymbol{S}_B$ 的特征向量就得到了最优投影向量。

LDA 不对样本的分布做任何假设，但也有一些基本要求。例如，如果样本的分布不服从高斯分布，那么分类效果不如下一节的 PCA；此外，当样本不以均值而以方差区分时，LDA 的投影效果也不好。

9.4.2　主成分分析方法

主成分分析（Principal Component Analysis，PCA）方法是目前应用很广泛的一种代数特征提取方法，可以说是一种常用的基于变量协方差矩阵对样本中的信息进行处理、压缩和提取的有效方法。这种方法保留了原向量在与其协方差矩阵最大特征值相对应的特征向量方向上的投影，即主成分，因此称为**主成分分析**。由于 PCA 方法在进行降维处理和人脸特征提取方面的有效性，在人脸识别领域中得到了广泛应用。它的核心思想是，利用较少数据的特征对样本进行描述，以达到降低特征空间维数的目的，根据样本点在多维空间中的位置分布，以样本点在空间中变化最大的方向，即方差最大方向，作为差别向量来实现数据的特征提取。

20 世纪 90 年代初，Kirby 和 Sirovich 开始讨论利用 PCA 技术进行人脸图像的最优表示问题。后来 M. Turk 和 A. Pentland 将此技术用于人脸识别中，因此称为**特征脸方法**。

M. Turk 和 A. Pentland 将 $m \times n$ 维人脸图像重新排列为 $m \times n$ 维列向量后，所有的训练图

像得到一组列向量 $\{\boldsymbol{x}_i\}, \boldsymbol{x}_i \in R^{m\times n}, i=1,\cdots,N$，其中 N 代表训练样本集中图像的数量。将图像视为一个随机列向量，并通过训练样本对其均值向量和协方差矩阵进行估计。

均值向量 $\boldsymbol{\mu}$ 通过下式估计：

$$\boldsymbol{\mu} = \frac{1}{N}\sum_{i=1}^{N}\boldsymbol{x}_i \tag{9.14}$$

协方差矩阵 $\boldsymbol{S}_T$ 通过下式估计：

$$\boldsymbol{S}_T = \sum_{i=1}^{N}(\boldsymbol{x}_i - \boldsymbol{\mu})(\boldsymbol{x}_i - \boldsymbol{\mu})^{\mathrm{T}} = \boldsymbol{X}\boldsymbol{X}^{\mathrm{T}}(\boldsymbol{X} = [\boldsymbol{x}_1,\cdots,\boldsymbol{x}_n]) \tag{9.15}$$

将投影变换矩阵 $\boldsymbol{A}$ 取为 $\boldsymbol{S}_T$ 的前 k 个最大特征值对应的特征向量。利用以下变换对原图像执行去相关操作和降维操作：

$$\boldsymbol{y} = (\boldsymbol{X} - \boldsymbol{\mu})\boldsymbol{A}_k \tag{9.16}$$

因为是由 N 个训练样本计算出来的，虽然 $\boldsymbol{S}_T$ 是 $(m\times n)\times(m\times n)$ 维矩阵，但是其秩最大为 $N-1$，即只有 $N-1$ 个非零特征值。

M. Turk 和 A. Pentland 将 $\boldsymbol{S}_T$ 的特征向量还原为图像矩阵后，发现竟然是一张标准化的人脸，于是指出进行 PCA 的本质就是将每幅人脸通过标准人脸的线性叠加来近似，并将这些线性表示系数作为人脸的特征，进而利用这些特征对其进行分类。M. Turk 和 A. Pentland 将这些对应于每个特征向量的标准人脸称为**特征脸**（Eigenface），并将这种利用 PCA 技术进行人脸分类的方法称为**特征脸法**。

PCA 算法的具体步骤如下。

（1）将 $m\times n$ 维训练图像重新排列为 $m\times n$ 维列向量。例如，如果图像矩阵为

$$\begin{pmatrix} a_{11} & a_{12} & a_{13} \\ a_{21} & a_{22} & a_{23} \\ a_{31} & a_{32} & a_{33} \end{pmatrix}$$

则排列后的列向量为

$$\begin{pmatrix} a_{11} \\ a_{21} \\ a_{31} \\ a_{12} \\ a_{22} \\ \vdots \\ a_{33} \end{pmatrix}$$

计算均值向量，并利用均值向量将所有样本中心化。

（2）利用中心化后的样本向量，根据式（9.15）计算其协方差矩阵：分解其特征值，

并将特征向量按其对应的特征值大小降序排列。

（3）选取步骤（2）得到的 $k \leqslant N-1$ 个最大特征值对应的特征向量组成投影矩阵 $\boldsymbol{A}$，将每幅已中心化的训练图像 $(\boldsymbol{x}_1,\cdots,\boldsymbol{x}_n)$ 投影影到矩阵 $\boldsymbol{A}$ 上，得到每幅训练图像的降维表示 $(\boldsymbol{y}_1,\cdots,\boldsymbol{y}_n)$。

（4）将测试图像中心化，并投影到矩阵 $\boldsymbol{A}$ 上，得到测试图像的降维表示。

（5）选择合适的分类器，对测试图像进行分类。

在人脸识别中，因为要将图像重排为列向量，所以维数较高。例如，如果处理的图像数据为 112×92 维的，变为列向量后则为 112×92 = 10304 维的，于是 $\boldsymbol{S}_T$ 为 10304×10304 维矩阵。一般来说，直接计算协方差矩阵 $\boldsymbol{S}_T$ 的特征值及特征向量较为困难。

下面介绍间接求解方法。

因为 $\boldsymbol{S}_T = \boldsymbol{X}\boldsymbol{X}^{\mathrm{T}}(\boldsymbol{X}=[\boldsymbol{x}_1,\cdots,\boldsymbol{x}_n])$，其中 $\boldsymbol{x}_i \in R^{m\times n}, \boldsymbol{X} \in R^{(m\times n)\times N}$，$N$ 为训练样本数量，$m\times n$ 是图像转换为列向量后的维数，通常 $m\times n \gg N$。$\boldsymbol{X}\boldsymbol{X}^{\mathrm{T}} \in R^{N\times N}$ 比 $\boldsymbol{S}_T = \boldsymbol{X}\boldsymbol{X}^{\mathrm{T}} \in R^{(m\times n)\times(m\times n)}$ 小得多，对其进行特征值分解较为简单。对 $\boldsymbol{X}\boldsymbol{X}^{\mathrm{T}}$ 进行特征值分解：

$$\boldsymbol{X}\boldsymbol{X}^{\mathrm{T}}\boldsymbol{v}_i = \delta_i \boldsymbol{v}_i \tag{9.17}$$

上式两边同时左乘 $\boldsymbol{X}$ 得

$$\boldsymbol{X}(\boldsymbol{X}\boldsymbol{X}^{\mathrm{T}}\boldsymbol{v}_i) = \delta_i(\boldsymbol{X}\boldsymbol{v}_i) \Rightarrow \boldsymbol{X}\boldsymbol{X}^{\mathrm{T}}(\boldsymbol{X}\boldsymbol{v}_i) = \delta_i(\boldsymbol{X}\boldsymbol{v}_i) \tag{9.18}$$

对 $\boldsymbol{\delta}^{\mathrm{T}} = \boldsymbol{X}\boldsymbol{X}^{\mathrm{T}}$ 执行特征分解

$$\boldsymbol{X}\boldsymbol{X}^{\mathrm{T}}\boldsymbol{u}_i = \lambda_i \boldsymbol{u}_i \tag{9.19}$$

可知 $\boldsymbol{u}_i = \boldsymbol{X}\boldsymbol{v}_i, \lambda_i = \delta_i$。因此，可以利用求 $\boldsymbol{X}\boldsymbol{X}^{\mathrm{T}}$ 和特征值及特征向量来推算 $\boldsymbol{S}_T = \boldsymbol{X}\boldsymbol{X}^{\mathrm{T}}$ 的特征值与特征向量。

9.5 非线性特征提取方法

9.5.1 核线性判别分析

核线性判别分析（Kernel LDA）通过核函数策略将线性判别分析（LDA）从线性领域扩展到非线性领域，大大提高了 LDA 思想的应用范围。

假设 $\varPhi$ 是原始输入空间到某个特征空间 F 的非线性映射 $\varPhi: \boldsymbol{X} \to F$。通过非线性映射，将 $\boldsymbol{X}$ 中的样本 $\{\boldsymbol{x}_1,\boldsymbol{x}_2,\cdots,\boldsymbol{x}_N\}$ 映射到 F 中得到 $\{\varPhi(\boldsymbol{x}_1),\varPhi(\boldsymbol{x}_2),\cdots,\varPhi(\boldsymbol{x}_N)\}$。在 F 中可以定义样本的均值向量 $\boldsymbol{m}_i^{\varPhi}$ 为

$$\boldsymbol{m}_i^{\varPhi} = \left(\frac{1}{N_i}\right)\sum_{\boldsymbol{X}\in\boldsymbol{X}_i}\varPhi(\boldsymbol{X}),\ \ i=1,2 \tag{9.20}$$

样本类间离散度矩阵 $\boldsymbol{S}_b^{\Phi}$ 为

$$\boldsymbol{S}_b^{\Phi}=(\boldsymbol{m}_1^{\Phi}-\boldsymbol{m}_2^{\Phi})(\boldsymbol{m}_1^{\Phi}-\boldsymbol{m}_2^{\Phi})^{\mathrm{T}} \tag{9.21}$$

总类内离散度矩阵 $\boldsymbol{S}_{\omega}^{\Phi}$ 为

$$\boldsymbol{S}_{\omega}^{\Phi}=\sum_{i=1,2}\sum_{X\in X_i}(\Phi(\boldsymbol{x})-\boldsymbol{m}_i^{\Phi})(\Phi(\boldsymbol{x})-\boldsymbol{m}_i^{\Phi})^{\mathrm{T}} \tag{9.22}$$

假设 $\boldsymbol{W}$ 是投影直线的方向，则投影后有

$$\max J_b(\boldsymbol{W})=\frac{\boldsymbol{W}^{\mathrm{T}}\boldsymbol{S}_b^{\Phi}\boldsymbol{W}}{\boldsymbol{W}^{\mathrm{T}}\boldsymbol{S}_{\omega}^{\Phi}\boldsymbol{W}} \tag{9.23}$$

由式（9.23）可以解出最佳的投影方向为

$$\boldsymbol{W}^*=(\boldsymbol{S}_{\omega}^{\Phi})^{-1}(\boldsymbol{m}_1^{\Phi}-\boldsymbol{m}_2^{\Phi}) \tag{9.24}$$

$\Phi(\boldsymbol{x})$ 在 $\boldsymbol{W}$ 上的投影为

$$\boldsymbol{y}=\boldsymbol{W}^{*\mathrm{T}}\Phi(\boldsymbol{x}) \tag{9.25}$$

由于 $\boldsymbol{W}$ 可用 $\{\Phi(\boldsymbol{x}_1),\Phi(\boldsymbol{x}_2),\cdots,\Phi(\boldsymbol{x}_N)\}$ 线性表示，即

$$\boldsymbol{W}=\sum_{i=1}^{N}\alpha_i\Phi(\boldsymbol{x}_i) \tag{9.26}$$

结合式（9.20）和式（9.26）有

$$\bar{\boldsymbol{y}}_i=\boldsymbol{W}^{\mathrm{T}}\boldsymbol{m}_i^{\Phi}=\frac{1}{N_i}\sum_{j=1}^{N}\sum_{k=1}^{N_j}\alpha_j k(\boldsymbol{x}_j,\boldsymbol{x}_k^{\omega_i})=\boldsymbol{\alpha}^{\mathrm{T}}\boldsymbol{M}_i,\ \ i=1,2 \tag{9.27}$$

式（9.27）将 $\boldsymbol{M}_i$ 定义为一个 $N\times 1$ 维矩阵，且

$$(\boldsymbol{M}_i)_j=\left(\frac{1}{N_i}\right)\sum_{k=1}^{N_i}k(\boldsymbol{x}_j,\boldsymbol{x}_k^{\omega_i}),\quad i=1,2;\ j=1,2,\cdots,N \tag{9.28}$$

联立式（9.21）和式（9.27）有

$$\begin{aligned}\boldsymbol{W}^{\mathrm{T}}\boldsymbol{S}_b^{\Phi}\boldsymbol{W}&=\boldsymbol{W}^{\mathrm{T}}(\boldsymbol{m}_1^{\Phi}-\boldsymbol{m}_2^{\Phi})(\boldsymbol{m}_1^{\Phi}-\boldsymbol{m}_2^{\Phi})^{\mathrm{T}}\boldsymbol{W}\\&=\boldsymbol{\alpha}^{\mathrm{T}}(\boldsymbol{M}_1-\boldsymbol{M}_2)(\boldsymbol{M}_1-\boldsymbol{M}_2)^{\mathrm{T}}\boldsymbol{\alpha}\\&=\boldsymbol{\alpha}^{\mathrm{T}}\boldsymbol{M}\boldsymbol{\alpha}\end{aligned} \tag{9.29}$$

式中，$\boldsymbol{M}=(\boldsymbol{M}_1-\boldsymbol{M}_2)(\boldsymbol{M}_1-\boldsymbol{M}_2)^{\mathrm{T}}$。联立式（9.22）和式（9.26）有

$$\begin{aligned}\boldsymbol{W}^{\mathrm{T}}\boldsymbol{S}_{\omega}^{\Phi}\boldsymbol{W}&=\boldsymbol{W}^{\mathrm{T}}\sum_{i=1,2}\sum_{\boldsymbol{x}\in X_i}(\Phi(\boldsymbol{x})-\boldsymbol{m}_i^{\Phi})(\Phi(\boldsymbol{x})-\boldsymbol{m}_i^{\Phi})^{\mathrm{T}}\boldsymbol{W}\\&=\boldsymbol{\alpha}^{\mathrm{T}}\boldsymbol{H}\boldsymbol{\alpha}\end{aligned} \tag{9.30}$$

式中，$\boldsymbol{H}=\sum_{i=1,2}\boldsymbol{K}_i(\boldsymbol{I}-\boldsymbol{L}_i)\boldsymbol{K}_i^{\mathrm{T}}$ ，$\boldsymbol{K}_i$ 为 $N\times N_i(i=1,2)$ 维矩阵，并且满足

$$(\boldsymbol{K}_i)_{p,q}=k(\boldsymbol{X}_p,\boldsymbol{X}_q^{(\omega_i)}),\quad p=1,2,\cdots,N;q=1,2,\cdots,N_i \tag{9.31}$$

即 $\boldsymbol{K}_i$ 为第 i 类的核矩阵，$\boldsymbol{I}$ 为 $N_i\times N_i$ 维单位阵；$\boldsymbol{L}_i$ 是一个 $N_j\times N_j$ 维矩阵，其所有元素均是 $1/N_j$。

联立式（9.29）和式（9.30）可知式（9.23）等价为

$$\max J(\boldsymbol{\alpha})=\frac{\boldsymbol{\alpha}^{\mathrm{T}}\boldsymbol{M}\boldsymbol{\alpha}}{\boldsymbol{\alpha}^{\mathrm{T}}\boldsymbol{H}\boldsymbol{\alpha}} \tag{9.32}$$

式中，$\boldsymbol{\alpha}=\boldsymbol{H}^{-1}(\boldsymbol{M}_1-\boldsymbol{M}_2)$。

F 中的 $\Phi(\boldsymbol{X})$ 在 $\boldsymbol{W}$ 上的投影变换为 $k(\cdot,\boldsymbol{X})$ 在 $\boldsymbol{\alpha}$ 上的投影，即

$$\boldsymbol{y}=\boldsymbol{W}^{\mathrm{T}}\cdot\Phi(\boldsymbol{x})=\sum_{j=1}^{N}\boldsymbol{\alpha}_j k(\boldsymbol{x}_j,\boldsymbol{x}) \tag{9.33}$$

$\tilde{\boldsymbol{m}}_i^{\Phi},i=1,2$ 是投影后各个类的均值：

$$\tilde{\boldsymbol{m}}_i^{\Phi}=\frac{1}{N_i}\sum_{\boldsymbol{y}_j\in\omega_i}\boldsymbol{y}_j=\frac{1}{N_i}\sum_{\boldsymbol{X}\in\omega_i}\boldsymbol{W}^{\mathrm{T}}\Phi(\boldsymbol{X})=\frac{1}{N_i}\sum_{\boldsymbol{X}\in\omega_i}\sum_{j=1}^{N}\boldsymbol{\alpha}_j k(\boldsymbol{X}_j,\boldsymbol{X}) \tag{9.34}$$

最终的分类临界值 $\boldsymbol{y}_0$ 可选为

$$\boldsymbol{y}_0=\frac{N_1\tilde{\boldsymbol{m}}_1^{\Phi}+N_2\tilde{\boldsymbol{m}}_2^{\Phi}}{N_1+N_2} \tag{9.35}$$

最终根据如下决策判别分类：

$$\begin{cases}\boldsymbol{y}>\boldsymbol{y}_0 \Rightarrow X\in\omega_1\\ \boldsymbol{y}<\boldsymbol{y}_0 \Rightarrow X\in\omega_2\end{cases} \tag{9.36}$$

9.5.2　核主成分分析

受到支持向量机中通过核函数实现非线性变换的思想的影响，核主成分分析（Kernel PCA）方法应运而生。这种方法的思想是，对样本执行非线性变换，然后在变换空间中执行主成分分析，实现原空间中的非线性主成分分析。利用与 SVM 中相同的原理，根据可再生希尔伯特空间的性质，变换空间中的协方差矩阵可通过原空间中的核函数进行运算，从而绕过复杂的非线性变换。

核主成分分析算法的基本步骤如下。

（1）通过核函数计算矩阵 $\boldsymbol{K}=\{K_{ij}\}_{n\times n}$，其元素为

$$K_{ij}=(\phi(\boldsymbol{x}_i)\cdot\phi(\boldsymbol{x}_j))=k(\boldsymbol{x}_i,\boldsymbol{x}_j) \tag{9.37}$$

式中，n 为样本数，$\boldsymbol{x}_i, \boldsymbol{x}_j$ 是原空间中的样本，$k(\cdot,\cdot)$ 是与支持向量机中类似的核函数，$\phi(\cdot)$ 是非线性变换（不需要实际知道或者进行运算）。

（2）解矩阵 $\boldsymbol{K}$ 的特征方程

$$\frac{1}{n}\boldsymbol{K}\boldsymbol{\alpha} = \lambda\boldsymbol{\alpha} \tag{9.38}$$

并将得到的归一化本征向量 $\boldsymbol{\alpha}^l, l = 1,2,\cdots$ 按照对应的本征值从大到小排序。本征向量的维数是 n，向量的元素记为 $\boldsymbol{\alpha}^l = [\alpha_1^l, \alpha_2^l, \cdots, \alpha_n^l]$。由于引入了非线性变换，这里得到的非零本征值数量可能超过样本原来的维数。根据需要选择前面若干本征值对应的本征向量作为非线性主成分。第 l 个非线性主成分是

$$\boldsymbol{v}^l = \sum_{i=1}^{n} \alpha_i^l \phi(\boldsymbol{x}_i) \tag{9.39}$$

因为并未使用显式的变换 $\phi(\cdot)$，所以不能求出 $\boldsymbol{v}^l$ 的显式表示，但是可以计算出任意样本在 $\boldsymbol{v}^l$ 方向上的投影坐标。

（3）计算样本在非线性主成分上的投影。样本 $\boldsymbol{x}$ 在 l 个非线性主成分上的投影是

$$z^l(\boldsymbol{x}) = (\boldsymbol{v}^l \cdot \phi(\boldsymbol{x})) = \sum_{i=1}^{n} \alpha_i^l k(\boldsymbol{x}_i, \boldsymbol{x}) \tag{9.40}$$

如果选择 m 个非线性主成分，则样本 $\boldsymbol{x}$ 在前 m 个非线性主成分上的坐标就构成样本在新空间中的表示 $[z^1(\boldsymbol{x}), \cdots, z^m(\boldsymbol{x})]^{\mathrm{T}}$。

9.5.3 流形学习

流形学习的主要思想是将高维数据非线性映射为低维数据，而低维数据能够反映高维数据的本质，前提是高维数据存在流形结构。流形学习的优点是非参数、非线性，求解过程简单。

流形学习的主要代表算法包括等距映射（Isomap）、局部线性嵌入（LLE）和拉普拉斯特征映射（LE）。

1. 等距映射

等距映射的基本出发点是，低维流形嵌入高维空间后，在高维空间中直接计算直线距离是不合适的，因为这个直线距离其实在低维嵌入流形上不可达。低维嵌入流形上两点之间的距离是测地线距离，如图 9.8 所示。

因此，等距映射方法希望在映射过程中保持流形上的测地线距离。这种方法的主要思想是通过构造数据点间的邻接图，即相邻点存在连接而非相邻点不存在连接，使用图上的最短距离来近似测地线距离，当数据点趋于无穷时，这个估计距离趋于真实的测地线距离。

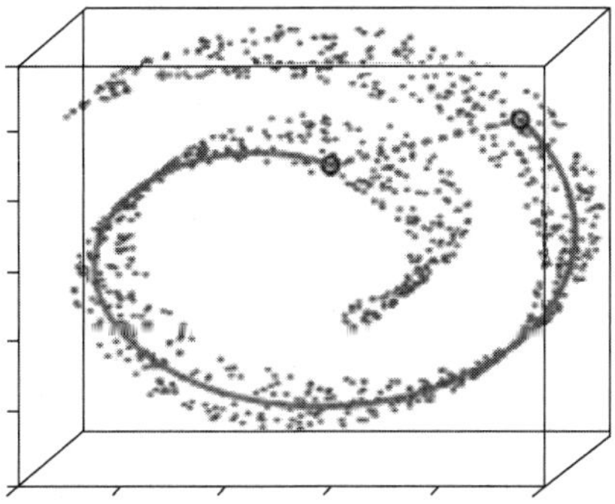

图 9.8　高维空间中的直线距离（虚线）与低维流形的测地线距离（实线）

等距映射方法的主要步骤如下。

（1）构建邻接图 G 。通常有两种构建方法：第一种是指定距离阈值，即如果样本点 i 和样本点 j 之间的距离小于设定的距离阈值，就认为样本点 i 与样本点 j 为近邻点。第二种是指定近邻点数，即距离最近的 k 个点为近邻点。

（2）计算所有点对之间的最短路径。通过计算邻接图 G 上任意两点之间的最短路径来逼近流形上的测地距离矩阵 $\boldsymbol{D}_G = \{d_G(i,j)\}$ ，其中，近邻点直接计算二者之间的欧氏空间距离，远距离点计算近邻点之间的最短距离连接成的序列。

（3）计算映射后的坐标。根据步骤（2）得到的 $\boldsymbol{D}_G = \{d_G(i,j)\}$ ，用多维缩放算法（MDS）计算映射至低维空间后的坐标 $\boldsymbol{y}$ ，选择低维空间中的任意两个嵌入坐标 $\boldsymbol{y}_i$ 与 $\boldsymbol{y}_j$ ，使得如下代价函数最小：

$$\min_{\boldsymbol{y}} \sum_{i,j} \left(d_G(i,j) - \left\| \boldsymbol{y}_i - \boldsymbol{y}_j \right\| \right)^2 \tag{9.41}$$

2．局部线性嵌入

局部线性嵌入方法的核心思想是，流形的局部可近似视为线性的，于是在小局部邻域中，一个点就可用其邻域内的点通过线性组合来重构，而当它投影到低维空间后，要保持这种线性重构关系，即有相同的重构系数。

局部线性嵌入方法的主要步骤如下。

（1）确定样本的近邻。为每个样本 $\boldsymbol{x}_i$ 找到其近邻下标集合 Q_i 。

（2）计算线性重构系数。样本 $\boldsymbol{x}_i$ 可以由 Q_i 中的近邻点线性重构，线性重构系数 $\boldsymbol{w}_i$ 通过最小化重构误差确定：

$$\min_{\boldsymbol{w}} \sum_{i=1}^{m} \left\| \boldsymbol{x}_i - \sum_{j \in Q_i} w_{ij} \boldsymbol{x}_j \right\|_2^2 \quad \text{s.t.} \sum_{j \in Q_i} w_{ij} = 1 \tag{9.42}$$

（3）确定样本在低维空间中的坐标。在低维空间中保持 $\boldsymbol{w}_i$ 不变，样本 $\boldsymbol{x}_i$ 对应的低维空

间坐标 z_i 可通过下式求解：

$$\min_{z}\sum_{i=1}^{m}\left\|z_i-\sum_{j\in Q_i}w_{ij}z_j\right\|_2^2 \tag{9.43}$$

3. 拉普拉斯特征映射

拉普拉斯特征映射方法希望保持流形的近邻关系，即原始空间中相近的点映射成目标空间中相近的点。这种方法使用无向有权图来描述流形，在保持图的局部邻接关系的前提下，将流形数据形成的图从高维空间映射到低维空间中。

样本集 $\boldsymbol{X}=(\boldsymbol{x}_1,\boldsymbol{x}_2,\cdots,\boldsymbol{x}_n)$ 投影后为 $\boldsymbol{Y}=(\boldsymbol{y}_1,\boldsymbol{y}_2,\cdots,\boldsymbol{y}_n)$。拉普拉斯特征映射方法的目标是

$$\min\sum_{i,j}\left\|\boldsymbol{y}_i-\boldsymbol{y}_j\right\|^2 w_{ij} \tag{9.44}$$

式中，w_{ij} 为边的权重。为了消除任意缩放，增加约束条件 $\boldsymbol{Y}^{\mathrm{T}}\boldsymbol{D}\boldsymbol{Y}=\boldsymbol{I}$。于是，就将上述最小化问题转化成了特征向量问题。

拉普拉斯特征映射方法的主要步骤如下。

（1）构建近邻图。

（2）计算每条边的权重（不存在边时权重为 0）。第一种权重是热核权重，即

$$w_{ij}=\exp-\left(\left\|\boldsymbol{x}_i-\boldsymbol{x}_j\right\|_2^2\Big/2\sigma^2\right) \tag{9.45}$$

第二种权重是 0-1 权重，即

$$w_{ij}=1$$

（3）特征映射。求解特征向量方程，取最小的 n 个非零特征值对应的特征向量作为降维后的结果：

$$\boldsymbol{L}\boldsymbol{y}=\lambda\boldsymbol{D}\boldsymbol{y} \tag{9.46}$$

式中，$\boldsymbol{L}=\boldsymbol{D}-\boldsymbol{W}$ 是图拉普拉斯矩阵，$\boldsymbol{D}$ 是度数矩阵，$\boldsymbol{W}$ 是权重矩阵。

9.6 小结

本章介绍了特征提取和特征选择的各种方法，这些方法可对数据进行必要的变换和选择，使得到的特征更易于分类。

首先引入了特征选择框架，重点分析了生成特征子集、评价准则以及停止条件和结果验证。特征选择的评价准则包括距离度量标准、一致性度量标准、依赖性度量标准、信息度量标准以及分类正确率或分类错误率度量标准，并且分析了各种评价准则的性能和效率。

随后引入了特征选择分类，主要分为过滤式、封装式、嵌入式和集成式。总体来说，过滤式算法的时间复杂度低，但是特征子集的选取依赖于具体的度量标准；封装式算法的特征子集性能较好，但是特征子集的性能对学习算法依赖性高，容易“过拟合”，且不适合高维数据集；嵌入式算法的效率较高，特征子集性能较好，也可以处理高维数据集，但是特征子集的选择依赖于具体的学习算法，且可能出现“过拟合”问题；集成式算法可解决前三种算法特征子集不稳定的问题，但是时间复杂度较高。

最后介绍了线性和非线性特征提取方法。

习题

1．编程实现对 MNIST 数据集进行 PCA 降维。

2．编程实现局部线性嵌入的流行学习方法并应用到三维数据瑞士卷（Swiss Roll）的分类上。

3．如何进行特征选择？

4．特征选择与特征提取有何区别？

5．线性判别分析（LDA）与主成分分析（PCA）有何区别？

6．论述模式识别系统的主要组成部分，简述各组成部分常用方法的主要思想。

参考文献

[1] 周志华. 机器学习[M]. 北京：清华大学出版社，2016.

[2] 张学工. 模式识别 第 3 版[M]. 北京：清华大学出版社，2010.

[3] 邱锡鹏. 神经网络与深度学习[M]. 北京：机械工业出版社，2020.

[4] 李金宗. 模式识别导论[M]. 高等教育出版社，1994.

[5] 李航. 统计学习方法（第 2 版）[M]. 北京：清华大学出版社，2019.

[6] Bishop C M, Nasrabadi N M. *Pattern recognition and machine learning* [M]. New York: Springer, 2006.

[7] Mahesh B. *Machine learning algorithms - a review* [J]. International Journal of Science and Research (IJSR). [Internet], 2020, 9: 381-386.

[8] Goodfellow I, Bengio Y, Courville A. *Deep learning* [M]. MIT Press, 2016.

[9] Hastie T, Tibshirani R, Friedman J H, et al. *The elements of statistical learning: data mining, inference, and prediction* [M]. New York: Springer, 2009.

[10] Mohri M, Rostamizadeh A, Talwalkar A. *Foundations of machine learning* [M]. MIT Press, 2018.

[11] Theodoridis S, Koutroumbas K. *Pattern recognition* [M]. Elsevier, 2006.

[12] Schölkopf B, Smola A J, Bach F. *Learning with kernels: support vector machines, regularization, optimization, and beyond* [M]. MIT Press, 2002.

[13] Zhou Z H. *Machine learning* [M]. Springer Nature, 2021.

[14] Shalev-Shwartz S, Ben-David S. *Understanding machine learning: from theory to algorithms* [M]. Cambridge University Press, 2014.

[15] MacKay D J C, Mac Kay D J C. *Information theory, inference and learning algorithms* [M]. Cambridge University Press, 2003.

[16] Koller D, Friedman N. *Probabilistic graphical models: principles and techniques* [M]. MIT Press, 2009.

[17] Barber D. *Bayesian reasoning and machine learning* [M]. Cambridge University Press, 2012.

[18] James A. Anderson et al. *Talking nets: An oral history of neural networks* [M]. MIT Press, 2000.

[19] Bonaccorso G. *Machine learning algorithms* [M]. Packt Publishing Ltd, 2017.

[20] Mitchell T M. *Machine learning* [M]. New York: McGraw-Hill, 2007.

[21] Murphy K P. *Machine learning: a probabilistic perspective* [M]. MIT Press, 2012.

[22] Schölkopf B, Smola A J, Bach F. *Learning with kernels: support vector machines, regularization, optimization, and beyond* [M]. MIT Press, 2002.

[23] Samaniego F J. *A comparison of the Bayesian and frequentist approaches to estimation* [M]. New York: Springer, 2010.

[24] Gan G, Ma C, Wu J. *Data clustering: theory, algorithms, and applications* [M]. Society for Industrial and Applied Mathematics, 2020.

[25] Hastie T, Tibshirani R, Friedman J H, et al. *The elements of statistical learning: data mining, inference, and prediction* [M]. New York: Springer, 2009.

[26] Zhou Z H. *Ensemble methods: foundations and algorithms* [M]. CRC Press, 2012.

[27] Liu, H. and Motoda, H. *Computational methods of feature selection* [M]. CRC Press, 2007.

[28] Duda R O, Hart P E. *Pattern classification and scene analysis* [M]. New York: Wiley, 1973.

[29] Geoffrey Hinton and Terrence J. *Unsupervised learning: foundations of neural computation* [M]. MIT Press, 1999.

[30] Cristianini N, Shawe-Taylor J. *An introduction to support vector machines and other kernel-based learning methods* [M]. Cambridge University Press, 2000.

[31] McLachlan G J, Krishnan T. *The EM algorithm and extensions* [M]. John Wiley & Sons, 2007.

[32] Canu S, Smola A. *Kernel methods and the exponential family* [J]. Neurocomputing, 2006, 69(7-9): 714-720.

[33] Pujol O, Escalera S, Radeva P. *An incremental node embedding technique for error correcting output codes* [J]. Pattern Recognition, 2008, 41(2): 713-725.

[34] Sain S R. *The nature of statistical learning theory* [J]. Springer, 1996.

[35] Weinberger K Q, Saul L K. *Distance metric learning for large margin nearest neighbor classification* [J]. Journal of Machine Learning Research, 2009, 10(2).

[36] Drucker H, Burges C J, Kaufman L, et al. *Support vector regression machines* [J]. Advances in neural information processing systems, 1996, 9.

[37] Devlin J, Chang M W, Lee K, et al. *Bert: Pre-training of deep bidirectional transformers for language understanding* [J]. arXiv preprint arXiv: 1810.04805, 2018.

[38] Duda R O. Hart P E, Stork D G. *Pattern Classification* [J]. Wiley, 2001.

[39] Wu C F J. *On the convergence properties of the EM algorithm* [J]. The Annals of Statistics, 1983: 95-103.

[40] Burges C J C. *A tutorial on support vector machines for pattern recognition* [J]. Data Mining and Knowledge Discovery, 1998, 2(2): 121-167.

[41] Tsochantaridis I, Joachims T, Hofmann T, et al. *Large margin methods for structured and interdependent output variables* [J]. Journal of Machine Learning Research, 2005, 6(9).

[42] Cover T, Hart P. *Nearest neighbor pattern classification* [J]. IEEE Transactions on Information Theory, 1967, 13(1): 21-27.

[43] Ng A, Jordan M. *On discriminative vs. generative classifiers: A comparison of logistic regression and naive bayes* [J]. Advances in Neural Information Processing Systems, 2001, 14.

[44] Sukhbaatar S, Weston J, Fergus R. *End-to-end memory networks* [J]. Advances in Neural Information Processing Systems, 2015, 28.

[45] Maas A L, Hannun A Y, Ng A Y. *Rectifier nonlinearities improve neural network acoustic models* [C] //Proc. icml. 2013, 30(1): 3.

[46] Kipf T N, Welling M. *Semi-supervised classification with graph convolutional networks* [J]. arXiv preprint arXiv: 1609. 02907, 2016.

[47] Ramachandran P, Zoph B, Le Q V. *Searching for activation functions* [J]. arXiv preprint arXiv: 1710. 05941, 2017.

[48] Werbos P. *Beyond regression: New tools for prediction and analysis in the behavioral sciences* [J]. PhD thesis, Committee on Applied Mathematics, Harvard University, Cambridge, MA, 1974.

[49] Zhang H. *The optimality of naive Bayes* [J]. Aa, 2004, 1(2): 3.

[50] Jain A K. *Data clustering: 50 years beyond K-means* [J]. Pattern Recognition Letters, 2010, 31(8): 651-666.

[51] Bjorck N, Gomes C P, Selman B, et al. *Understanding batch normalization* [J]. Advances in Neural Information Processing Systems, 2018, 31.

[52] Platt J. *Sequential minimal optimization: A fast algorithm for training support vector machines* [J]. 1998.

[53] Luo P, Wang X, Shao W, et al. *Towards understanding regularization in batch normalization* [J]. arXiv preprint arXiv: 1809. 00846, 2018.

[54] Wu C F J. *On the convergence properties of the EM algorithm* [J]. The Annals of Statistics, 1983: 95-103.

[55] Liu F T, Ting K M, Zhou Z H. *Isolation-based anomaly detection* [J]. ACM Transactions on Knowledge Discovery from Data (TKDD), 2012, 6(1): 1-39.

[56] Tan X, Chen S, Zhou Z H, et al. *Face recognition under occlusions and variant expressions with partial similarity* [J]. IEEE Transactions on Information Forensics and Security, 2009, 4(2): 217-230.

[57] Hinton G, Deng L, Yu D, et al. *Deep neural networks for acoustic modeling in speech recognition: The shared views of four research groups* [J]. IEEE Signal Processing Magazine, 2012, 29(6): 82-97.

[58] Kim Y, Denton C, Hoang L, et al. *Structured attention networks* [J]. arXiv preprint arXiv: 1702. 00887, 2017.

[59] Yang Z, Yang D, Dyer C, et al. *Hierarchical attention networks for document classification* [C] //Proceedings of the 2016 conference of the North American chapter of the association for computational linguistics: human language technologies. 2016: 1480-1489.

[60] Bengio Y, Lamblin P, Popovici D, et al. *Greedy layer-wise training of deep networks* [J]. Advances in Neural Information Processing Systems, 2006, 19.

[61] Vincent P, Larochelle H, Bengio Y, et al. *Extracting and composing robust features with denoising autoencoders* [C] //Proceedings of the 25th international conference on Machine Learning. 2008: 1096-1103.

[62] Bengio Y, Courville A, Vincent P. *Representation learning: A review and new perspectives* [J]. IEEE Transactions on Pattern Analysis and Machine Intelligence, 2013, 35(8): 1798-1828.

[63] Hofmann T, Schölkopf B, Smola A J. *Kernel methods in machine learning* [J]. 2008.

[64] Zaremba W, Sutskever I, Vinyals O. *Recurrent neural network regularization* [J]. arXiv preprint arXiv: 1409. 2329, 2014.

[65] Zoph B, Le Q V. *Neural architecture search with reinforcement learning* [J]. arXiv preprint arXiv: 1611. 01578, 2016.

[66] Santurkar S, Tsipras D, Ilyas A, et al. *How does batch normalization help optimization*? [J]. Advances in Neural Information Processing Systems, 2018, 31.

[67] Donoho D L. *Compressed sensing* [J]. IEEE Transactions on Information Theory, 2006, 52(4): 1289-1306.

[68] Tibshirani R. *Regression shrinkage and selection via the lasso* [J]. Journal of the Royal Statistical Society: Series B (Methodological), 1996, 58(1): 267-288.

[69] Yang J, Zhang D, Frangi A F, et al. *Two-dimensional PCA: a new approach to appearance-based face representation and recognition* [J]. IEEE Transactions on Pattern Analysis and Machine Intelligence, 2004, 26(1): 131-137.

[70] Luo P, Wang X, Shao W, et al. *Towards understanding regularization in batch normalization* [J]. arXiv preprint arXiv: 1809. 00846, 2018.

[71] Loshchilov I, Hutter F. *Sgdr: Stochastic gradient descent with warm restarts* [J]. arXiv preprint arXiv: 1608. 03983, 2016.

[72] Hardoon D R, Szedmak S, Shawe-Taylor J. *Canonical correlation analysis: An overview with application to learning methods* [J]. Neural Computation, 2004, 16(12): 2639-2664.

[73] Candès E J, Li X, Ma Y, et al. *Robust principal component analysis?* [J]. Journal of the ACM (JACM), 2011, 58(3): 1-37.

[74] Zoph B, Le Q V. *Neural architecture search with reinforcement learning* [J]. arXiv preprint arXiv: 1611. 01578, 2016.

[75] Kirkpatrick J, Pascanu R, Rabinowitz N, et al. *Overcoming catastrophic forgetting in neural networks* [J]. Proceedings of the National Academy of Sciences, 2017, 114(13): 3521-3526.

[76] Yosinski J, Clune J, Bengio Y, et al. *How transferable are features in deep neural networks?* [J]. Advances in Neural Information Processing Systems, 2014, 27.

[77] Forman G. *An extensive empirical study of feature selection metrics for text classification* [J]. J. Mach. Learn. Res. , 2003, 3(Mar): 1289-1305.

[78] Zou H, Hastie T. *Regularization and variable selection via the elastic net* [J]. Journal of the Royal Statistical Society: Series B (statistical methodology), 2005, 67(2): 301-320.

[79] Efron B, Hastie T, Johnstone I, et al. *Least angle regression* [J]. 2004.

[80] Guyon I, Elisseeff A. *An introduction to variable and feature selection* [J]. Journal of Machine Learning Research, 2003, 3(Mar): 1157-1182.

[81] Recht B. *A simpler approach to matrix completion* [J]. Journal of Machine Learning Research, 2011, 12(12).

[82] Fornasier M, Rauhut H. *Compressive Sensing* [J]. Handbook of Mathematical Methods in Imaging, 2015, 1: 187-229.

[83] Izenman A J. *Review papers: Recent developments in nonparametric density estimation* [J]. Journal of the American Statistical Association, 1991, 86(413): 205-224.

[84] Vaswani A, Shazeer N, Parmar N, et al. *Attention is all you need* [J]. Advances in Neural Information Processing Systems, 2017, 30.

[85] Finn C, Abbeel P, Levine S. *Model-agnostic meta-learning for fast adaptation of deep networks* [C] // International Conference on Machine Learning. PMLR, 2017: 1126-1135.

[86] Snoek J, Rippel O, Swersky K, et al. *Scalable bayesian optimization using deep neural networks* [C] // International Conference on Machine Learning. PMLR, 2015: 2171-2180.

[87] Szegedy C, Vanhoucke V, Ioffe S, et al. *Rethinking the inception architecture for computer vision* [C] // Proceedings of the IEEE Conference on Computer Vision and Pattern Recognition. 2016: 2818-2826.

[88] Liu H, Motoda H, Setiono R, et al. *Feature selection: An ever evolving frontier in data mining* [C] //Feature Selection in Data Mining. PMLR, 2010: 4-13.

[89] Kumar A, Irsoy O, Ondruska P, et al. *Ask me anything: Dynamic memory networks for natural language processing* [C] //International Conference on Machine Learning. PMLR, 2016: 1378-1387.

[90] Yang Z, Yang D, Dyer C, et al. *Hierarchical attention networks for document classification* [C] //Proceedings of the 2016 Conference of the North American Chapter of the Association for Computational Linguistics: Human Language Technologies. 2016: 1480-1489.

[91] Liu J, Ye J. *Efficient Euclidean projections in linear time* [C] //Proceedings of the 26th Annual International Conference on Machine Learning. 2009: 657-664.

[92] Pelleg D, Moore A W. *X-means: Extending k-means with efficient estimation of the number of clusters* [C] // Icml. 2000, 1: 727-734.

[93] Vincent P, Larochelle H, Bengio Y, et al. *Extracting and composing robust features with denoising autoencoders* [C] //Proceedings of the 25th International Conference on Machine Learning. 2008: 1096-1103.

[94] Cai J F, Candès E J, Shen Z. *A singular value thresholding algorithm for matrix completion* [J]. SIAM Journal on Optimization, 2010, 20(4): 1956-1982.

[95] Wang J, Yang J, Yu K, et al. *Locality-constrained linear coding for image classification* [C] //2010 IEEE Computer Society Conference on Computer Vision and Pattern Recognition. IEEE, 2010: 3360-3367.

[96] Kira K, Rendell L A. *The feature selection problem: Traditional methods and a new algorithm* [C] //Aaai. 1992, 2(1992a): 129-134.

[97] Freund Y, Schapire R E. *Large margin classification using the perceptron algorithm* [C] //Proceedings of the Eleventh Annual Conference on Computational Learning Theory. 1998: 209-217.

[98] Collins M. *Discriminative training methods for hidden markov models: theory and experiments with perceptron algorithms* [C] //Proceedings of the 2002 Conference on Empirical Methods in Natural Language

Processing (EMNLP 2002). 2002: 1-8.

[99] Nair V, Hinton G E. *Rectified linear units improve restricted boltzmann machines* [C] //Proceedings of the 27th International Conference on Machine Learning (ICML-10). 2010: 807-814.

[100] Wang Q, Xu J, Li H, et al. *Regularized latent semantic indexing* [C] //Proceedings of the 34th International ACM SIGIR Conference on Research and Development in Information Retrieval. 2011: 685-694.

[101] Dhariwal, Prafulla, and Alexander Nichol. *Diffusion models beat gans on image synthesis* [J]. Advances in Neural Information Processing Systems 34 (2021): 8780-8794.

[102] Amit, Tomer, et al. *Segdiff: Image segmentation with diffusion probabilistic models* [J]. arXiv preprint arXiv: 2112. 00390 (2021).

[103] Austin, Jacob, et al. *Structured denoising diffusion models in discrete state-spaces* [J]. Advances in Neural Information Processing Systems 34 (2021): 17981-17993.

[104] Avrahami, Omri, Dani Lischinski, and Ohad Fried. *Blended diffusion for text-driven editing of natural images* [J]. Proceedings of the IEEE/CVF Conference on Computer Vision and Pattern Recognition. 2022.

[105] Zhu, Ye, et al. *Discrete contrastive diffusion for cross-modal and conditional generation* [J]. arXiv preprint arXiv: 2206. 07771 (2022).